全国高等院校医学整合教材

Access数据库技术与应用

林加论　黄旭　主编

广州・

图书在版编目(CIP)数据

Access 数据库技术与应用 / 林加论，黄旭主编. 广州：中山大学出版社，2024.10. --（全国高等院校医学整合教材）. -- ISBN 978-7-306-08231-2

Ⅰ. TP311.138

中国国家版本馆 CIP 数据核字第 202481SS82 号

出 版 人:王天琪
策划编辑:吕肖剑
责任编辑:吕肖剑
封面设计:林绵华
责任校对:高　莹
责任技编:靳晓虹
出版发行:中山大学出版社
电　　话:编辑部 020-84111996,84113349,84111997,84110779
　　　　　发行部 020-84111998,84111981,84111160
地　　址:广州市新港西路 135 号
邮　　编:510275　　　　传　真:020-84036565
网　　址:http://www.zsup.com.cn　　E-mail:zdcbs@mail.sysu.edu.cn
印 刷 者:佛山家联印刷有限公司
规　　格:787mm×1092mm　1/16　15 印张　405 千字
版次印次:2024 年 10 月第 1 版　2024 年 10 月第 1 次印刷
定　　价:58.00 元

本书编委会

主　编： 林加论　黄　旭

副主编： 余远波　张　锦

编　委：（按姓氏笔画排序）

牛莉娜　李志芳

李晓玲　周　融

黄娉婷　梁丹凝

Contents 目录

第 1 章　数据库理论基础

本章导读

本章介绍了数据库最常用的术语和基本概念以及数据库设计过程。针对本章基础知识广、概念多的特点，建议学习过程中，在全面理解各知识内容的基础上抓住重点，如关系数据库相关术语及概念，同时梳理数据库设计的流程，参照书中所举例子多做一些练习，这将为后续章节的学习奠定基础。

【知识结构】

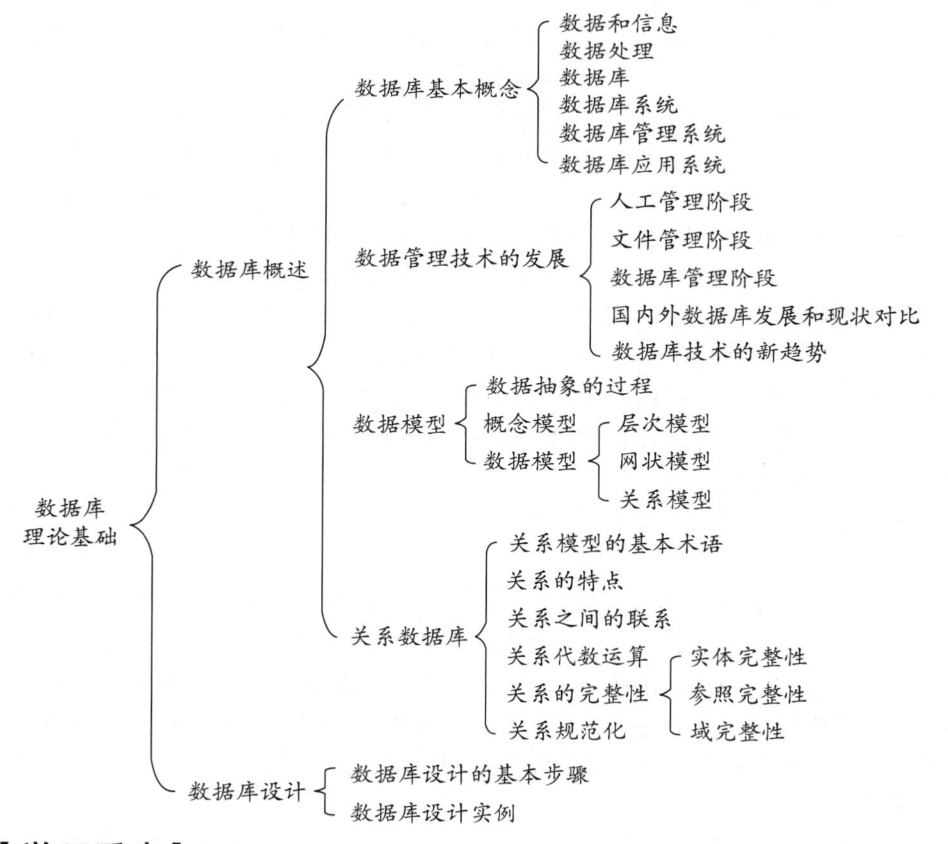

【学习重点】

数据库的基本概念；关系数据库相关术语及概念。

【学习难点】

数据模型、数据库开发流程等。

1.1 数据库概述

1.1.1 数据库基本概念

数据库技术是计算机学科的一个重要分支，是各类计算机信息系统的核心技术和重要基础。随着计算机应用的发展，数据库发展迅速，其应用非常广泛，已从数据处理、信息管理、事务处理扩大到计算机辅助设计、人工智能、各种信息系统和网络应用等新的应用领域。学习数据库系统相关基本概念，是学习和掌握数据库具体应用的基础和前提。

1. 数据和信息

数据（data）是反映客观事物属性的记录，是描述或表达信息的具体表现形式，是信息的载体，也就是指对客观事件进行记录并可以鉴别的符号，是对客观事物的性质、状态以及相互关系等进行记载的物理符号或这些物理符号的组合。它是可识别的、抽象的符号。数据的种类很多，在日常生活中数据无处不在，如字符、数字、声音、图形、图像等都可被称为数据。

信息（information）是经过加工处理并对人类社会实践和生产活动产生决策影响的数据表现形式，也可以理解为信息是数据中所包含的意义。从计算机应用的角度来说，人们通常将信息看成是进行各种活动所需要获取的知识。

信息与数据既有联系又有区别。数据反映信息的内容，而信息又依靠数据来表达。为了存储和处理某些事物，我们通常抽取这些事物的相关特征组成一个记录来描述。例如：(ys1000001，张力，男，副主任医师，1970-3-4，心血管内科，在岗，1367890××××)。对于这条由数据构成的记录，了解其语义的人会得到如下信息：张力是 1970 年 3 月 4 日出生的男士，是心血管内科的副主任医师，目前在岗。

用不同的数据形式可以表示同样的信息，但信息并不随数据形式的不同而改变。例如：CT 检查排队叫号时轮到病历号为“0000000001”、姓名为“杨怡”的患者检查。把这个信息通知有关人员时，可使用广播，即通过声音这种数据形式向患者传递；也可以通过屏幕显示，以文字数据形式向患者传递。患者可从声音或文字这样两种不同的数据形式中获得当前轮到哪位患者检查的信息。

数据和信息是数据处理中的两个不同概念。

2. 数据处理

数据处理也称为信息处理。所谓数据处理，是指利用计算机将各种类型的数据转换成信息的过程。它包括数据采集、整理、存储、分类、排序、加工、检索、维护、统计和传输等一系列处理过程。数据处理的目的是从大量的、原始的数据中获得人们所需要的资料并提取有用的数据成分，从而为人们的工作和决策提供必要的数据基础和决策依据。总而言之，数据处理是把数据加工处理成为信息的过程。

3. 数据库

数据库（database，DB）是按一定的组织形式存储在一起的相互关联的数据的集合。简单说，数据库就是计算机存储设备上存放数据的仓库。实际上，数据库是一个存放大量业务数据的场所，其中的数据具有特定的组织结构。所谓“组织结构”，是指数据库是按照某种数据模型存放数据的，不仅数据记录内的数据之间彼此相关，而且数据记录之间在结构上也是有机地联系在一起的。数据的结构化、独立性、共享性、冗余量小、安全性、完整性和并发控制等是数据库的基本特点。数据库已成为各类管理系统的核心基础，为用户和应用程序提供共享的资源。

4. 数据库系统

数据库系统（database system，DBS）指在计算机系统基础上引入数据库后形成的计算机软硬件综合系统。也就是说，数据库系统实际上是一个集合体，主要由数据库、数据库管理系统和相关软件、操作系统、计算机硬件系统、数据库管理员及用户组成（见图1-1）。数据库系统具有数据的结构化、共享性、独立性、可控冗余度以及数据的安全性、完整性和并发控制等特点。

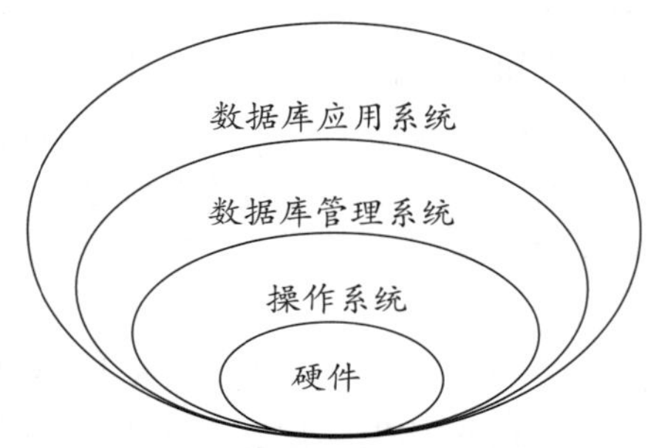

图1-1　数据库系统层次示意

5. 数据库管理系统

数据库管理系统（database management system，DBMS）是连接用户与操作系统的数据管理软件，是负责数据库的定义、建立、操纵、管理和维护的一种计算机软件，是数据库系统的核心部分。

数据库管理系统是在操作系统支持下工作的，它提供了对数据库资源进行统一管理和控制的功能，使数据结构和数据存储具有一定的规范性，提高了数据库应用的简明性和方便性。

数据库管理系统通常由以下几个部分组成。

（1）数据定义语言（data definition language，DDL）及其编译和解释程序：主要用于定义数据库的结构。

（2）数据操纵语言（data manipulation language，DML）或查询语言及其编译或解释程序：实现了对数据库中的数据进行存取、检索、统计、修改、删除、输入、输出等基本操作。

（3）数据库运行管理和控制例行程序：是数据库管理系统的核心部分。数据的安全性控制、完整性控制、并发控制、通信控制、数据存取、数据库转储、数据库初始装入、数据库恢复和数据的内部维护等操作都是在该控制程序的统一管理下进行的。

（4）数据字典（data dictionary，DD）：提供了对数据库数据描述的集中管理规则，对数据库的使用和操作可以通过查阅数据字典来进行。

常见的数据库管理系统有国外的Oracle、DB2、SQL Server、MySQL、Informix、Visual FoxPro及Access等，国内自主研发的有达梦、人大金仓、神舟通用、南大通用、Ocean-Base、GaussDB等数据库。

6. 数据库应用系统

数据库应用系统是系统开发人员利用数据库系统的资源，为某一类实际应用的用户使

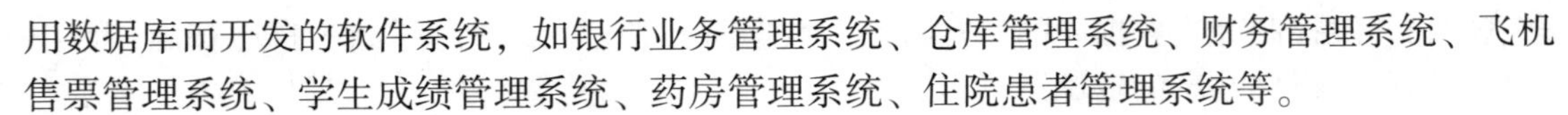

用数据库而开发的软件系统，如银行业务管理系统、仓库管理系统、财务管理系统、飞机售票管理系统、学生成绩管理系统、药房管理系统、住院患者管理系统等。

1.1.2 数据管理技术的发展

随着计算机软硬件技术的发展以及人们在生产实践中的需要，计算机数据管理技术也得到了很大的发展。数据管理技术的发展主要经历了人工管理、文件管理和数据库管理 3 个阶段。

1. 人工管理阶段

人工管理阶段始于 20 世纪 50 年代，出现在计算机应用于数据管理的初期，主要用于科学计算。在硬件方面，当时计算机的外存储器只有卡片、纸带、磁带，没有磁盘等直接存取的外存储设备。在软件方面，既无操作系统，也无专门管理数据的软件，数据由计算或处理它的程序自行携带。这种条件决定了当时的数据管理只能依赖人工进行。因此，在人工管理阶段，数据管理存在的主要问题如下：

（1）数据不保存。

人工管理阶段处理的数据量较少，一般不需要将数据长期保存，只需要在计算时将数据随应用程序一起输入，计算完成后将结果输出，数据和应用程序一起从内存中被释放。如果要再次进行计算，则需要重新输入数据和应用程序。

（2）没有专用的软件进行数据管理。

系统没有专用的软件对数据进行管理，数据需要由应用程序自行管理。因此，程序需针对处理的数据来编写。当数据修改时，程序也得针对数据格式、类型而变化，以适应修改。每个应用程序不仅要规定数据的逻辑结构，而且要设计数据的存储结构及输入/输出方法等，程序设计任务极为繁重。

（3）数据有冗余，无法实现共享。

应用程序与数据是一个整体，一个应用程序中的数据无法被其他应用程序使用，因此，应用程序与应用程序之间存在大量的重复数据，数据无法实现共享。

（4）数据不独立。

由于应用程序对数据的依赖性，数据的逻辑结构或存储结构一旦有所改变，则必须修改相应的应用程序，这就进一步加重了程序设计的负担。

以医院的信息管理为例，在人工管理阶段，应用程序与数据之间的关系如图 1-2 所示。图中各类数据均被精确分配至各自相关的应用程序，而且不同种类的数据之间会有许多重复的数据，如医务数据可能包含患者和医生的部分数据。

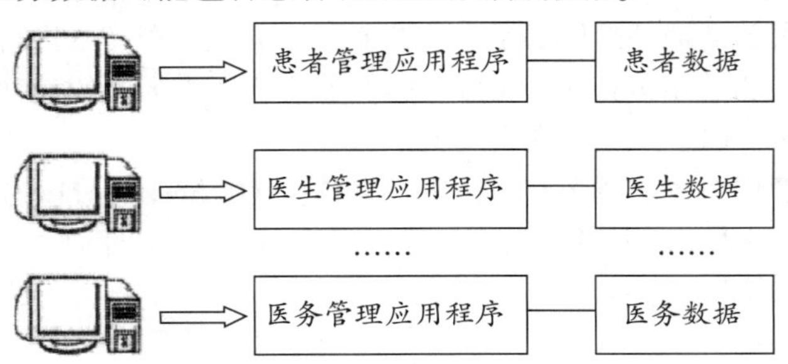

图 1-2　人工管理阶段应用程序与数据之间的关系示意

2. 文件管理阶段

20 世纪 50 年代中期到 60 年代中期，大容量且能长期保存的计算机存储设备（如磁盘、磁鼓）的出现，推动了软件技术的发展，操作系统的出现标志着数据管理步入一个新的阶段。操作系统中有文件管理功能，这使得它成为计算机中专门用于管理数据的软件。

在文件管理阶段，数据以文件为单位存储在外存储器上，并且由操作系统统一管理。操作系统为用户使用文件提供了友好界面。文件的逻辑结构与物理结构脱钩，应用程序和数据文件分离，数据具有了一定的独立性。用户的程序与数据可分别存放在外存储器上，各个应用程序可以共享一组数据，实现了以文件为单位的数据共享。与早期人工管理阶段相比，使用文件系统管理数据的效率和数量都有了很大提高，但仍存在如下 3 个主要问题：

（1）数据独立性差。

在文件系统中，尽管数据和应用程序有一定的独立性，但这种独立性主要是针对某一特定应用而言的，就整个应用系统而言，文件系统还未能彻底体现数据逻辑结构独立于数据存储的物理结构的要求。也就是说，所设计的数据依然是针对某一特定程序的，数据的逻辑结构不能方便地被修改和扩充，数据逻辑结构的每一点微小改变都会影响到应用程序。所以无论是修改数据文件还是程序文件，二者都会相互影响。也就是说，数据文件仍然高度依赖于其对应的程序，不能被多个程序所共享。

（2）数据的共享性差、冗余度大。

文件系统中的数据没有合理和规范的结构，数据的组织仍然面向程序，使得数据的共享性极差。由于数据文件是根据应用程序的需要而建立的，即使不同的应用程序所使用的数据有相同部分，也必须建立各自的数据文件，即数据不能共享，造成大量数据重复，即数据的冗余。这样不仅浪费存储空间，而且使数据修改变得非常困难，容易产生数据不一致等问题，即同样的数据在不同的文件中所存储的数值不同，造成矛盾。

（3）数据之间缺乏有机的联系，缺乏对数据的统一控制和管理。

文件系统中各数据文件之间是相互独立的，没有从整体上反映现实世界事物之间的内在联系，因此，很难对数据进行合理的组织以适应不同应用的需要，给数据处理造成不便。文件系统中的数据文件没有集中的管理机制，在同一个应用项目中的各个数据文件没有统一的管理机构，数据的安全性和完整性得不到保障。

数据文件之间的关系如图 1-3 所示。显然，医务数据中有患者、医生和收费等数据，数据冗余是难免的。各应用程序通过文件系统对相应的数据文件进行存取和处理，但各个数据文件基本上被分配至相关的应用程序，而且各数据文件之间是孤立的，数据之间的联系无法体现。例如，因某个医生辞职而在医生数据文件中删除了其数据，此时，无法在医务数据文件中实现联动操作。因此，数据管理技术仍存在缺陷。

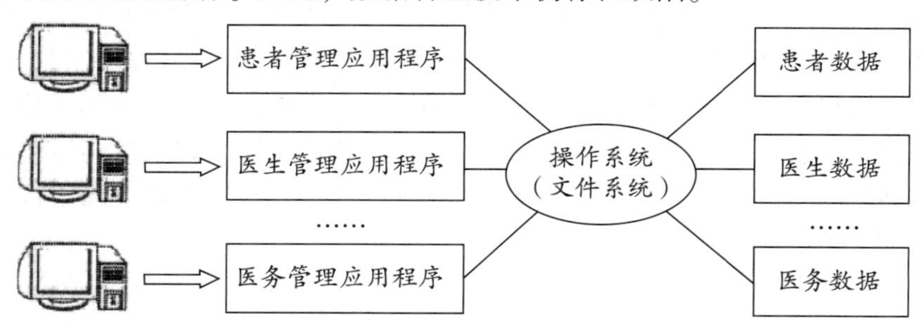

图 1-3　文件管理阶段应用程序与数据之间的关系示意

3. 数据库管理阶段

20 世纪 60 年代后期，计算机用于数据管理的规模更加庞大，数据量急剧增加，数据共享性要求更加强烈。同时，计算机硬件价格下降而软件价格上升，编制和维护软件所需的成本相对增加，其中维护成本更高。因此，我们迫切需要一种新的数据管理方式，把数据组织成合理结构，进行集中、统一管理。

数据库系统克服了文件系统的缺陷，提供了对数据更高级、更有效的管理。数据库系统采用数据模型表示复杂的数据结构。数据模型不仅描述了数据本身的特征，还描述了数据之间的联系。数据由数据库管理系统来进行统一的控制和管理。数据库管理系统把所有应用程序中使用的相关数据汇集起来，按统一的数据模型存储在数据库中，供各个应用程序所使用。这样，数据不再面向特定的某个或多个应用，而是面向整个应用系统。同时，数据冗余明显减少，实现了数据共享。

在数据库管理阶段，不同管理应用程序与数据库之间的关系如图 1-4 所示。有关数据都存放在一个统一的数据库中，数据库不再面向某个部门的应用，而是面向整个应用系统，实现了数据共享，并且数据库和应用程序之间保持较高的独立性。

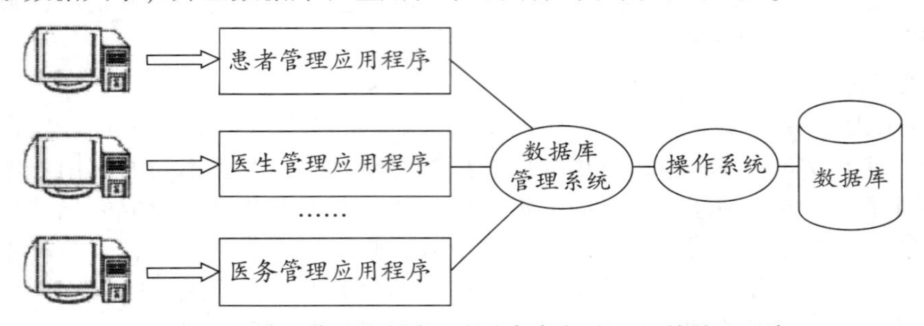

图 1-4　数据库管理阶段应用程序与数据库之间的关系示意

数据库系统的主要特点有以下 4 个：

（1）实现了数据的结构化。

数据库采用了特定的数据模型组织数据。数据库系统把数据存储在有一定结构的数据库文件中，实现了数据的独立和集中管理，克服了人工管理和文件管理的缺陷，大大方便了用户的使用和提高了数据管理的效率。

（2）实现了数据共享。

数据库中的数据能为多个用户提供服务。

（3）实现了数据独立。

面向用户的应用程序与数据的逻辑结构及数据的物理存储方式无关。

（4）实现了数据统一控制。

数据库系统提供了各种控制功能，保证了数据的并发控制、安全性和完整性。数据库作为多个用户和应用程序的共享资源，允许多个用户同时访问。并发控制可以防止多用户并发访问数据时产生数据不一致，安全性可以防止非法用户存取数据，完整性可以保证数据的正确性和有效性。

4. 国内外数据库发展和现状对比

美国是世界上数据库产业起步最早的国家。自从1969年美国的IBM公司开发出第一个DBMS系统IMS以来，美国数据库的研究和开发已经走过了50多年的历程，经历了从层次型数据库系统到网络型数据库系统，再到现在成为数据库主流的关系型数据库系统的三代的演变，取得了辉煌的成就。20世纪70年代是关系型数据库的概念兴起的时代，随着联机交易处理逐渐发展，数据库的重要性随之提升，并广泛地被应用于银行、证券、民航、电信等领域。20世纪80年代初，英、法、德等国意识到数据库产业的重要性，开始自主建立数据库产业和联机产业，以打破美国的垄断。

而此时我国的数据库理论研究刚刚起步，20世纪80年代中国开始培养第一代的数据库人才，中国的信息化建设开始和世界接轨。到了20世纪90年代，中国有了第一代原型数据库，比如东软的Openbase、中软的Cobase和华科的DM Database，国产数据库的征途就此启航。这些产品的背景主要源自国家的各项研究计划，为国内的数据库发展奠定了基础。伴随改革开放后经济的高速发展，对数据管理和存储的需求呈爆炸式增长，国内公司只能选择更为成熟的海外产品，如当时占据了中国很大的市场的Oracler。进入21世纪，中国经济开始猛增，在国家数据库重大专项的扶持下，达梦数据库、人大金仓、南大通用和航天神舟等公司开始发展，但仍停留在原有的传统关系型数据库领域里。产品初期需要不断试错和验证的机会，但客户没有时间和办法陪着试错与成长，而没有客户就无法验证数据库是否可靠，无法验证数据库是否可靠则没有公司敢用，也就更没有办法进行产品投入和迭代。而同时期世界的顶尖产品依然高速发展，这就使得国产数据库进入了被动的境地。随着“棱镜门”事件爆发、中美贸易战的升级，信息安全的重要性日益受到重视，软硬件的自主可控技术显得尤为重要。在大力发展国产化战略下，软件国产化进程加快，拥有自主可控的数据库产品成为大势所趋。此时我国在党政军领域全面应用了国产数据库，并尝试向金融领域推广应用，但国产数据库的发展仍比较缓慢。

随着移动互联网大潮来临，数据分析（on-line analytical processing，OLAP）被认为是未来具有发展潜力的方向之一，云计算和开源社区的兴起为国产数据库开始弯道超车创造了契机。2010年，阿里开始“去IOE”，国产数据库领域真正进入蓬勃发展的时代。阿里根据开源MySQL搭建了AliSQL，并在2012年使用AliSQL承受住了数据洪流的冲击。在自研技术的支持下，淘宝2013年下线了最后一个Oracle数据库，用自主研发的数据库系统OceanBase来取代支付宝交易系统中的Oracle数据库。2015年阿里决定研发自己的数据库，这是基于云的数据库产品。而同年亚马逊公司公布了基于云计算的自研数据库Amazon Aurora，并提到“数据库是云计算的终极之战”，显然此时各家云计算巨头公司达成一致的想法引起了一次数据库领域的新变革。云上数据库在整个数据库市场的比例逐年快速上升，中国通信标准化协会发布的《数据库发展研究报告（2024年）》显示，2023年全球数据库市场规模首次突破千亿美元，约为1010亿美元。中国数据库市场规模达到74.1亿美元（约合人民币522.4亿元），占全球的7.34%。近年来在国家大力发展云计算、鼓励“上云用数赋智”的大背景下，国内一系列优秀的数据库和数据库公司诞生了，阿里、华为、腾讯等厂商有技术优势和资金优势，同时也有生态和渠道的优势。2023年中国公有云数据库市场规模为320.15亿元，与2022年相比，增速达46.1%，中国数据库市场规模稳步增长。预计随着本土厂商产品能力的成熟及其迁移工具和服务的不断进步，在

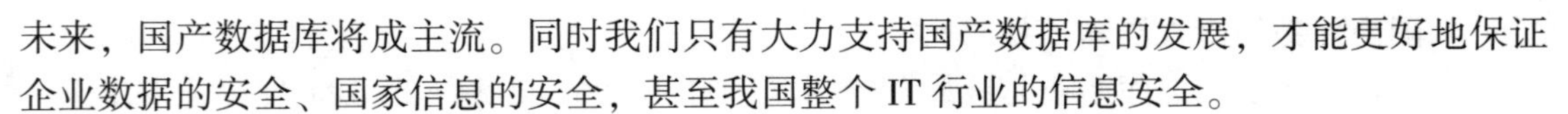

未来，国产数据库将成主流。同时我们只有大力支持国产数据库的发展，才能更好地保证企业数据的安全、国家信息的安全，甚至我国整个 IT 行业的信息安全。

5. 数据库技术的新趋势

随着软件环境和硬件环境的不断改善、数据处理应用领域需求的持续扩大、数据库技术与其他软件技术的加速融合，到 20 世纪 80 年代后数据库技术得到了蓬勃发展，应用也越来越广泛。随着数据库技术应用的不断深入，实际应用中涌现出许多问题，促使数据管理技术不断向前发展，新的、更高一级的数据库技术应运而生并得到长足的发展。下面概要性地对数据库系统做一些介绍。

（1）分布式数据库系统。

分布式数据库系统（distributed database system，DDBS）是数据库技术与计算机网络技术、分布式处理技术相结合的产物。随着传统的数据库技术日趋成熟，以及计算机网络技术的飞速发展和应用范围的扩充，数据库应用已经普遍建立于计算机网络之上，这时集中式数据库系统逐渐表现出它的不足之处：数据按实际需要已在网络上分布存储，再采用集中式处理，势必会出现通信开销大的情况；应用程序集中在一台计算机上运行，一旦该计算机发生故障，则整个系统都会受到影响，系统的可靠性不高；集中式处理导致系统的规模和配置都不够灵活，系统的可扩充性差。在这种形势下，集中式数据库的“集中计算”开始向“分布计算”发展。

分布式数据库系统有两种：一种在物理上是分布的，但在逻辑上却是集中的；另一种在物理上和逻辑上都是分布的，也就是所谓的联邦式分布数据库系统。

（2）面向对象数据库系统。

面向对象数据库系统（object-oriented database system，OODBS）是将面向对象的模型、方法和机制，与先进的数据库技术有机地结合而形成的新型数据库系统，是面向对象技术和数据库技术发展的必然结果。面向对象数据库系统的基本设计思想是，一方面把面向对象的程序设计语言向数据库方向扩展，使应用程序能够存取并处理对象；另一方面扩展数据库系统，使其具有面向对象的特征，提供一种综合的语义数据建模概念集，以便对现实世界中复杂应用的实体和联系建模。因此，面向对象数据库系统首先是一个数据库系统，具备数据库系统的基本功能；其次是一个面向对象的系统，针对面向对象的程序设计语言的永久性对象存储管理而设计，充分支持完整的面向对象概念和机制。

将面向对象技术应用到数据库应用开发工具中，使数据库应用开发工具能够支持面向对象的开发方法并提供相应的开发手段，这对于提高应用开发效率及增强应用系统界面的友好性、系统的可伸缩性与可扩充性等具有重要的意义。

（3）多媒体数据库系统。

多媒体数据库系统（multi-media database system，MDBS）是数据库技术与多媒体技术相结合的产物。随着信息技术的发展，数据库应用从传统的企业信息管理扩展到计算机辅助设计（computer aided design，CAD）、计算机辅助制造（computer aided manufacture，CAM）、办公自动化（office automation，OA）、人工智能（artificial intelligence，AI）等多种应用领域。这些领域中要求处理的数据不仅包括传统的数字、字符等格式化数据，还包括大量以多种媒体形式存在的非格式化数据，如图形、图像、声音等。这种能存储和管理多种媒体的数据库系统称为多媒体数据库系统。

多媒体数据库系统的结构和操作与传统格式化数据库系统的结构和操作有很大差别。原有数据库管理系统无论从模型的语义描述能力、系统功能、数据操作，还是存储管理、存储方法上，都不能适应非格式化数据的处理要求。在多媒体信息管理环境中，不仅数据本身的结构和存储形式各不相同，而且不同领域对数据处理的要求也比一般事务管理复杂得多，因而对数据库管理系统提出了更高的功能要求。

（4）数据仓库技术。

随着信息技术的高速发展，以及数据库应用的规模、范围和深度不断增加，一般的事务处理已不能满足应用的需要，企业界需要在大量数据基础上的决策支持，数据仓库技术的兴起满足了这一需求。广义概念上的数据仓库是一种帮助企业做决策的体系化解决方案，包括3个方面的内容：数据仓库技术（data warehouse，DW）、联机分析处理技术（on-line analytical processing，OLAP）、数据挖掘技术（data mining，DM）。数据仓库、联机分析处理和数据挖掘作为信息处理技术是独立出现的。数据仓库用于数据的存储和组织；联机分析处理则侧重于数据的分析；数据挖掘致力于知识的自动发现。因此，这3种技术之间并没有内在的依赖关系，可以独立地应用到企业信息系统的建设之中，以提高信息系统相应的能力。但是，这3种技术之间确实存在着一定的联系和互补性，把它们结合起来，就可以使它们的能力更充分地发挥出来。这样就形成了一种决策支持系统的架构，即DW+OLAP+DM。

（5）大数据技术。

大数据（big data）指的是所涉及的数据量规模巨大到无法通过目前主流软件工具，在合理时间内达到截取、管理、处理目的并整理成为人类所能解读的信息的数据集。传统数据库管理工具处理大数据面临很多困难，如对数据库的高并发读写要求、对海量数据的高效率存储和访问需求、对数据库高可扩展性和高可用性的需求。

一般认为，大数据有4个基本特征：数据规模（volume）大、数据种类（variety）多、要求数据处理速度（velocity）快、数据价值程度（value）低，即所谓的“4V”特性。具体地说，大数据的“4V”特征包括：①数据量巨大。从TB级别跃升到PB级别（1 PB=1024 TB），或从PB级别跃升到EB级别（1 EB=1024 PB）。②数据类型繁多。如网络日志、视频、图片、地理位置信息等。③处理速度快。1秒定律（即要在秒级时间范围内给出分析结果，超出这个时间，数据就失去价值了），可从各种类型的数据中快速获得高价值的信息。④只要合理利用数据并对其进行正确、准确的分析，就会带来很高的价值回报。

当前围绕大数据应用，新兴的数据挖掘、数据存储、数据处理与分析技术不断涌现，并且在商业智能、政府决策、公共服务等领域得到广泛应用，使得隐藏于海量数据中的信息和知识被挖掘出来，为人类的社会经济活动提供有力的决策依据。数据库作为整个信息行业的基础设施，随着万物互联的发展，其意义会更加重要。

1.1.3　数据模型

数据库是现实世界中某种应用环境所涉及的数据集合，它不仅反映数据本身的内容，而且反映数据之间的联系。我们需要根据应用环境中数据的性质、内在联系，按照管理的要求来设计和组织数据库。由于计算机不能直接处理现实世界中的具体事物，所以必须将这些具体事物转换成计算机能够处理的数据。在数据库技术中，用数据模型（data model）来对现实世界中的数据进行抽象和表示。

1. 数据抽象的过程

从现实世界中的客观事物到数据库中存储的数据，是一个逐步抽象的过程。这个过程经历了现实世界、信息世界、计算机世界 3 个阶段。对应于数据抽象的不同阶段，采用不同的数据模型。首先，现实世界的事物及其联系反映到人的大脑，人们把这些事物抽象为一种既不依赖于具体的计算机系统，又不为某一数据库管理系统支持的概念模型，它是现实世界中客观事物的抽象表示；然后再把概念模型转换为计算机上某一数据库管理系统支持的数据模型（见图 1–5）。

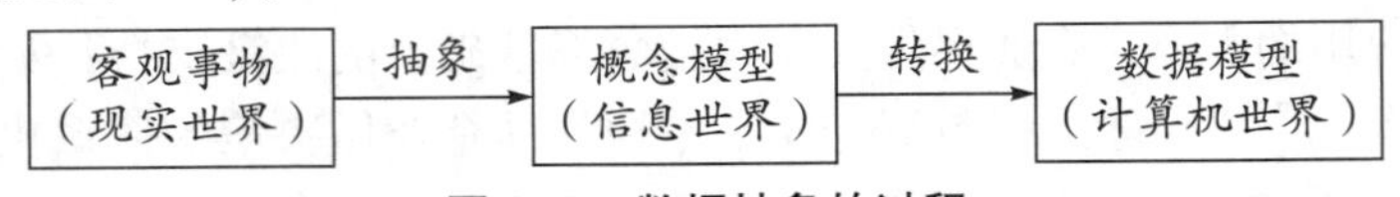

图 1–5　数据抽象的过程

2. 概念模型

（1）基本概念。

1）实体。客观存在并可相互区别的事物称为实体。实体可以是具体的人、事、物，也可以是抽象的概念或联系。例如，一名患者、一个科室、一名医生、一次检查费用等。

2）属性。对实体特性的描述称为属性。一个实体可以由若干个属性来刻画，如一个患者实体有病历号、姓名、性别、出生日期等方面的属性。属性有属性名和属性值，属性的具体取值称为属性值。例如，对某一患者的“性别”属性取值为“男”，其中“性别”为属性名，“男”为属性值。

3）关键字。能够唯一标识实体的属性或属性组合的词称为关键字。例如，患者的病历号可以作为患者实体的关键字，但患者的姓名不能作为患者实体的关键字，因为可能会有重名。

4）域。属性的取值范围称为该属性的域。例如，病历号的域为 10 个数字字符串集合，性别的域为“男”和“女”。

5）实体型。属性的集合表示一个实体的类型，称为实体型。例如，患者（病历号、姓名、性别、出生日期）就是一个实体型。属性值的集合表示一个实体。例如，属性值的集合——如 0000000002，张建光，男，1958–05–06——就代表一名具体的患者。

6）实体集。同类型的实体的集合称为实体集。例如，对于患者实体来说，全体患者就是一个实体集。

（2）实体联系模型（E–R 图）。

实体联系模型又称 E–R 模型或 E–R 图，是描述概念世界、建立概念模型的工具。

E–R 图包含以下 3 个要素：

1）实体集：用矩形框表示，框内标注实体集名称。

2）属性：用椭圆形表示，框内标注属性名。E–R 图中用连线将椭圆形（属性）与矩形框（实体集）连接起来，如图 1–6 所示的患者实体属性图。

3）实体集之间的联系：用菱形框表示，框内标注联系名称。E–R 图中用连线将菱形框与有关矩形框（实体集）相连，并在连线上注明实体集间的联系类型。

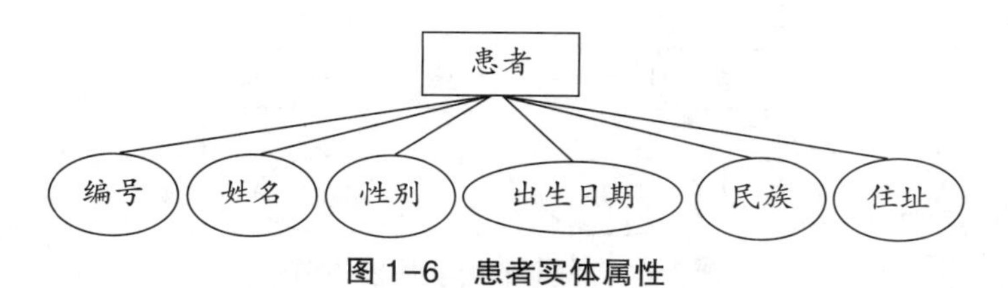

图 1-6　患者实体属性

实体集间的对应关系称为联系，它反映现实世界之间的相互联系。两个实体间的联系有以下三类。

A. 一对一联系（1∶1）。

如果对于实体集 A 中的每一个实体，实体集 B 中至多有一个实体与之联系，反之亦然，则称实体集 A 与实体集 B 具有一对一联系。

例如，在医院里，一个科室只有一个正主任，而一个主任只在一个科室中任职，则科室与主任之间具有一对一联系，如图 1-7 所示。

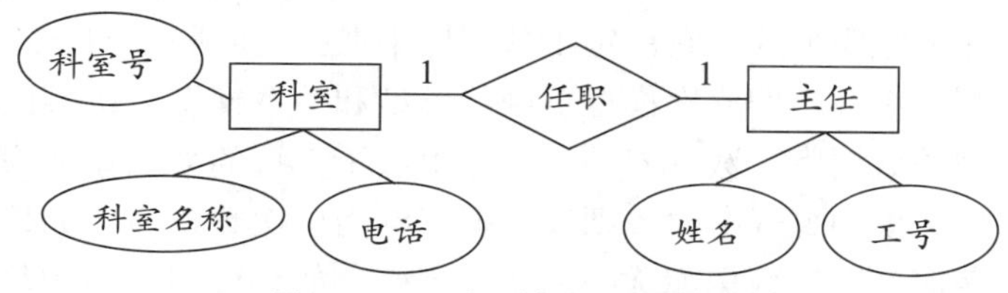

图 1-7　一对一的 E-R 图示例

B. 一对多联系（1∶n）。

如果对于实体集 A 中的每一个实体，实体集 B 中有 n 个实体（$n \geqslant 0$）与之联系；反之，对于实体集 B 中的每一个实体，实体集 A 中至多只有一个实体与之联系，则称实体集 A 与实体集 B 具有一对多联系。

例如，考察科室和医生两个实体集，一个医生只能在一个科室里任职挂牌，而一个科室有很多医生，所以科室和医生是一对多联系，如图 1-8 所示。

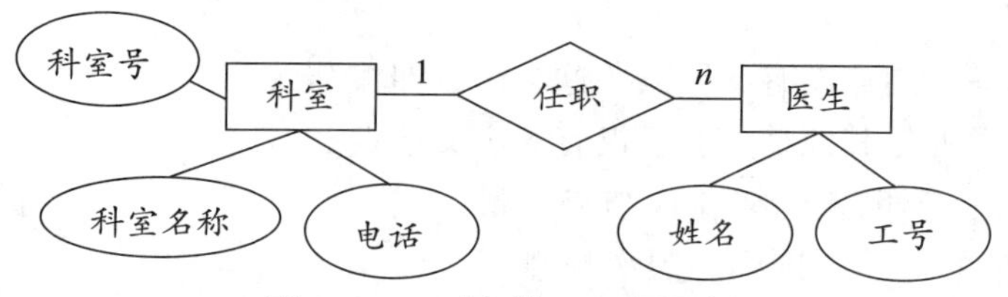

图 1-8　一对多的 E-R 图示例

C. 多对多联系（n∶m）。

如果对于实体集 A 中的每一个实体，实体集 B 中有 n 个实体（$n \geqslant 0$）与之联系；反之，对于实体集 B 中的每一个实体，实体集 A 中也有 m 个实体（$m \geqslant 0$）与之联系，则称实体集 A 与实体集 B 具有多对多联系。

例如，一个检查项目同时有若干个患者检查，而一个患者可以同时检查多个项目，则检查项目与患者之间具有多对多联系，如图 1-9 所示。

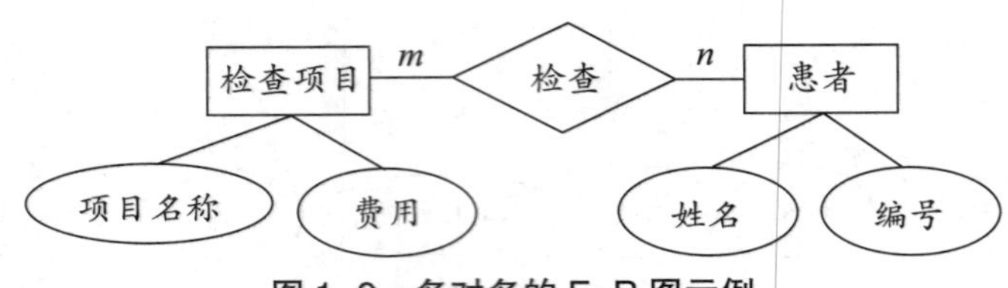

图 1-9　多对多的 E-R 图示例

实体集之间的一对一、一对多、多对多联系不仅存在于两个实体集之间，也存在于两个以上的实体型之间。

3. 数据模型

在进行数库设计时，总是先设计概念模型，然后再把概念模型转换成计算机能实现的数据模型。概念模型只能说明实体间语义的联系，不能进一步说明详细的数据结构。作为事物属性记录符号的数据与数据之间是存在一定联系的。具有联系的相关数据总是按照一定的组织关系排列，从而构成一定的结构，对这种结构的描述就是数据模型。简单地说，数据模型是指数据库的组织形式，它决定了数据库中数据之间联系的方式。

常见的数据模型有 3 种，即层次模型、网状模型和关系模型。按不同的数据模型组织数据就形成不同类型的数据库。数据库的性质是由系统支持的数据模型来决定的。如果数据库中的数据采用层次模型方式存储，则该数据库称为层次数据库；如果数据库中的数据采用网状模型方式存储，则该数据库称为网状数据库；如果数据库中的数据采用关系模型方式存储，则该数据库称为关系数据库。

（1）层次模型。

层次模型（hierarchical model）是数据库系统最早使用的一种模型，它表示数据间的从属关系结构，用树形结构来表示实体及其之间的联系。在这种模型中，数据被组织成由“根”开始的“树”，每个实体由“根”开始沿着不同的分支放在不同的层次上。“树”中的每一个结点代表一个实体，连线则表示它们之间的联系。根据树形结构的特点，层次模型主要特征如下：

1）有且仅有一个结点没有父结点，这个结点即根结点。

2）除根结点以外的其他结点有且仅有一个父结点。

层次模型就像一颗倒置的树，根结点在最上面，其他结点在下，逐层排列。层次模型只能直接表示一对多（包括一对一）的联系，不能表示多对多联系。事实上，许多实体间的联系本身就是自然的层次关系，如一个单位的行政机构（见图 1-10）、一个家庭的世代关系等。

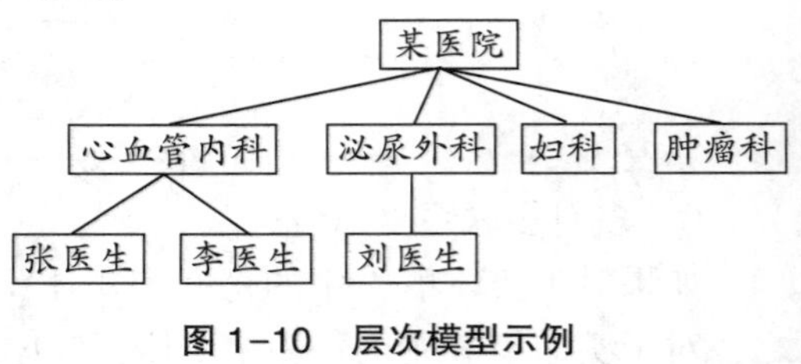

图 1-10　层次模型示例

（2）网状模型。

网状模型（network model）是一种比较复杂的数据模型，它以网状结构来表示各实体及其之间的联系，可以直接用来表示多对多联系。

网状模型既可以表示多个从属关系的层次结构，也可以表示数据间交叉关系的网络结构，是层次模型的扩展。网状模型有以下 3 个主要特征：

1）有一个以上的结点无双亲结点。

2）至少有一个结点有多个双亲结点。

网状数据模型的结构比层次模型更具普遍性，它突破了层次模型的两个限制，许多个结点没有双亲结点，另外一些结点有多个双亲结点。此外，它还允许两个结点有多种联系，网状数据模型可以更直接地描述现实世界。图1-11给出了一个简单的网状模型示例。

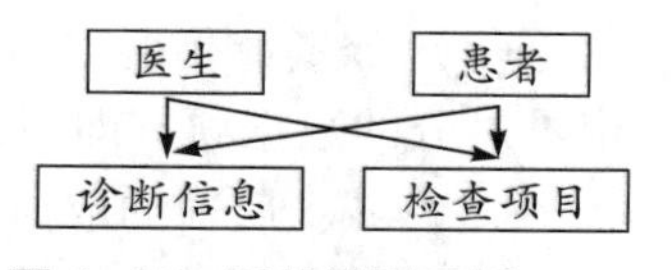

图1-11 网状模型示例

（3）关系模型。

关系模型（relational model）是用二维表格来表示实体及其相互之间的联系的一种数据模型。关系模型不像层次模型和网状模型那样使用大量的链接指针把有关数据集合到一起，而是用一张二维表来描述一个关系。在关系模型中，把实体集看成一个二维表格，每一个二维表格称为一个关系，每个关系均有一个名字，称关系名。关系模型有以下4个主要特点：

1）关系中的每一分量不可再分，是最基本的数据单位。

2）关系中每一列的分量同属性，列数根据需要而设，且各列的顺序是任意的。

3）关系中每一行由一个个体事物的诸多属性构成，且各行的顺序可以是任意的。

4）一个关系是一张二维表，不允许有相同的列（属性），也不允许有相同的行（元组）。

表1-1所示的是患者信息表。在二维表中，每一行称为一个记录，用于表示一组数据项；每一列称为一个字段或属性，用于表示每列中的数据项。表中的第一行称为字段名，用于表示每个字段的名称。

表1-1 患者信息表

病历号	患者姓名	性别	出生日期	民族	身份证号	住址
0000000001	杨怡	男	1956/3/4	汉族	46020119560304××××	海南省三亚市吉祥街3号
0000000002	张建光	男	1958/5/6	汉族	46010119580506××××	海南省海口市龙昆南路1号
0000000003	李毅	男	1986/5/21	汉族	46010119860521××××	海南省海口市金龙路11号
0000000004	余小燕	女	1986/5/21	汉族	46010119860521××××	海南省海口市海府路11号
0000000005	杨威	男	1964/5/8	汉族	46020119640508××××	海南省三亚市解放路13号
0000000006	徐毅	男	1987/9/9	汉族	46010319870909××××	海南省海口市龙昆南路81号
0000000007	刘洋	男	1985/9/6	汉族	46010219850906××××	海南省海口市海府路13号
0000000008	李辉	女	1980/11/12	苗族	46040119801149××××	海南省文昌市文府路33号

1.1.4 关系数据库

关系数据库是基于关系模型的数据库。Access就是一个关系数据库管理系统，使用它可以创建某一具体应用的Access关系数据库。

1. 关系模型的基本术语

（1）关系：一个关系就是一张二维表格，每个关系有一个关系名，在Access 2016中，一个关系就是一个表对象。

（2）元组：表格中的每一行称为一个元组。在Access 2016中称其为记录。

（3）属性：表格中的每一列称为一个属性，给每列起一个名称，该名称就是属性名，如表 1-1 中的病历号、患者姓名、性别、出生日期等。在 Access 2016 中称其为字段。

（4）分量：元组中的一个属性值称为分量。关系模型要求关系的每一个分量必须是一个不可分的数据项，即不允许表中还有表。

（5）域：属性的取值范围。

（6）候选关键字：关系中的某个属性组（一个属性或几个属性的组合）可以唯一标识一个记录，这个属性组称为候选关键字，也称候选码。

（7）关键字：关键字是指在一个数据表中，若某一字段或几个字段的组合值能够唯一标识一个记录，则称其为关键字（或键）；当一个数据表有多个关键字时，可从中选出一个作为主关键字，也称为主码。

（8）外部关键字：如果关系中的一个属性不是本关系的关键字，而是另外一个关系的关键字或候选关键字，这个属性就称为外部关键字。例如，在医生信息表中的科室号不是本表的关键字，但它是科室信息表中的关键字，因此科室号是医生信息表的外部关键字。

（9）主属性：包含在任一候选关键字中的属性称为主属性。

（10）关系模式：关系的描述。一个关系模式对应一个关系的结构。其格式为：关系名（属性名 1、属性名 2、属性名 3、…、属性名 n）。例如，患者信息表的关系模式描述如下：患者信息表（病历号、患者姓名、性别、出生日期、民族、身份证号、住址）。

2. 关系的特点

关系是一个二维表，但并不是所有的二维表都是关系。关系应具有以下 6 个特点：

（1）每一列中的分量是同一类型的数据，来自同一个域。

（2）不同的列的名称不同。

（3）任意两个元组不能完全相同。

（4）每一个分量都是不可再分的数据项。

（5）列的顺序可以任意调换。

（6）行的顺序可以任意调换。

由上述可知，二维表中的每一行都是唯一的，而且所有行都具有相同类型字段。关系模型的最大优点是一个关系就是一个二维表，因此易于对数据进行查询等操作。

3. 关系之间的联系

在关系数据库中，表之间具有相关性。表之间的相关性是依靠独立的数据表内部的相同属性的字段建立的。在两个相关表中，有着定义字段取值范围作用的表称为父表，而另一个引用父表中相关字段的表称为子表。根据父表和子表中相关字段的对应关系，表和表之间的关联存在以下 4 种类型：

（1）一对一联系：父表中每一个记录最多与子表中的一个记录相关联，反之也一样。具有一对一关联的两张表通常在创建时合并成为一张表。

（2）一对多联系：父表中每一个记录可以与子表中的多个记录相关联，而子表中的每一个记录都只能与父表中的一个记录相关联。一对多关联是数据库中最为普遍的关联。

（3）多对一联系：父表中多个记录可以与子表中的一个记录相关联。

（4）多对多联系：父表中的每一个记录都与子表中的多个记录相关联，而子表中的每一个记录又都与父表中的多个记录相关联。多对多联系在数据库中比较难实现，通常将多对多联系分解为多个一对多联系。

4. 关系代数运算

关系代数是一种抽象的查询语言。关系代数的运算对象是关系，运算结果也是关系。关系代数的运算可以分为两大类：传统的集合运算和专门的关系运算。

（1）传统的集合运算。

进行并、差、交、积集合运算的两个关系必须具有相同的关系模式，即结构相同。设 R 和 S 均为 n 元关系（元数相同即属性个数相同），且两个关系属性的性质相同。下面以患者 A（表 1-2）和患者 B（表 1-3）两个关系为例，用以说明传统的集合运算。

表 1-2　患者 A

病历号	患者姓名	性别	出生日期
0000000001	杨怡	男	1956/3/4
0000000002	张建光	男	1958/5/6

表 1-3　患者 B

病历号	患者姓名	性别	出生日期
0000000002	张建光	男	1958/5/6
0000000003	李毅	男	1986/5/21
0000000004	余小燕	女	1986/5/21

1）并：两个关系的并运算可以记作 R∪S，运算结果是将两个关系的所有元组组成一个新的关系，若有相同的元组，只留下一个。患者 A∪患者 B 的结果如表 1-4 所示。

2）差：两个关系的差运算可以记作 R-S，运算结果是由属于 R 但不属于 S 的元组组成一个新的关系。患者 A-患者 B 的结果如表 1-5 所示。

表 1-4　患者 A∪患者 B

病历号	患者姓名	性别	出生日期
0000000001	杨怡	男	1956/3/4
0000000002	张建光	男	1958/5/6
0000000003	李毅	男	1986/5/21
0000000004	余小燕	女	1986/5/21

表 1-5　患者 A-患者 B

病历号	患者姓名	性别	出生日期
0000000001	杨怡	男	1956/3/4

3）交：两个关系的交运算可以记作 R∩S，运算结果是将两个关系中公共元组组成一个新的关系。患者 A∩患者 B 的结果如表 1-6 所示。

表 1-6　患者 A∩患者 B

病历号	患者姓名	性别	出生日期
0000000002	张建光	男	1958/5/6

4）广义笛卡儿积：设 R 和 S 是两个关系，如果 R 是 m 元关系，有 i 个元组，S 是 n 元关系，有 j 个元组，笛卡儿积 R×S 是一个 $m+n$ 元关系，有 $i \times j$ 个元组。记作：R×S。例如，患者表和检查收费表两个关系如表 1-7 和表 1-8 所示。

表 1-7　患者

病历号	患者姓名	性别	出生日期
0000000001	杨怡	男	1956/3/4
0000000002	张建光	男	1958/5/6

表 1-8　检查收费

病历号	项目名称	金额
0000000001	甲状腺超声	500
0000000002	B 超常规检查	300
0000000001	血常规	200

患者表和检查收费表两个关系的笛卡儿积的结果如表 1-9 所示。

表 1-9　患者×检查收费

病历号	患者姓名	性别	出生日期	病历号	项目名称	金额
0000000001	杨怡	男	1956/3/4	0000000001	甲状腺超声	500
0000000001	杨怡	男	1956/3/4	0000000002	B 超常规检查	300
0000000001	杨怡	男	1956/3/4	0000000001	血常规	200
0000000002	张建光	男	1958/5/6	0000000001	甲状腺超声	500
0000000002	张建光	男	1958/5/6	0000000002	B 超常规检查	300
0000000002	张建光	男	1958/5/6	0000000001	血常规	200

（2）专门的关系运算。

在关系数据库中，经常需要对关系进行特定的关系运算操作。基本的关系运算有 3 种：选择运算、投影运算和连接运算。

1）选择运算：选择（selection）是根据给定的条件选择关系 R 中的若干元组组成新的关系的运算，是对关系元组进行筛选。记作：$G_F(k)$，其中 F 是选择条件，是一个逻辑表达式，它由逻辑运算符和比较运算符组成。

选择运算也是一元关系运算，选择运算结果往往比原有关系元组个数少，它是原关系的一个子集，但关系模式不变。

例如，从表 1-3 中，选择性别为“女”的患者名单，可以记作：$\delta_{性别=“女”}$（患者 B），结果如表 1-10 所示。

表 1-10　选择运算结果

病历号	患者姓名	性别	出生日期
0000000004	余小燕	女	1986/5/21

2）投影运算：是从指定的关系中选择某些属性的所有值组成一个新的关系的运算。记作 π_A（R），A 是 R 中的属性列。它是从列的角度进行操作的。例如，从表 1-3 中列出所有患者的姓名与性别，可以记作：$\pi_{患者姓名,性别}$（患者 B），结果如表 1-11 所示。

表 1-11　投影运算结果

患者姓名	性别
张建光	男
李毅	男
余小燕	女

3）连接运算：是将两个关系通过共同的属性（字段）连接成一个新的关系的运算。连接运算是一个复合型的运算，包含笛卡儿积、选择和投影 3 种运算。通常记作：$R \bowtie S$。

每一个连接操作都包括一个连接类型和一个连接条件。连接条件决定运算结果中元组的匹配和属性的去留；连接类型决定如何处理不符合条件的元组，有内连接、自然连接、左外连接、右外连接和全外连接等。

内连接，又称等值连接，是按照公共属性值相等的条件进行连接，并且不消除重复属

性。表1-7和表1-8的内连接的操作过程：首先，形成患者×检查收费表的乘积，共有6个元组，如表1-9所示。然后根据连接条件“患者·病历号=检查收费·病历号”，从乘积中选择出相互匹配的元组。结果如表1-12所示。

表1-12　内连接结果

病历号	患者姓名	性别	出生日期	病历号	项目名称	金额
0000000001	杨怡	男	1956/3/4	0000000001	甲状腺超声	500
0000000001	杨怡	男	1956/3/4	0000000001	血常规	200
0000000002	张建光	男	1958/5/6	0000000002	B超常规检查	300

自然连接是在内连接的基础上，再消除重复的属性，是最常用的一种连接。自然连接的运算用⋈表示。表1-7和表1-8的自然连接的结果如表1-13所示。

表1-13　自然连接结果

病历号	患者姓名	性别	出生日期	项目名称	金额
0000000001	杨怡	男	1956/3/4	甲状腺超声	500
0000000001	杨怡	男	1956/3/4	血常规	200
0000000002	张建光	男	1958/5/6	B超常规检查	300

5. 关系的完整性

数据库系统在运行的过程中，由于数据输入错误、程序错误、使用者的误操作、非法访问等各方面原因，容易产生数据错误和混乱。为了保证关系中数据的正确性和有效性，需建立数据完整性的约束机制。

关系的完整性是指关系中的数据及具有关联关系的数据间必须遵循的制约条件，以保证数据的正确性、有效性和相容性。关系的完整性主要包括实体完整性、参照完整性和域完整性。

（1）实体完整性。

由于每个关系的主键是唯一决定元组的，所以实体完整性约束要求关系的主键不能为空值，组成主键的所有属性都不能取空值。例如，在“患者（病历号、患者姓名、性别、出生日期）”关系中，病历号是主键，因此病历号不能为空值。例如，在“住院信息（病历号、科室号、入院时间、入院诊断）”关系中，病历号和科室号共同构成主键，因此病历号和科室号都不能为空值。

（2）参照完整性。

参照完整性约束是关系之间相关联的基本约束，它不允许关系引用不存在的元组，即在关系中的外键取值只能是关联关系中的某个主键值或者为空值。例如，科室号是“科室（科室号、科室名称、科主任、电话）”关系的主键，是“医生（医生编号、医生姓名、性别、职称、科室号）”关系的外键。“医生”关系中的“科室号”必须是“科室”关系中一个存在的“科室号”的值或者是空值。

（3）域完整性。

域完整性也称为用户自定义完整性。实体完整性约束和参照完整性约束是关系数据模型必须要满足的，而用户自定义完整性约束是与应用密切相关的数据完整性的约束，不是

关系数据模型本身所要求的。用户自定义完整性约束是针对具体数据环境与应用环境由用户具体设置的约束，反映了具体应用中数据的语义要求，作用就是要保证数据库中数据的正确性。例如，限定某属性的取值范围，性别的取值必须是“男”或“女”。

6. 关系规范化

关系模型建立在严格的数学关系理论基础之上，通过确立关系中的规范化准则，既可以方便数据库中数据的处理，又可以给程序设计带来方便。在关系数据库设计过程中，使关系满足规范化准则的过程称为关系规范化（relation normalization）。

关系规范化就是将数据库中不太合理的关系模型转化为一个最佳的数据模型，因此它要求关系数据库中的每一个关系都要满足一定的规范。根据满足规范的条件不同，关系规范化可以划分为 6 个范式（normal form，NF），分别为第一范式（1NF）、第二范式（2NF）、第三范式（3NF）、修正的第三范式（BCNF）、第四范式（4NF）和第五范式（5NF）。通常在解决一般性问题时，只要把数据表规范到第三范式就可以满足需要。关系规范化的前三个范式有各自不同的原则要求。

下面简要阐述前三个范式：

第一范式要求：在一个关系中消除重复字段，且各字段都是不可分的基本数据项。

第二范式要求：若关系模型属于第一范式，则关系中所有非主属性完全依赖主关键字段。

第三范式要求：若关系模型属于第二范式，则关系中所有非主属性直接依赖主关键字段。简而言之，第三范式就是属性不依赖于其他非主属性，每个属性都跟主键有直接关系而不是间接关系。

1.2 数据库设计

1.2.1 数据库设计的基本步骤

数据库技术是信息资源的开发、管理和服务的最有效的手段，因此随着数据库的应用范围越来越广，从小型的单一事务处理系统到大型的信息服务系统大都利用了先进的数据库技术来保持系统数据的整体性、完整性和共享性。数据库设计是数据库系统的重要组成部分。优秀的数据库设计能有效地存储应用的数据，高效地对已经存储的数据进行访问，清晰地统计分析应用系统的数据，方便生成直观的数据。不良的数据库设计将会造成很多弊端和问题，可能会导致访问数据效率低下，更新和检索数据时会出现差错，存在大量的数据冗余，浪费存储空间，严重的则将引起系统无法运行。因此，数据库设计和造房子类似，先设计工程图纸，然后按图纸施工，建成大楼。这便是我们能够能动地反映世界并通过实践改造世界的能力和作用。按照规范设计的方法，考虑数据库及其应用系统开发全过程，将数据库设计分为 6 个阶段，分别是需求分析、概念结构设计、逻辑结构设计、物理结构设计、数据库实施、数据库运行和维护阶段。

1. 需求分析阶段

需求分析简单地说就是分析用户的要求，这是设计数据库的起点。需求分析的结果是否准确地反映了用户的实际要求，将直接影响到后面各个阶段的设计，并影响到设计结果是否合理和实用。

需求分析通过详细调查现实世界要处理的对象（组织、部门、行业等）、充分了解用

户单位目前的工作状况，明确用户的各种需求，然后在此基础上确定新系统的功能。新系统必须充分考虑今后可能的扩充和改变，不能仅仅按当前应用需求来设计数据库。调查的重点是“数据”和“处理”，通过调查、收集和分析，获得用户对数据库的要求，包括在数据库中需要存储哪些数据、用户要完成什么处理功能、数据库的安全性与完整性要求等。

2. 概念结构设计阶段

将需求分析得到的用户需求抽象为信息结构（概念模型）的过程就是概念结构设计。这是数据库设计的关键。在需求分析阶段所得到的应用需求应该首先抽象为概念模型，以便更好、更准确地用某数据库管理系统实现这些需求。

概念数据模型设计的描述最常用的工具是E-R图，具体的设计步骤如下：

（1）确定实体。

（2）确定实体的属性。

（3）确定实体的主键。

（4）确定实体间的联系类型。

（5）画出E-R图。

3. 逻辑结构设计阶段

数据库的逻辑结构设计主要是将概念数据模型转换成为数据库管理系统所支持的逻辑数据模型，并对其进行优化。对于关系数据库管理系统来说，就是将概念数据模型转换成关系数据模型，即将E-R图转换成指定的关系数据库管理系统所支持的关系模式。在数据库的逻辑结构设计过程中，形成许多的关系模式。如果关系模式没有设计好，就会出现数据冗余、数据更新异常、数据删除异常、数据插入异常等问题，故在设计过程中，要按照关系规范化的要求去设计出好的关系模式。

4. 物理结构设计阶段

数据库在物理设备上的存储结构与存取方法称为数据库的物理结构，数据库的物理结构设计是设计数据库的存储结构和物理实现的方法。数据库的物理结构设计的主要目标是对数据库内部物理结构做调整并选择合理的存取路径，以提高数据库访问速度并有效利用存储空间。

数据库的物理结构设计通常分为两步：

（1）确定数据库的物理结构，在关系数据库中其主要指存储结构和存取方法。

（2）对物理结构进行评价，评价的重点是时间和空间效率。

目前，在关系数据库中已大量屏蔽了内部物理结构，因此留给用户参与物理结构设计的任务很少，一般的关系数据库管理系统留给用户参与物理结构设计的内容大致有索引设计、分区设计等。

5. 数据库实施阶段

完成数据库的物理结构设计之后，就要运用数据库管理系统提供的数据语言、工具及宿主语言，根据逻辑结构设计和物理结构设计的结果建立数据库，编制与调试应用程序，组织数据入库，并进行试运行，这就是数据库实施阶段。

一般数据库系统中，数据量都很大，而且数据来源于各个不同的部门，数据的组织方式、结构和格式都与新设计的数据库系统有相当的差距。组织数据录入就要将各类源数据

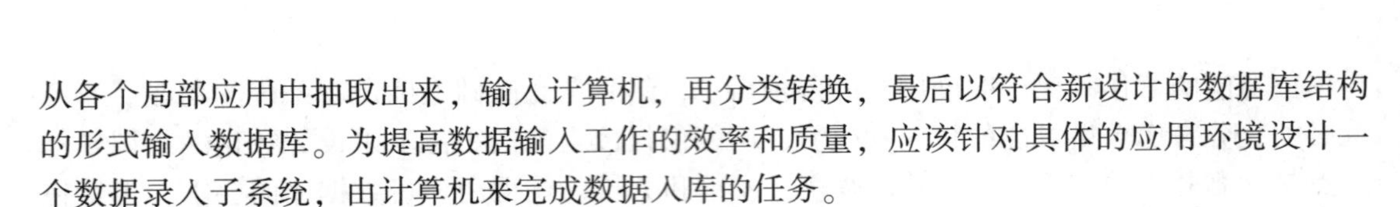

从各个局部应用中抽取出来，输入计算机，再分类转换，最后以符合新设计的数据库结构的形式输入数据库。为提高数据输入工作的效率和质量，应该针对具体的应用环境设计一个数据录入子系统，由计算机来完成数据入库的任务。

6. 数据库运行和维护阶段

数据库系统经过试运行合格后，数据库开发工作就基本完成，即可投入正式运行了。在数据库系统的运行过程中，对数据库设计进行评价、调整、修改等维护工作是一个长期的任务。

在数据库运行阶段，对数据库经常性的维护工作主要是由数据库管理员完成的。它包括数据库的备份和恢复、数据库的安全性与完整性控制、数据库性能的分析和改造、数据库的重组织与重构造。当然，数据库的维护也是有限的，只能做部分修改。如果应用变化太大，重新构造也无济于事，说明此数据库应用系统的生命周期已经结束，应该设计新的数据库应用系统。

需要指出的是，设计一个完整的数据库应用系统是不可能一蹴而就的，往往是上述 6 个阶段的不断反复修改、完善的过程。

1.2.2 数据库设计实例

医院作为患者就诊的地方，有许多信息需要处理和管理，医院信息系统利用信息技术手段对医院及其所属部门的人流、物流、财流进行综合管理，对医疗活动各阶段中产生的数据进行采集、存储、处理、提取、传输、汇总、加工生成各种信息，为医院整体运行提供全面的自动化的管理及各种服务。它覆盖了患者在院期间的各个诊断治疗环节，各部分之间信息高度共享，是一个庞大、复杂的信息管理系统。在此，我们从提取就医部分主要业务构建一个简单医务管理系统出发，对患者检查、医生诊断等医疗活动进行管理，并提供患者和医生信息查询等功能。下面我们就按照上一节学过的数据库设计的基本步骤，来尝试根据业务需求一步步完成一个简单的医务管理系统的数据库设计。

1. 用户需求分析

首先进行用户需求分析，明确建立数据库的目的。按照一般医院的科室设置标准，一所医院设若干临床科室，科室必须又同时开展住院部及门诊的工作，有单独的护理单元，科室人员由若干名医生和护士组成，科室一般有设在同一楼层的一定数量的床位。

就医部分业务活动情况如下：

首先，患者需要到门诊挂号处挂号，已建档的患者基本信息包括姓名、年龄、住址、联系方式等，这是病历管理基础信息。

其次，患者到相应临床科室就医，经医生诊疗后，由医生开出诊断结果或者处方、检查或检验申请单。如为处方，则患者需持处方单到收费处交费，然后持收费证明到门诊药房取药；如为检查或检验申请单，则患者需持申请单到收费处交费，然后持收费证明到检查科室或检验科室进行检查或检验。

若患者接到医生需住院治疗的建议，则需到住院处办理入院手续。住院手续办理妥当之后，由病区科室根据患者所就诊的科室给患者安排床位，将患者的预交款信息录入并进行相应的维护和管理。病区科室还应执行医生开出的医嘱，医嘱的主要内容包括患者的用药、检查申请或检验申请。

按照以上的业务活动可得出业务规则：一个科室有多名医生任职，每名医生只能在某

一科室任职，但可为多名患者诊断；每名患者可去不同医生处就诊；每名患者可进行多类检查项目检查；一个检查项目有多名患者排队检查；每个科室管理多张床位；一个住院患者只能有一个固定床位。在此，我们暂定一个简单的医务数据管理系统，使用对象主要有系统管理员、医生和患者等。

2. 数据库的概念设计

根据用户需求分析，接下来需确定“医务管理系统”实体及其属性，确定实体间的联系用E-R 图描述。系统中的实体应该包括科室、医生、患者、检查项目和床位，如图 1-12 所示。

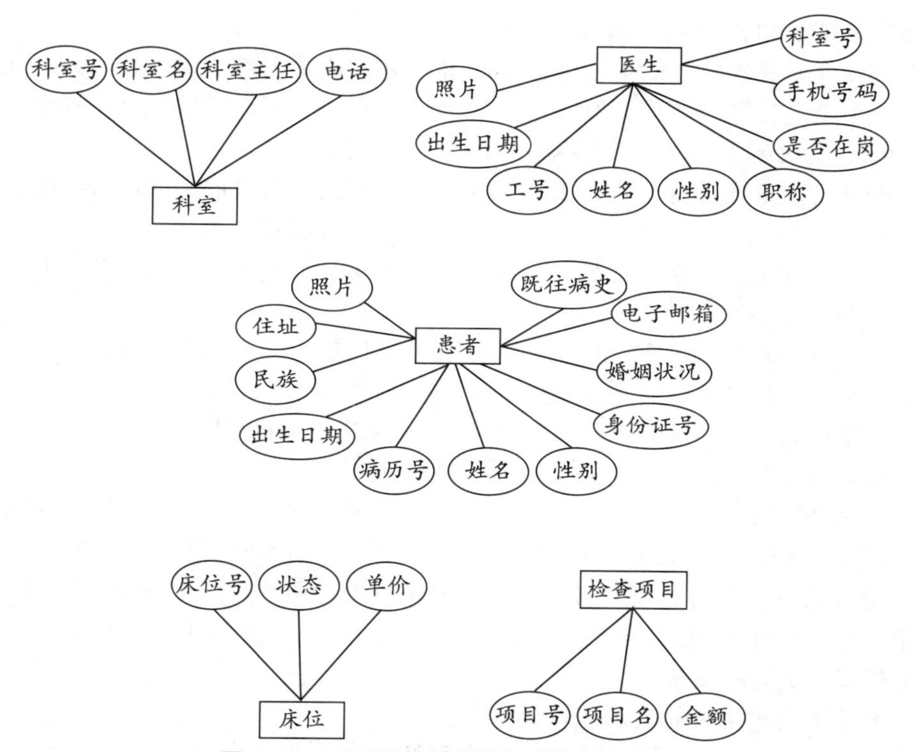

图 1-12　“医务管理系统”实体的 E-R 图

（1）科室（科室号、科室名、科室主任、电话）。

（2）医生（工号、姓名、性别、出生日期、职称、科室号、是否在岗、照片、手机号码）。

（3）患者（病历号、姓名、性别、出生日期、民族、身份证号、婚姻状况、电子邮箱、住址、照片、既往病史）。

（4）检查项目（项目号、项目名、金额）。

（5）床位（床位号、状态、单价）。

5 个实体之间存在 5 个联系，其中有 1 个一对一联系、2 个一对多联系和 2 个多对多联系：患者与床位的联系是一对一联系（1∶1）；科室与医生的联系是一对多联系（$1:n$）；科室与床位的联系是一对多联系（$1:n$）；医生与患者的联系是多对多联系（$m:n$）；患者与检查项目的联系是多对多联系（$m:n$）。

由此得到医务管理系统的 E-R 图，如图 1-13 所示。

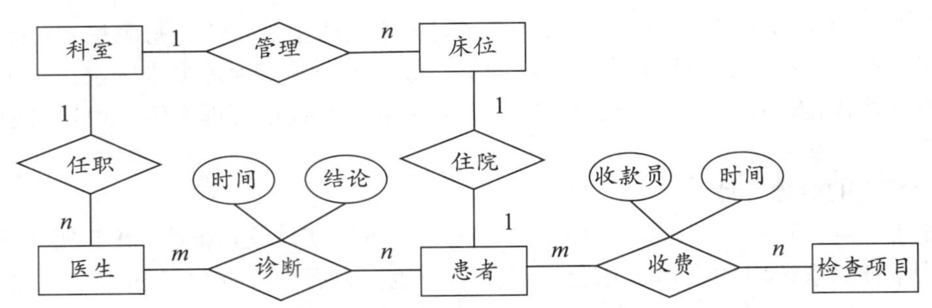

图 1-13 “医务管理系统”实体间联系的 E-R 图

3. 数据库的表和各表中的字段及主键

关系数据库的逻辑设计实际上就是把 E-R 图转换成关系模式。对于 Access 关系数据库来说，关系就是二维表，关系模式也可称为表模式。表模式的格式是：表名（字段名 1、字段名 2、字段名 3、…、字段名 n）。

把“医务管理系统”有关的 E-R 图转换成的表模式（即关系模式）的结果如下。

（1）科室（科室号、科室名、科室主任、电话），主键是“科室号”。

（2）医生（工号、姓名、性别、出生日期、职称、科室号、是否在岗、照片、手机号码），主键是“工号”。

（3）患者（病历号、姓名、性别、出生日期、民族、身份证号、婚姻状况、电子邮箱、住址、照片、既往病史），主键是“病历号”。

（4）检查项目（项目号、项目名、金额），主键是“项目号”。

（5）床位（床位号、状态、单价），主键是“床位号”。

（6）诊断病案（病历号、姓名、性别、出生日期、照片、既往病史、工号、诊断结论、诊断时间、医嘱），主键是“病历号”+“工号”+“诊断时间”。

（7）检查收费（病历号、姓名、性别、出生日期、照片、既往病史、项目号、项目名、金额、检查时间），主键是“病历号”+“项目号”+“检查时间”。

4. 数据库表之间的关系

（1）科室表与医生表的联系是一对多联系（1 : n）。

（2）科室表与床位表的联系是一对多联系（1 : n）。

（3）医生表与诊断病案表的联系是一对多联系（1 : n）。

（4）患者表与诊断病案表的联系是一对多联系（1 : n）。

（5）患者表与检查收费表的联系是一对多联系（1 : n）。

（6）检查项目表与检查收费表的联系是一对多联系（1 : n）。

（7）患者表与床位表的联系是一对一联系（1 : 1）。

5. 优化设计

应用规范化理论对关系模式设计进行优化检查，力求设计精益求精，让设计经得起时间考验。根据业务需要，后继如需扩展数据库也应遵循概念单一化的原则，即一个表描述一个实体或实体间的一种联系；同时消除不必要的重复字段，减少冗余。

1.3　本章小结

本章第一节首先介绍了数据库基本概念。然后介绍随着计算机软硬件更新换代和不同时代的需求，数据管理技术的发展经历的3个阶段以及新发展趋势。接着分析了数据抽象的过程，引出概念模型、数据模型的基本知识。最后以基于关系模型建立关系数据库为重点，介绍关系模型基本术语、关系的特点、关系之间的关联类型、关系代数运算以及关系完整性、规范化的相关知识。在具备数据库相关基础知识后，第二节先阐述了数据库设计的基本步骤，分为6个阶段，分别是需求分析、概念结构设计、逻辑结构设计、物理结构设计、数据库实施、数据库运行和维护阶段。然后以设计一个简单医务管理系统为例分析介绍了通常的数据库设计做法：根据用户需求分析，先画出系统的E-R图，再将E-R图转换为关系模式，即得到相应的数据库。

第 2 章　Access 2016 系统概述

本章导读

本章介绍了 Access 2016 系统的基本功能和新特性，Access 2016 的集成环境和几种基本操作，包括数据库的组成、创建、打开和关闭等。

【知识结构】

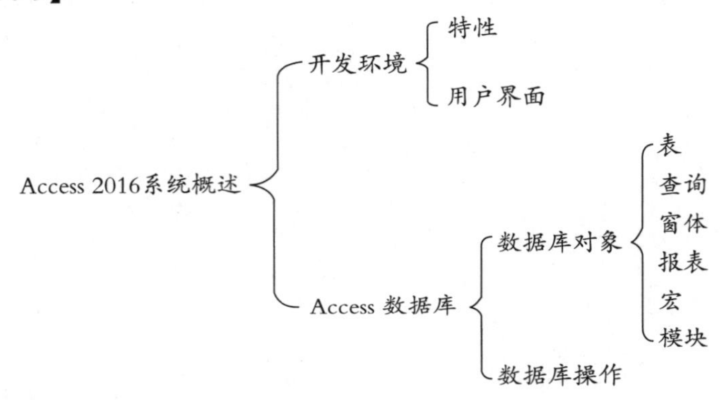

【学习重点】

Access 2016 数据库的开发环境，数据库的创建、打开、保存和关闭。

【学习难点】

Access 2016 数据库的创建、打开、保存和关闭。

2.1　Access 2016 开发环境

在第 1 章中提到常用的数据库管理软件有 Oracle、MySQL、Access、MS SQL Server 等，其中 Access 是由微软发布的关系数据库管理系统，是 Microsoft Office 的系统程序之一。Access 属于可视化工具的一种，其风格与 Office 完全一致，用户想要生成对象并应用，应用鼠标拖放即可，十分便捷。Microsoft Access 1.0 版本在 1992 年 11 月发布。本教材选用的 Access 2016 版本，是一个健壮、成熟的 32 位或 64 位关系型数据库管理系统，可以对大量的数据进行存储、查找、统计、添加、删除及修改，还可以创建报表、窗体和宏等对象。用户通过 Access 2016 提供的开发环境及工具可以方便地构建数据库应用程序，大部分工作都可以通过可视化的操作来完成，无须编写复杂的程序代码，比较适合非计算机专业的人员开发数据库管理类的应用软件。

2.1.1　Access 2016 特性

1. Access 2016 的功能

Access 2016 属于小型桌面数据库管理系统，是管理和开发小型数据库系统常用的应用

软件。它提供了表、查询、窗体、报表、宏和模块 6 种建立数据库系统的对象；提供了多种向导、生成器和模板，把数据存储、数据查询、界面设计和报表生成等操作规范化；为建立功能完善的数据库管理系统提供了方便，也使得普通用户不必编写代码就可以完成大部分数据管理的任务，实现高效的信息管理和数据共享。

2. Access 2016 的特点

（1）快速创建自定义应用程序。

1）应用模板：通过创建自定义应用轻松入门，或从一系列经过专业设计的全新应用模板中获得灵感。

2）不只是桌面数据库：Access 2016 不仅是一种创建桌面数据库的方式，还是一种易于使用的工具，可以快速创建基于浏览器的数据库应用程序，数据会自动存储在 SQL 数据库中。

3）表格模板：在“添加表”文本框中输入该内容，然后从相关表格中进行选择，即可轻松定义字段、关系和它们之间的规则。

（2）构建可轻松使用的应用。

1）相关项目控制：用户不必切换屏幕即可浏览数据库中的其他相关信息，因此可以在查看或输入信息时始终拥有正确的上下文。

2）自动完成控制：借助下拉菜单和在开始输入数据时提供的建议，应用用户可以更轻松地输入数据，而且不会轻易出错。查找功能可以帮助用户了解不同表格中的记录之间的关系。

3）应用体验：借助可以自动保存易于使用的精美界面并维持一致的用户体验的应用，不必再担心用户“迷失在数据中”。

（3）更轻松地共享数据以及控制数据的访问权限。

1）数据存储在 SQL 中：后端已迁移到 SQL server 和 microsoft azure SQL 数据库，以实现更高的可靠性、强大的安全性、可伸缩性和长期的可管理性。

2）Share Point 应用部署：借助 Access services 和 Share Point online，可通过浏览器中的 Share Point 公司网站轻松管理和监控 Access 应用。

3. Access 2016 的新特性

Access 2016 引入了多项特性，旨在提升用户体验和数据管理能力。以下是 Access 2016 的一些关键新特性：

（1）数据可视化。

Access 2016 增加了支撑数据可视化的新功能，使用户能够更加直观地查看和分析数据，从而提高了数据处理的效率和准确性。

（2）安全性增强。

相比之前的版本，Access 2016 在安全性方面有所提升，提供了更强大的用户身份验证和权限控制功能，确保了数据的安全性。

（3）Web 数据库支持。

用户可以从使用模版开始，立即开始协作，生成 Web 数据库并将其发布到了 Share Point 网站，使得 Share Point 访问者可以在 Web 浏览器中使用数据库应用程序，极大地扩展了 Access 的应用场景。

（4）文本字段的改进。

在 Access 桌面数据库中，“长文本”字段最多显示 64000 个字符的文本，而“短文本”字段最多存储 255 个字符。在 Access Web 应用中，“短文本”字段默认设置为存储 255 个字符，但可以将“字符限制”属性调整到 4000 个字符。这些新特性的引入，不仅提升了 Access 2016 的功能性和易用性，也使其成为数据处理和管理的强大工具，适合各种规模的数据处理需求。

2.1.2 Access 2016 用户界面

1. Access 2016 的工作首界面和主界面

Access 2016 应用程序启动后，即可进入 Access 2016 程序的工作首界面，如图 2-1 所示。数据库创建完成之后即可进入 Access 2016 的工作主界面，如图 2-2 所示。

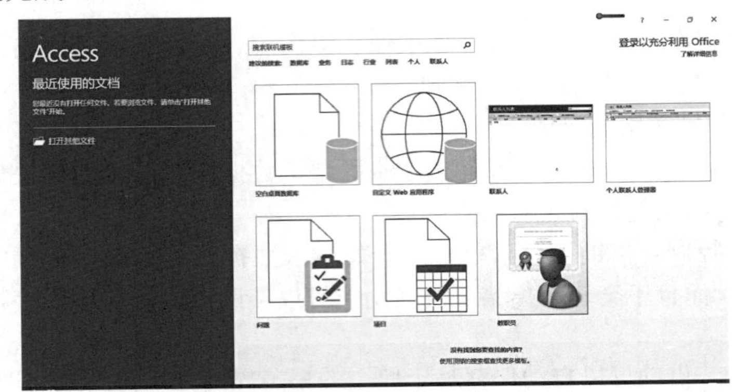

图 2-1　Access 2016 工作首界面

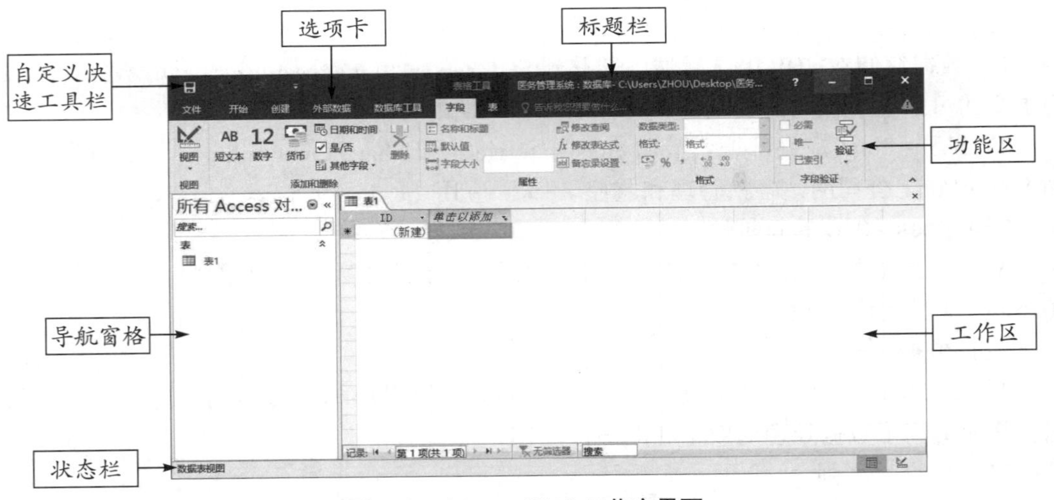

图 2-2　Access 2016 工作主界面

2. 功能区

功能区由“文件”“开始”“创建”“外部数据”和“数据库工具”5 个标准选项卡组成，每个选项卡被分成若干个组，每组包含相关功能的命令按钮。在功能区的大多数组区域中都有下拉箭头，单击下拉箭头可以打开一个下级子菜单。在部分组区域中有一种按钮，单击该按钮可以打开一个设置对话框。

（1）“文件”选项卡。

“文件”选项卡如图 2-3 所示。这是一个特殊的选项卡，与其他选项卡的结构、布局和功能完全不同。利用“文件”选项卡可以进行的操作有保存、对象另存为、数据库另存为、打开和关闭数据库、新建、打印、保存并发布、Access 的选项设置等，另外还可以对数据库进行压缩并修复，或是用密码加密数据库以达到保护数据的目的。

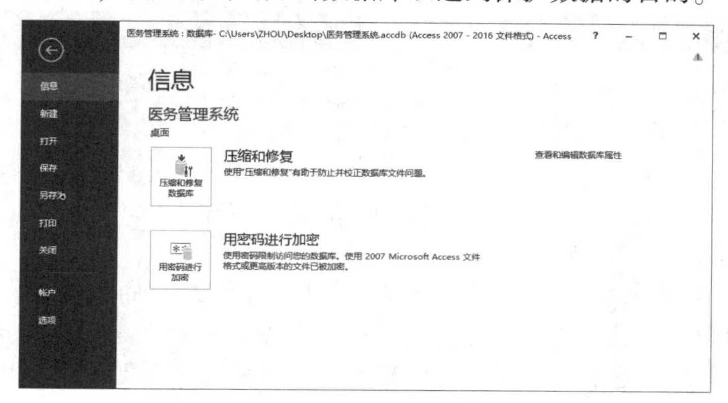

图 2-3　“文件”选项卡

（2）“开始”选项卡。

“开始”选项卡包含当前数据库对象可以使用的各种工具选项，如图 2-4 所示。

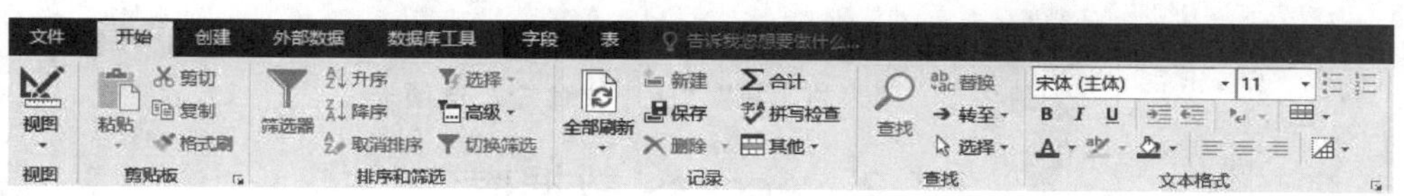

图 2-4　“开始”选项卡

（3）“创建”选项卡。

“创建”选项卡包含的功能如图 2-5 所示。用户使用“创建”选项卡可以创建数据库包含的所有对象：表、查询、报表、窗体、宏和模块。

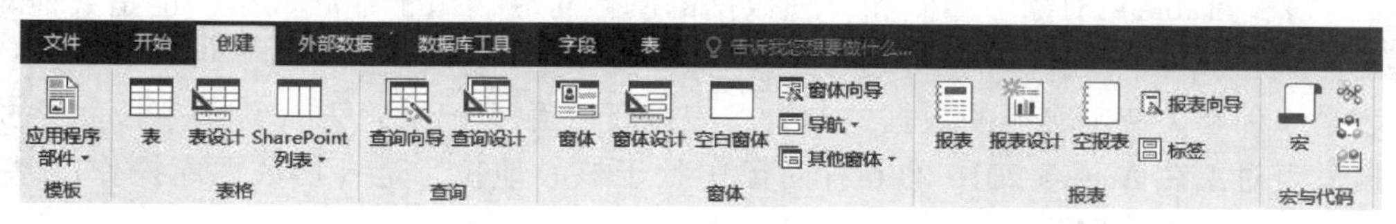

图 2-5　“创建”选项卡

（4）“外部数据”选项卡。

“外部数据”选项卡包括“导入并链接”“导出”和“收集数据”3 个组，如图 2-6 所示。用户可通过该选项卡对内部与外部数据交换进行管理和操作。

图 2-6　“外部数据”选项卡

(5)“数据库工具”选项卡。

“数据库工具”选项卡包括“宏”等 6 个组，如图 2-7 所示。其是 Access 2016 提供的一个管理数据库后台的工具，用户使用该选项组可以创建和查看表间的关系，启动 Visual Basic 程序编辑器，运行宏，在 Access 和 SQL Server 之间移动数据以及压缩和修复数据库等。

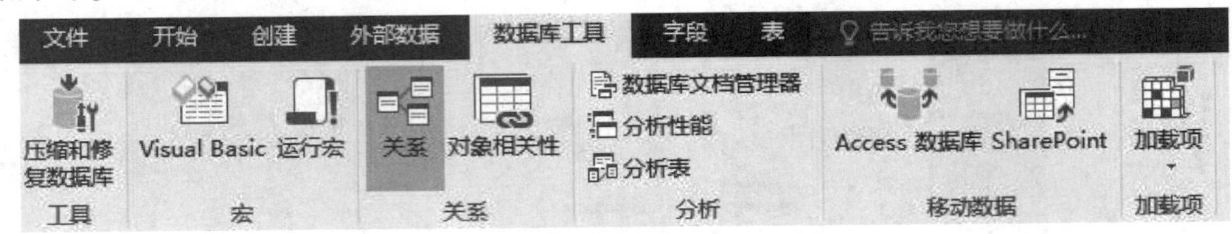

图 2-7　“数据库工具”选项卡

(6)“上下文命令”选项卡

“上下文命令”选项卡是一种新的 Office 用户界面元素。所谓“上下文命令选项卡”就是指 Access 可以根据上下文（即进行操作的数据库对象）在常规命令选项卡旁边显示一个或多个上下文命令选项。例如，当打开任意表对象时，功能区中会出现与“表格工具”相关的“字段”“表”选项卡，如图 2-8 所示。

图 2-8　“表格工具”“上下文命令”选项卡

2.2　Access 数据库

2.2.1　Access 数据库对象

Access 2016 属于小型桌面数据库管理系统，是管理和开发小型数据库系统常用的工具。它通过对数据库文件中的六大对象进行管理，从而实现高效的信息管理和数据共享。

(1) 表（Table）对象：存储和管理数据的基本对象，用于存储数据，也是其他对象的基础。

表是一种有关特定实体的数据的集合，表以行（称为记录）列（称为字段）格式组织数据。表对象在 Access 2016 的 6 种对象中处于核心地位，是一切数据库操作的基础，其他对象都以表为数据源。

(2) 查询（Query）对象：用于查找和检索所需要的数据。

查询是数据库的基本操作，查询是数据库设计目的的体现，建立数据库就是为了在需要各种信息时可以很方便地进行查找。利用查询可以通过不同的方法来查看、更改以及分析数据，也可以将查询作为窗体和报表的数据源。

(3) 窗体（Form）对象：用于以更直观的形式查看、添加和更新数据库的数据。

窗体是用户输入数据和执行查询等操作的界面，是 Access 数据库对象中最具灵活性的一个对象。窗体有多种功能，主要用于提供数据库的操作界面。根据功能的不同，窗体大致可以分为提示型窗体、控制型窗体、数据型窗体 3 类。

(4) 报表（Report）对象：用于以特定的版式分析或打印数据。

报表是以打印的格式表现用户数据的一种很有效的方式。用户可以在报表中控制每个对象的大小和外观，并按照所需的方式选择所需显示的信息以便查看或打印。

（5）宏（Macro）对象：用于执行各种操作和控制程序流程。

（6）模块（Module）对象：用于处理、应用复杂的数据信息的工具。

模块是用 Access 2016 提供的 VBA（Visual Basic for Applications）语言编写的程序，通常与窗体、报表等对象结合起来组成完整的应用程序。模块有 2 种基本类型：类模块和标准模块。

2.2.2　Access 数据库操作

1. 创建数据库

（1）利用模板创建数据库。

模板是 Access 系统为了方便用户建立数据库而设计的一系列模板类型的软件程序，使用模板是创建数据库的最快捷方式。

Access 2016 提供了 12 个数据库样本模板，使用这些模板，用户只需要进行一些简单操作就可以创建一个包含表、查询等数据库对象的数据库系统。除了这 12 个模板，用户还可以在 www. office. com 网站搜索所需的模板，然后将模板下载到本地计算机中使用。

【例 2-1】利用 Access 2016 模板创建一个“联系人”数据库。

操作步骤如下：

1）打开 Access 2016 程序，在“搜索模板”中选择“联系人”，如图 2-9 所示。

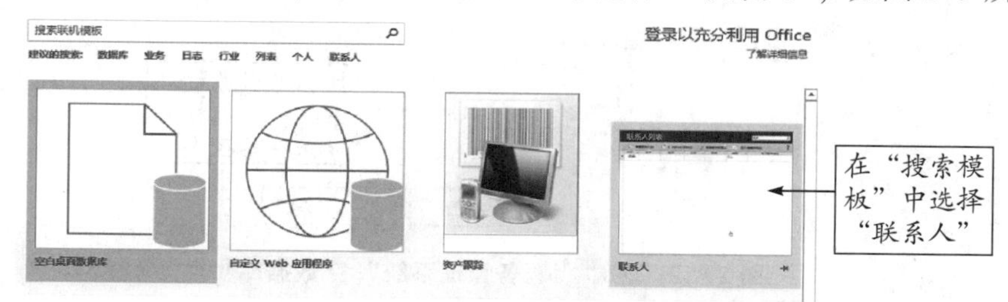

图 2-9　利用模板创建数据库

2）单击“联系人”，点击“创建”按钮，如图 2-10 所示，即可创建“联系人”模板数据库。

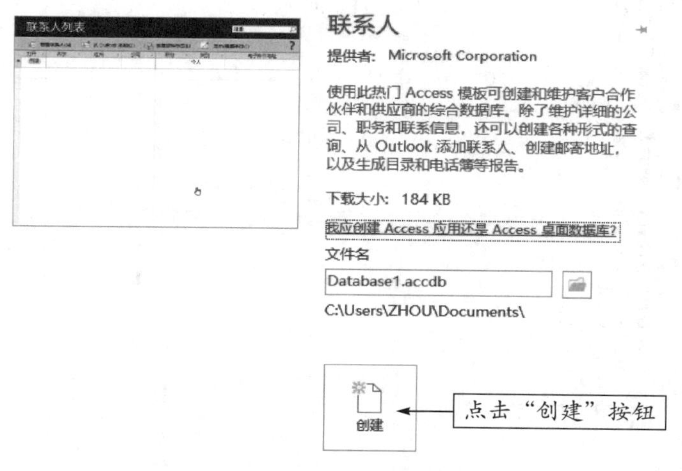

图 2-10　创建“联系人”模板数据库

（2）创建空数据库。

如果没有满足需要的模板或用户想根据自己的需要创建和管理数据，可以创建一个空数据库，然后再创建数据库中的其他对象。

【例 2-2】 创建一个名为“医务管理系统”的空数据库。

操作步骤如下：

1）打开 Access 2016 程序，选择“空白桌面数据库”，如图 2-11 所示。

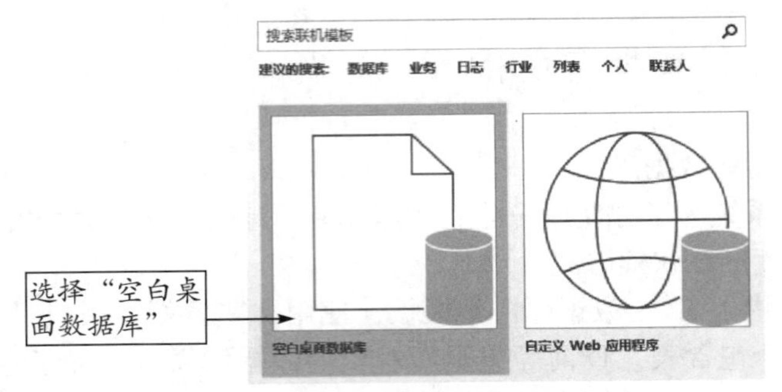

图 2-11　创建“空白桌面数据库”

2）在文件名对话框中输入数据库的名称“医务管理系统”，选择相应保存路径，如图 2-12 所示。

3）点击“创建”按钮，即可创建“医务管理系统”空数据库。

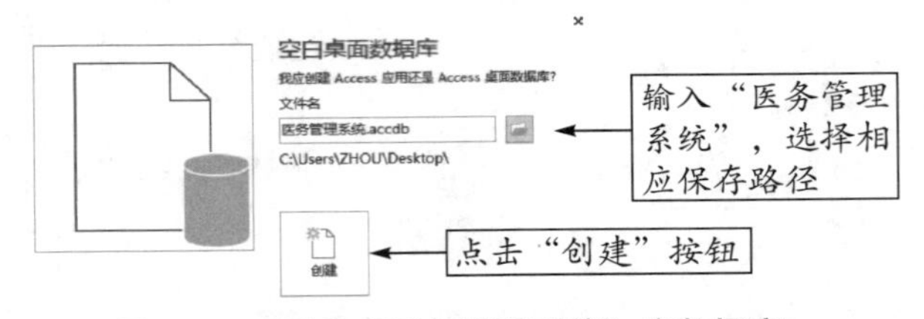

图 2-12　创建“医务管理系统”空数据库

2. 数据库的打开、保存与关闭

（1）打开数据库。

数据库根据不同的用途有 4 种打开方式：“打开”“以只读方式打开”“以独占方式打开”和“以独占只读方式打开”，如图 2-13 所示。

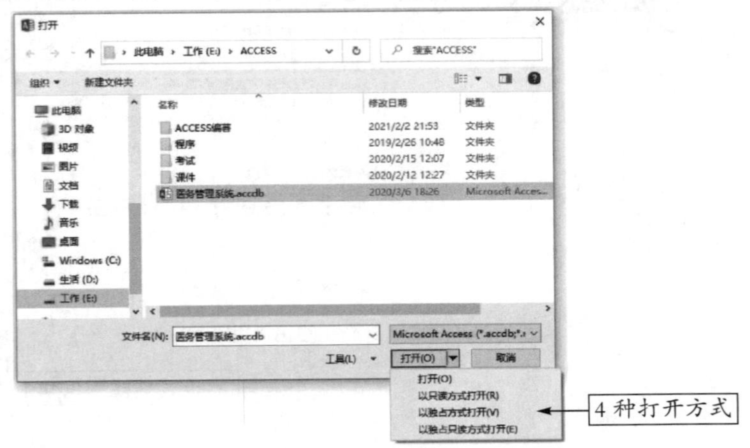

图 2-13　打开数据库

1）如果以“打开”方式打开数据库，该数据库文件可被其他用户共享，这是默认的数据库文件打开方式。若数据库存放在局域网中，为了数据安全，最好不要采用这种方式打开。

2）如果“以只读方式打开”数据库，则只能浏览该数据库的对象，不能对其进行修改。

3）如果“以独占方式打开”数据库，则其他用户不能使用该数据库。

4）如果“以独占只读方式打开”数据库，则只能浏览该数据库的对象，不能对其进行修改，且其他用户也不能使用该数据库。

【例 2-3】以只读方式打开“医务管理系统”数据库。

操作步骤：

1）打开 Access 2016 程序，选择“打开其他文件”，接下来单击“浏览”，在打开对话框中选择相应存储路径找到“医务管理系统”数据库。

2）在“打开”按钮下拉菜单中选择“以只读方式打开”，如图 2-14 所示，即可以只读方式打开“医务管理系统”数据库。

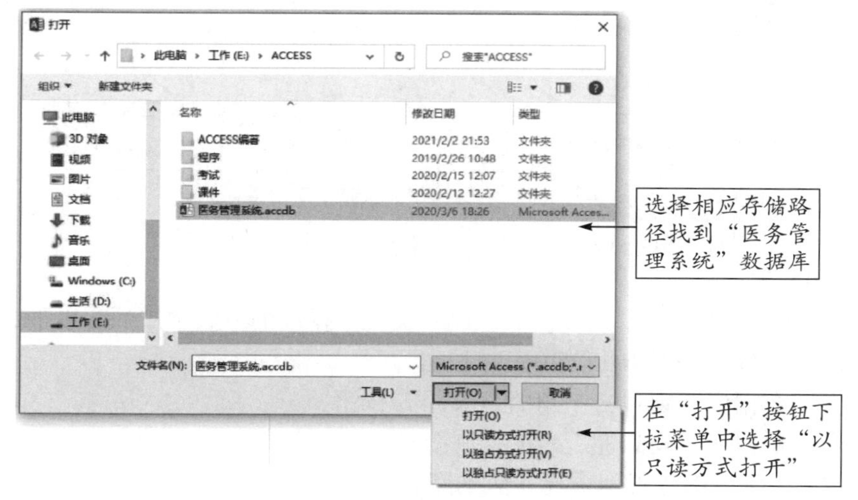

图 2-14　选择“以只读方式打开”打开数据库

（2）保存数据库。

创建完数据库，特别是在数据库中添加完各种数据以后，就要保存数据库，以防止数据的丢失。保存数据库的方法常用的有以下 3 种：

1）单击“文件”选项卡中“保存”命令进行保存。

2）单击快速访问工具栏上的“保存”按钮进行保存。

3）单击“文件”选项卡中“另存为”命令，弹出“另存为”对话框，确定保存位置和数据库文件名后完成保存。

【例 2-4】将“医务管理系统”数据库另存为“医务管理信息系统”数据库。

操作步骤：

1）选择“文件”选项卡，单击“另存为”，选择“Access 数据库（＊.accdb）”数据库文件类型，如图 2-15 所示。

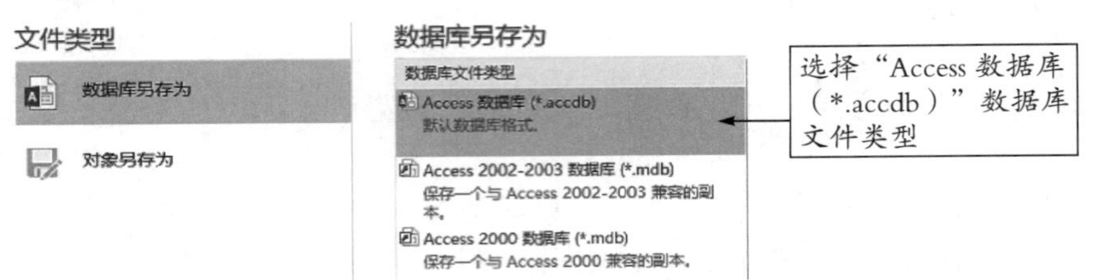

图 2-15　"另存为"数据库文件类型

2）在"另存为"对话框中选择相应存储位置，在文件名中输入"医务管理信息系统"，如图 2-16 所示，单击"保存"按钮即可。

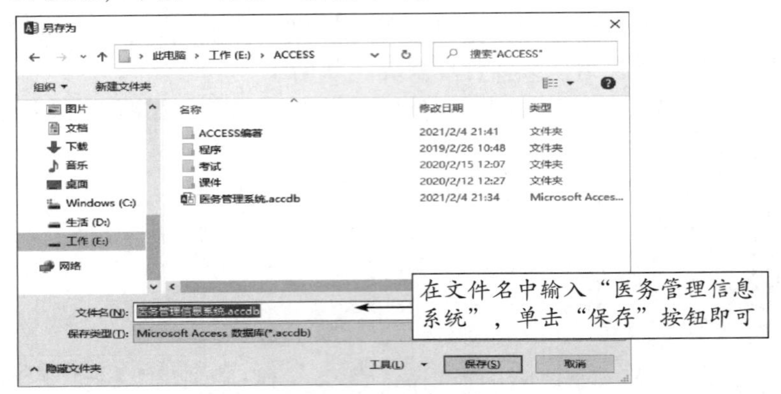

图 2-16　另存为"医务管理信息系统"数据库

（3）关闭数据库。

当完成数据库的操作后，需要将其关闭。关闭数据库的方法常用的有以下 3 种：

1）单击"文件"选项卡中"关闭"按钮 。

2）单击"数据库"窗口右上角的"关闭"按钮。

3）双击"数据库"窗口左上角的控制图标。

【例 2-5】关闭"医务管理系统"数据库。

操作步骤：选择"文件"选项卡，单击"关闭"按钮，如图 2-17 所示，即可关闭"医务管理系统"数据库。

图 2-17　关闭数据库

2.3　本章小结

本章介绍了 Access 2016 系统的基本功能和新特性、Access 2016 的集成环境和数据库的组成，在介绍基本概念的基础上结合实例讲解了数据库的创建与使用。通过本章节的学习，引导读者在求解复杂问题时，需养成正确、规范的思维方式和分析方法。

第 3 章　表的创建与维护

本章导读

本章介绍了表的组成结构，字段的数据类型，创建表的方法，编辑和维护数据表的操作（包括修改表结构、调整表外观、查找和替换数据、排序和筛选记录等），字段属性的设置（包括设置字段的大小、格式、输入掩码、标题、默认值、验证规则和验证文本），表间关系的建立和修改。

【知识结构】

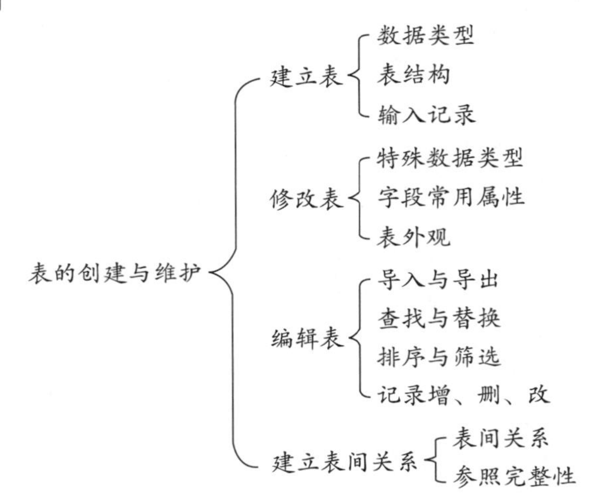

【学习重点】

表的创建、字段属性的设置、编辑和维护数据表的操作、表间关系的建立与修改等。

【学习难点】

字段属性的设置、编辑和维护数据表的操作等。

3.1　建立表

在 Access 2016 中，表是数据库中用来存储数据的对象，是有结构的数据的集合，是整个数据库系统的基础。表是包含数据库中所有数据的数据库对象，定义为列的集合，与电子表格相似，数据在表中按行（称为记录）和列（称为字段）的格式组织排列。在 Access 2016 中，一个数据库可以包含多个表，表之间可以有关系，也可以相互独立。表对象在 Access 2016 的 6 种对象中处于核心地位，是一切数据库操作的基础，其他对象都以表为数据源。

3.1.1　数据类型

在 Access 2016 中共有短文本、长文本、数字、日期/时间、查阅向导、附件和计算等

12 种数据类型。对于数字型数据，还可以细分为字节型、整型、长整型、单精度型和双精度型 5 种类型。各数据类型的说明如表 3-1 所示。

表 3-1　Access 2016 表中字段的数据类型

数据类型	说明	字段大小	举例
短文本	文本或文本和数字的组合，例如工号、学号、电话号码等	最大值为 255 个中文或英文字符	姓名、性别、学号
长文本	长文本或文本和数字的组合或具有 RTF 格式的文本	最长显示 64000 个字符	简介、简历、备注
数字	用于数学计算的数值数据	1、2、4、8 或 16 个字节	分数、年龄
日期/时间	从 100 ～ 9999 年的日期与时间值	8 个字节	出生日期、入学时间
货币	用于计算的货币数值与数值数据	8 个字节	单价、总价
自动编号	自动给每一条记录分配一个唯一的递增数值	4 个字节或 16 个字节	编号
是/否	只包含两者之一，如婚否、Yes/No	1 位	婚否、党员否
OLE 对象	将对象（如电子表格、文件、图形、声音等）链接或嵌入表中	最大可达 2 GB（受限于磁盘空间）	照片、音乐
超级链接	存放超级链接地址	最多 8192 个字符	电子邮件、首页
附件	图片、图像、Office 文件。用于存储数字、图像和 Office 文件的首选数据类型	对于压缩的附件为 2 GB，对于未压缩的附件大约为 700 KB	存储图片、文件
计算	表达式或结果类型是小数	8 个字节	—
查阅向导	在向导创建的字段中，允许使用组合框来选择另一个表中的值	与执行查阅的主键字段大小相同	省份、专业

3.1.2　建立表结构

1. 使用字段模板创建数据表

Access 2016 提供了一种通过 Access 自带的字段模板来创建数据表的方法，虽然用模板创建表十分方便，但表的模板类型十分有限并且是固定的，用模板创建的数据表不一定满足用户的要求，所以必须进行适当的修改。

使用字段模板创建表的步骤：

（1）打开“医务管理系统”数据库，单击“创建”选项卡“表格”组中的“表”按钮，如图 3-1 所示。

（2）点击“表格工具”选项卡下的“字段”选项，在“添加和删除”组中，点击“其他字段”右侧的下拉按钮，弹出要建立的字段类型，如图 3-2 所示；或单击工作区高亮部分“单击以添加”出现字段类型，输入字段名称即可。

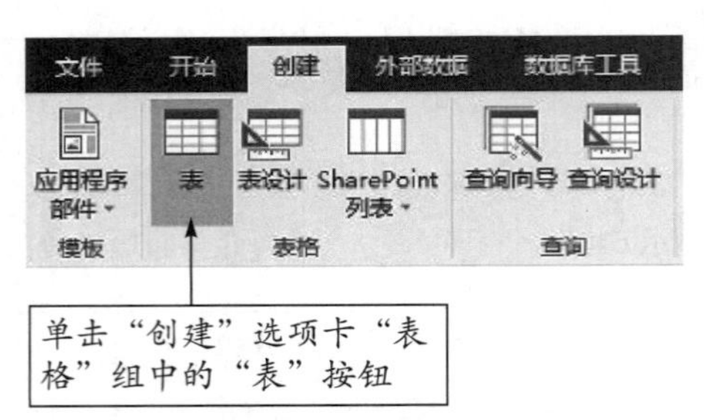

图 3-1　使用字段模板创建数据表

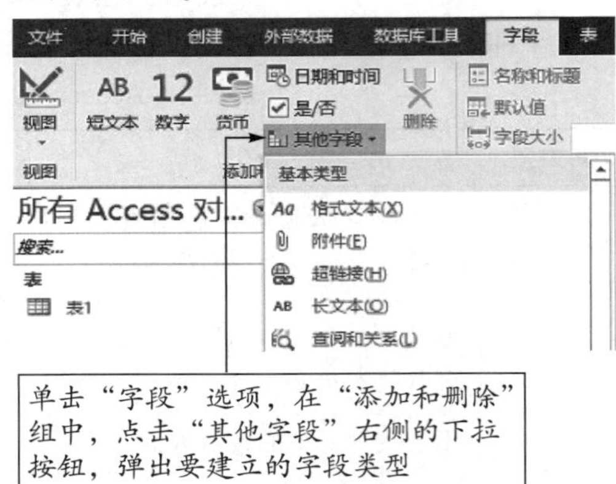

图 3-2　使用字段模板创建数据表字段类型

2. 使用设计视图创建表

因为使用模板创建的表不一定满足用户的要求，在大多数的情况下，用户需要自己建立表，这时候要使用设计视图来创建表。

【**例 3-1**】使用设计视图创建“患者信息”表，其结构信息如表 3-2 所示。

表 3-2　“患者信息”表结构

字段名称	数据类型	字段大小	是否主键
病历号	短文本	8	是
患者姓名	短文本	5	—
性别	短文本	1	—
出生日期	日期/时间	—	—
民族	短文本	5	—
身份证号	短文本	18	—
婚姻状况	是/否	—	—
电子邮箱	超级链接	—	—
住址	短文本	20	—
照片	OLE 对象	—	—
既往病史	长文本	—	—

操作步骤如下：

(1) 点击“创建”选项卡，在“表格”组中选择“表设计”按钮，进入表的设计视图，如图 3-3 所示。

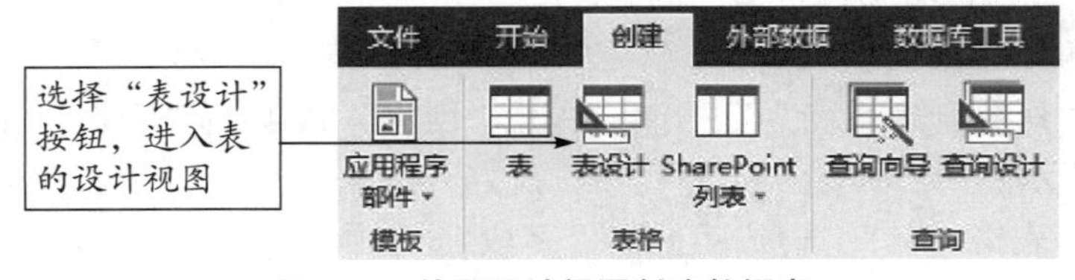

图 3-3　使用设计视图创建数据表

（2）根据表3-2所示的“患者信息”表结构，分别在字段名称中填写表的字段名、在数据类型中选择相应的数据类型，如图3-4所示。

（3）单击选定“病历号”字段，在“表格工具”的“设计”选项卡中单击“主键”按钮，将“病历号”字段设置为主键，这样“患者信息”表结构创建完毕，如图3-5所示。

图3-4　“患者信息”表结构

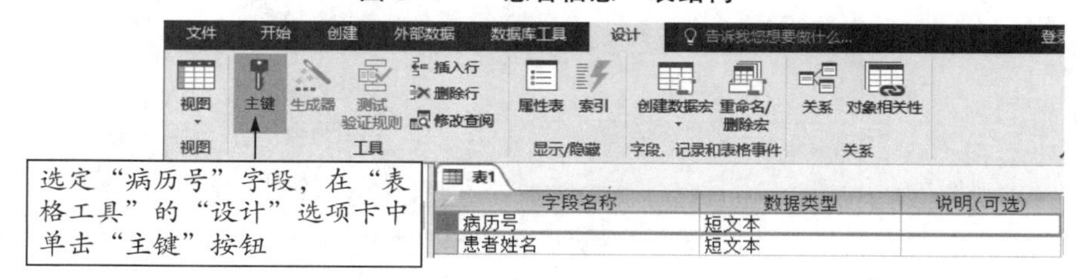

图3-5　设置“患者信息”表的主键

（4）单击“保存”按钮，弹出“另存为”对话框，输入表的名称“患者信息”，单击“确定”按钮保存该表，如图3-6所示。

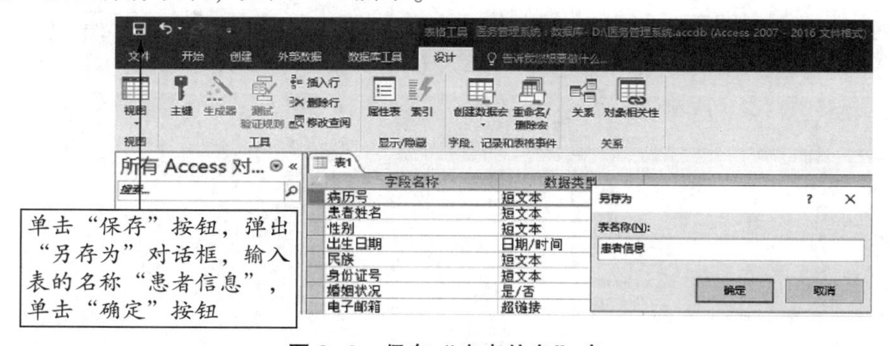

图3-6　保存“患者信息”表

3.1.3　输入记录内容

数据表保存后，单击“表格工具”的“设计”选项卡中最左侧的“视图”按钮，将视图切换到数据表视图，依次输入各字段值，完成所有记录的录入，关闭窗口结束。

1. “附件”数据类型的输入

【例3-2】 在“医生信息”表中输入“照片”字段。

操作步骤如下：

（1）在数据表视图下，打开“医生信息”数据表，选定所需输入记录的“照片”字段，单击鼠标右键，在快捷菜单中选择“管理附件”命令，如图 3-7 所示。

（2）在“附件”对话框中单击“添加”按钮，在“选择文件”对话框中选择相应医生的照片，如图 3-8 所示，单击“确定”按钮即可将医生照片输入到“照片”字段。

医生信息

员工编号	医生姓名	性别	出生年月	职称	科室号	是否在岗	手机号码	照片	单击以添加
ys1000001	张力	男	1970/3/4	副主任医师	ks10001	☑	13678907890	(1)	
ys1000002	杨飞	男	1978/4/5	副主任医师	ks10002	☑	13671231234	(0)	
ys1000003	刘震	男	1968/8/9	主任医师	ks10003	☑	13862547383	(0	
ys1000004	王峥	男	1979/7/8	副主任医师	ks10003	☑	15256565858	(0	
ys1000005	王增贵	男	1984/6/7	主治医师	ks10003	☑	15285875858	(0	
ys1000006	陈丽娜	女	1970/9/7	副主任医师	ks10004	☐	13884747383	(0	
ys1000007	修淑岩	女	1982/5/30	副主任医师	ks10004	☑	13678923450	(0	
ys1000008	姜蛩	女	1988/12/3	主治医师	ks10004	☐	15265666658	(0	
ys1000009	杨丽	女	1978/5/6	副主任医师	ks10005	☑	18847656558	(0	
ys1000010	李天	男	1983/5/6	副主任医师	ks10006	☑	13383345674	(0	
ys1000011	杨浩	男	1973/5/3	副主任医师	ks10007	☐	13864227383	(0	
ys2000001	李亚光	男	1981/3/2	主任医师	ks20001	☑	15285664658	(0)	

剪切(T)
复制(C)
粘贴(P)
升序排序(A)
降序排序(D)
从“照片”清除筛选器(L)
管理附件(M)...

图 3-7　管理附件

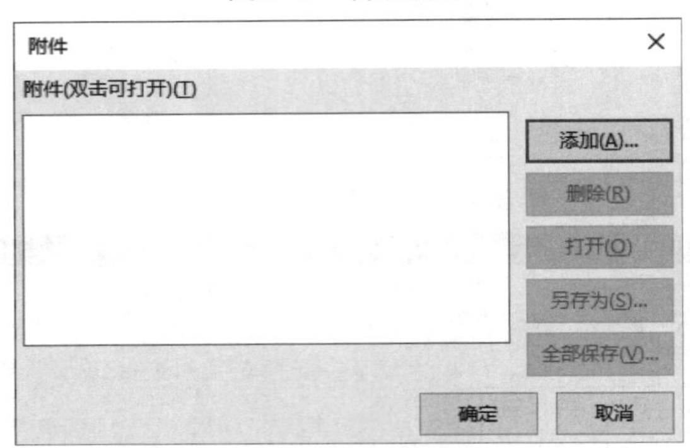

图 3-8　“附件”数据类型的输入

2. “OLE 对象”数据类型的输入

【例 3-3】 在“患者信息”表中输入“照片”字段。

操作步骤如下：

（1）在数据表视图下，打开“患者信息”数据表，选定所需输入记录的“照片”字段，单击鼠标右键，在快捷菜单中选择“插入对象”命令，如图 3-9 所示。

患者信息

病历号	患者姓名	性别	出生日期	民族	身份证号	婚姻状况	电子邮箱	住址	照片	既往病史	单击以添加
10001001	杨怡	男	1956/3/4	汉族	46020119560	☑	yangyi@126.	海南省三亚市	Package	哮病	
10001002	张建光	男	1958/5/6	汉族	46010119580	☑	zhangjiangu	海南省海口市			
10001003	李毅	男	1986/5/21	汉族	46010119860	☑	liyi@126.co	海南省海口市			
10001004	余小燕	女	1986/5/21	汉族	46010119860	☑	yuxiaoyan@1	海南省海口市			
10001005	杨威	男	1964/5/8	汉族	46020119640	☑	yangwei@126	海南省三亚市			
10002001	徐毅	男	1987/9/9	汉族	46010319870	☑	xuyi@126.co	海南省海口市			
10002002	刘洋	男	1985/9/6	汉族	46010219850	☐	liuyang@126	海南省海口市			
10002003	李辉	女	1980/11/12	苗族	46040119801	☑	lihui@126.c	海南省文昌市			
10002004	刘以	女	1963/9/21	汉族	46030119630	☑	liuyi@163.c	海南省儋州人			
10002005	杨惠亚	女	1963/8/15	黎族	46040119630	☑	yanghuiya@1	海南省文昌市			
20002001	张宇	男	1987/8/4	汉族	46010119870	☑	zhangyu@163	海南省海口市			
20002002	杨华	男	1953/8/15	黎族	46040119530	☑	yanghua@116	海南省文昌市			
20002003	张莹莹	女	1938/8/9	汉族	46010119380	☑	zhangyingyi	海南省海口市			
20002004	张媛媛	女	1990/8/12	汉族	46010119900	☐	zhangyuanyu	海南省海口市			

剪切(T)
复制(C)
粘贴(P)
升序排序(A)
降序排序(D)
从“照片”清除筛选器(L)
不是 空白(N)
插入对象(J)...

图 3-9　“OLE 对象”数据类型的输入

（2）在“Microsoft Access”对话框中选择“由文件创建”，点击“浏览”按钮，如图 3-10 所示，在“浏览”对话框中选择相应患者的照片，单击“确定”按钮即可将患者照片输入到“照片”字段。

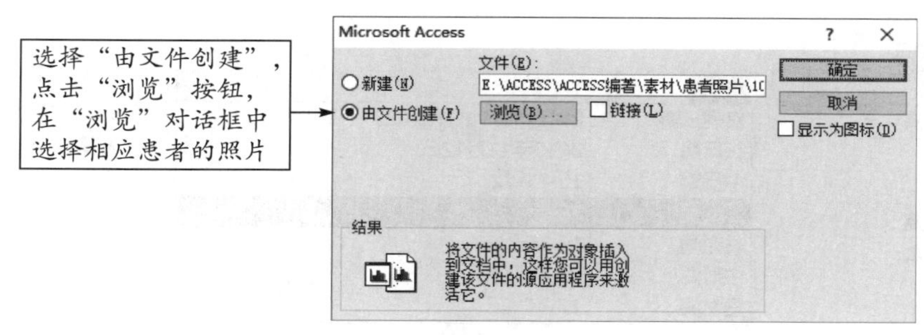

图 3-10　插入对象

3.2　修改表

3.2.1　设置特殊数据类型

1. “货币”数据类型的设置

【例 3-4】在“床位信息”表中，设置“单价”字段为 1 位小数的人民币的“货币”数据类型。

操作步骤如下：

（1）在“常规”选项卡中，单击“格式”属性的下拉菜单，选择人民币货币格式，如图 3-11 所示。

单击“格式”属性的下拉菜单，选择人民币货币格式

格式	货币	
小数位数	常规数字	3456.789
输入掩码	货币	¥3,456.79
标题	欧元	€3,456.79
默认值	固定	3456.79
验证规则	标准	3,456.79
验证文本	百分比	123.00%
必需	科学记数	3.46E+03
索引	无	
文本对齐	常规	

图 3-11　“货币”数据类型的格式设置

（2）单击“小数位数”属性的下拉菜单，设置小数位数为 1，其结果如图 3-12 所示。

图 3-12　小数位数设置后的结果

2. “日期/时间”数据类型的设置

【例 3-5】在“住院信息”表中，设置“入院时间”字段为短日期格式的“日期/时间”数据类型。

操作步骤：在“常规”选项卡中，单击“格式”属性的下拉菜单，选择“短日期”格式。如图 3-13 所示。

图 3-13　“日期/时间”数据类型的设置

3. “计算”数据类型的设置

【例 3-6】 在“住院信息”表中，设置“住院天数”字段为“计算”数据类型，住院天数的值为［出院时间］-［入院时间］。

操作步骤：

1）在“常规”选项卡中，单击“表达式”属性。

2）在弹出的“表达式生成器”中，输入表达式［出院时间］-［入院时间］，点击“确定”按钮即可完成“计算”数据类型的设置，如图 3-14 所示。

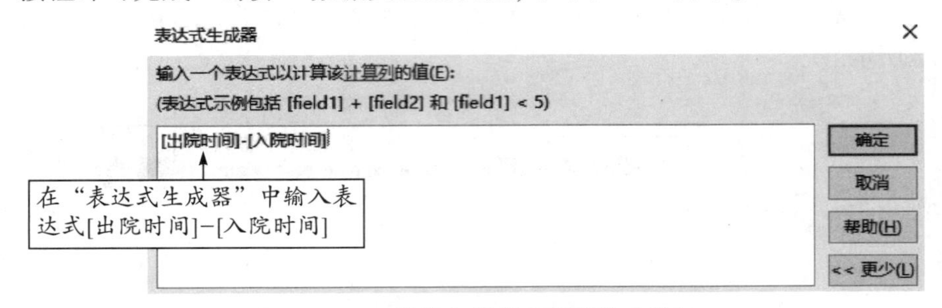

图 3-14　“计算”数据类型表达式输入

3.2.2　设置字段常用属性

字段属性包括字段大小、格式、输入掩码、默认值、验证规则、验证文本等，不同类型的字段应设置不同的属性，以保证数据库运行过程中数据的完整性、一致性和兼容性。

1. 字段大小

字段大小即字段的长度。该属性用来设置存储在字段中的文本的最大长度或数字的取值范围，因此，只有短文本型、长文本型、数字型和自动编号型字段才具有该属性。短文本型字段的大小在 0～255 之间，如果文本数据长度超过 255 个字符，则可以将该字段设置为长文本型。数字型字段的长度则可以在字段大小列表中进行选择，其中常用的类型所表示的数据范围、小数位数及字段长度如表 3-3 所示。

表 3-3　数字型数据的不同保存类型

类型	数据范围	小数位数	字段长度/字节
字节	0～255	无	1
小数	$-10^{28}-1$～$10^{28}-1$	28	12
整型	-32768～32768	无	2

续表3-3

类型	数据范围	小数位数	字段长度/字节
长整型	$-2^{31} \sim 2^{31}-1$	无	4
单精度型	$-3.4\times10^{38} \sim 3.4\times10^{38}$	7	5
双精度型	$-1.797\times10^{308} \sim 1.797\times10^{308}$	15	8

2. 字段格式

字段的“格式”属性用来确定数据在屏幕上的显示方式以及打印方式，从而使表中的数据输出有一定的规范，浏览、使用更为方便。Access 2016 提供了常用格式供选择，如表3-4、表3-5、表3-6所示。

表3-4　数字/货币型字段的格式

常规数字	3456.789
货币	￥3,457
欧元	€3,456.79
固定	3456.79
标准	3,456.79
百分比	123.00%
科学计数	3.46E+03

表3-5　日期/时间型字段的格式

常规日期	1994-6-19 下午 05：34：23
长日期	1994年6月19日
中日期	94-06-19
短日期	1994/06/19
长时间	17：34：23
中时间	05：34 下午
短时间	17：34

表3-6　是/否型字段的格式

真/假	True
是/否	Yes
开/关	On

文本、备注、超链接等字段没有系统预定义格式，可以自定义格式。自定义文本与备注字段的格式符号，如表3-7所示。

表3-7　文本/备注型字段常用格式符号

符号	说明
@	文本字符，需要字符或空格
&	不需要文本字符
<	将所有字符转换为小写
>	将所有字符转换为大写

3. 输入掩码

输入掩码属性用来设置字段中的数据输入格式，并限制不符合规格的文字或符号输入。这种特定的输入格式，对固定的数据形式尤其适用，如电话号码、日期、邮政编码等。设置输入掩码的方法是在“输入掩码”编辑框中直接输入格式符，可以使用的格式符及其代表的含义如表3-8所示。

表 3-8　输入掩码属性中使用的格式符

符号	含义
0	必须输入数字（0～9），不允许使用加号和减号
9	可以选择输入数字（0～9）或空格，不允许使用加号和减号
#	可以选择输入数字（0～9）或空格，允许使用加号和减号
L	必须输入字母（A～Z，a～z）
?	可以选择输入字母或数字
A	必须输入字母或数字
a	可以选择输入字母或数字
&	必须输入任意一个字符或一个空格
C	可以选择输入任意一个字符或一个空格
.,:; -/	小数点占位符及千位、日期与时间的分隔符
<	将所有字符转换为小写
>	将所有字符转换为大写
!	使输入掩码从左到右显示
\	使其后的字符以原义字符显示
密码	显示为"＊"，个数与输入字符的个数一致

【例 3-7】将“科室信息”表的“联系电话”字段输入掩码属性为"0898-" 99999999。

操作步骤：在“医务管理系统”数据库中打开“科室信息”表的设计视图，选定“联系电话”字段，在“输入掩码”属性编辑框内输入“"0898-" 99999999”，如图 3-15 所示。

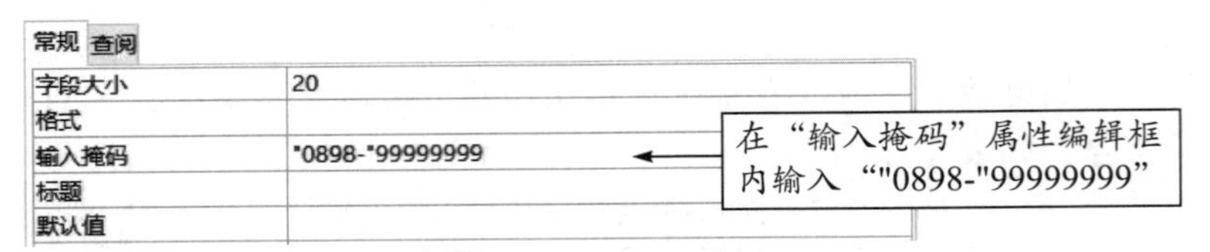

图 3-15　输入掩码属性设置

保存属性设置后，在“科室信息”表中添加记录时，自动显示输入联系电话的格式，如图 3-16 所示。

科室信息

科室号	科室名称	科主任	联系电话	单击以添加
ks50015	疼痛科	杨艳红	0898-25517047	
ks50016	健康管理中心	刘殿	0898-25517047	
ks50017	特诊中心	沈云	0898-66712563	
ks50018	医学影像中心	曹峰	0898-66712563	
ks50019	超声科	罗喜	0898-66712563	
ks50020	核医学科	倪铁忠	0898-66712563	
ks50021	临床医学检验	倪萍	0898-66712596	
ks50022	病理科	杨波	0898-66712596	
ks50023	输血科	于晓东	0898-66712596	
ks50024	药学部	孙立阳	0898-66712596	
ks50025	临床护理	周雷	0898-83313171	
ks50026	医院感染管理	刘正乐	0898-83313171	
*			0898-________	

自动显示输入联系电话的格式

图 3-16　输入联系电话格式

4. 默认值

当表中有多条记录的某个字段值相同时，可以将相同的值设置为该字段的默认值，每产生一条新记录时，默认值就自动添加到该字段中，避免重复输入同一数据。用户可以直接使用这个默认值，也可以输入新的值。

【例 3-8】 将“患者信息”表中的“民族”字段的默认值设为“汉族”。

操作步骤：在“医务管理系统”数据库中打开“患者信息”表的设计视图，选定“民族”字段，在“默认值”属性编辑框内输入“汉族”，如图 3-17 所示。

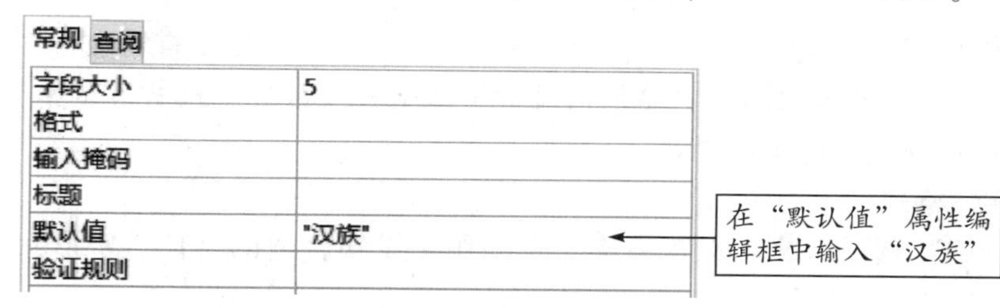

图 3-17　默认值属性设置

5. 验证规则与验证文本

“验证规则”是一个与字段或记录相关的表达式，通过对用户输入的值加以限制，提供数据有效性检查。建立验证规则时，必须创建一个有效的 Access 表达式，该表达式是一个逻辑表达式，以此来控制输入到数据表记录中的数据。

常用的验证规则是字段级验证规则。该规则是对一个字段的约束。它将所输入的值与所定义的规则表达式进行比较，若输入的值不满足规则要求，则拒绝该值。

“验证文本”是一个提示信息，当输入的数据不在设置的范围内，系统就会出现输入数据有错的提示信息。这个提示信息可以是系统自动加上的，也可以由用户设置。

【例 3-9】 将“患者信息”表中的“性别”字段的验证规则设置为只能输入男或女，验证文本设置为“性别只能是男或女!”。

操作步骤：在“医务管理系统”数据库中打开“患者信息”表的设计视图，选定“性别”字段，在“验证规则”属性编辑框内输入表达式“in ("男","女")”，“验证文本”属性编辑框中输入“性别只能是男或女!”，如图 3-18 所示。

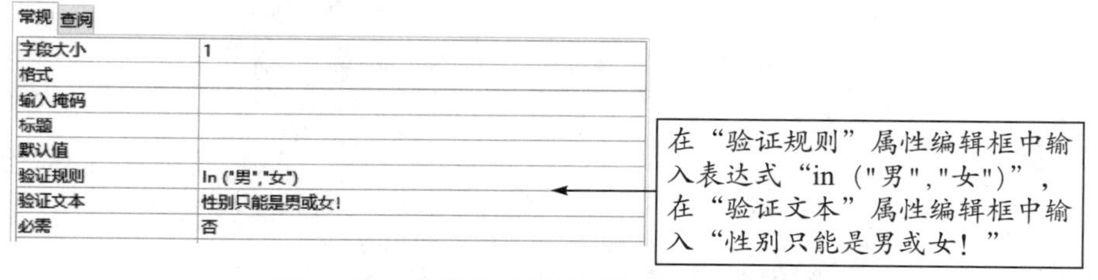

图 3-18　字段的验证规则和验证文本设置

保存属性设置后，在“患者信息”表中添加或修改记录时，如果“性别”字段输入的值不是“男”或“女”，系统会弹出错误的信息框，如图 3-19 所示。

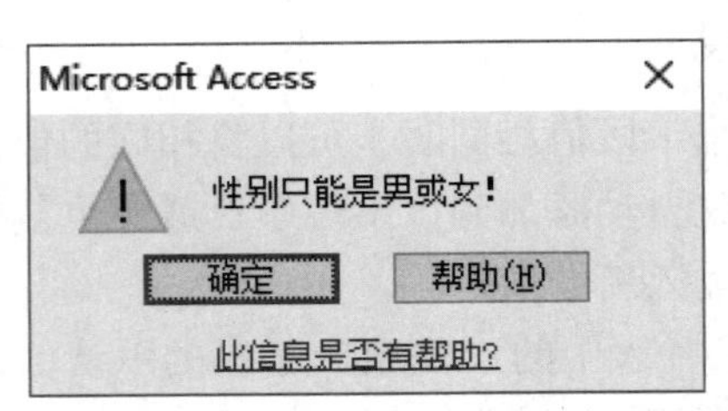

图 3-19　错误信息框

3.2.3　设置表外观

为了让数据表视图中表的相关内容看上去更清晰、美观，便于查看数据，可以根据需求调整表的外观。表外观的调整主要包括设置字体格式及数据表格式、调整行高和列宽、列的冻结/解冻以及列的隐藏/显示。

1. 设置字体格式

选择“开始”选项卡的“文本格式”选项组，设置合适的字体、字形、字号和对齐方式等格式，如图 3-20 所示。

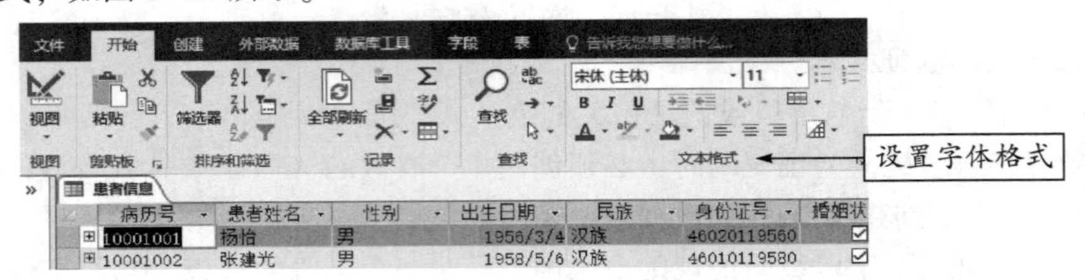

图 3-20　设置字体格式

2. 设置数据表格式

选择“开始”选项卡的“文本格式”选项组中右下角的按钮，弹出“设置数据表格式”对话框，在该对话框可以设置“单元格效果”“网格线显示方式”“背景色”“替代背景色”“网格线颜色”“边框和线型”以及“方向”，并可以在“示例”选项组中观察所设置的效果，如图 3-21 所示。

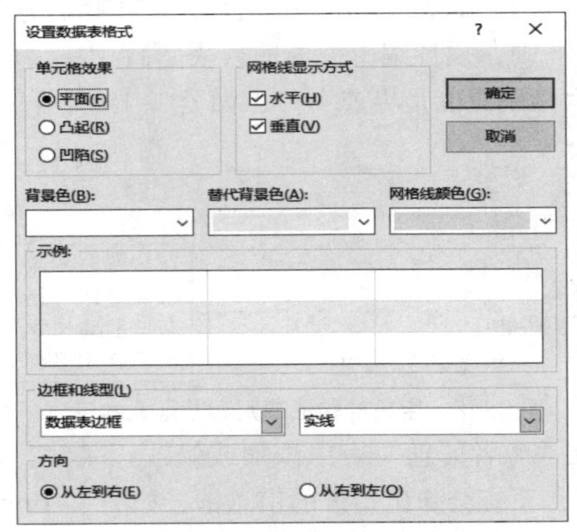

图 3-21　设置数据表格式

3. 调整行高和列宽

在数据表视图中，将鼠标指针放在两个记录选择器之间，当光标变成上下双箭头形状

时，按下鼠标左键上下拖动，可以改变行高。如果将鼠标指针放在两个字段之间，当光标变成左右箭头形状时，按下鼠标左键左右拖动，可以改变列宽。此时若双击左键，将使左边字段的列宽变成与其字段值相适应的宽度。也可以设置某个规定数值的行高或列宽。

（1）调整行高。

在用户界面选择“开始”选项卡，在功能区“记录”框中单击“其他”按钮或右击，在弹出的快捷菜单中选择“行高”命令，在打开的“行高”对话框中输入行高值，如图 3-22 所示。行高设定对所有记录行都有效。

（2）调整列宽。

在打开表中选择要调整宽度的字段，在用户界面选择“开始”选项卡，在功能区“记录”框中单击“其他”按钮或右击，在弹出的快捷菜单中选择“字段宽度”命令，在打开的“列宽”对话框中输入字段的宽度值，如图 3-23 所示。

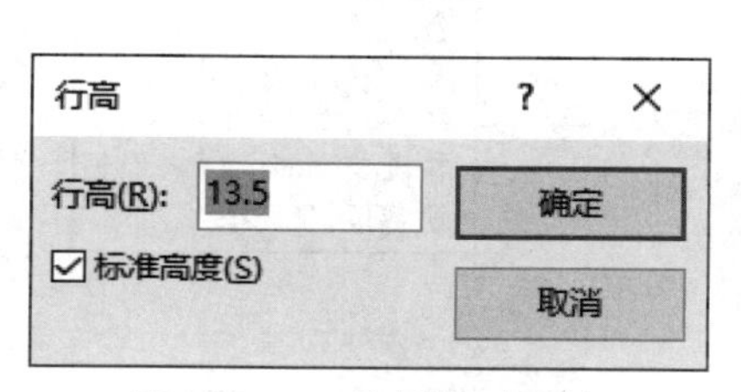

图 3-22　“行高”对话框

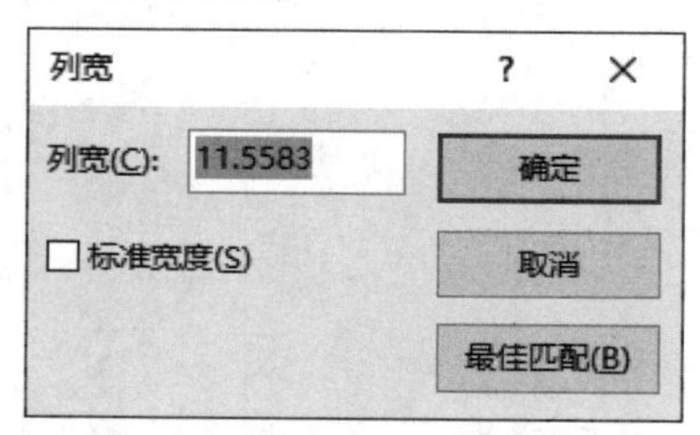

图 3-23　“列宽”对话框

4. 列的冻结和解冻

如果数据表中的字段数较多，为了方便浏览表中的数据，要保证一列或多列随时可见，不会因为左右滚动数据表视图窗而不可见，可以将这些列冻结。所有被冻结的字段便出现在数据表视图的最左端，并且被冻结的列不能被移动。要解除对字段的冻结，右击任一字段的字段选择器，在弹出的快捷菜单中选择“取消对所有的列的冻结”即可。

【例 3-10】 冻结“患者信息”表的病历号和患者姓名。

操作步骤：

（1）选取病历号的字段列和患者姓名的字段列。

（2）在用户界面选择“开始”选项卡，在功能区“记录”框中单击“其他”按钮或右击，在弹出的快捷菜单上选择“冻结字段”命令，如图 3-24 所示，所有被冻结的字段便出现在数据表视图的最左端，并且被冻结的列不能被移动。

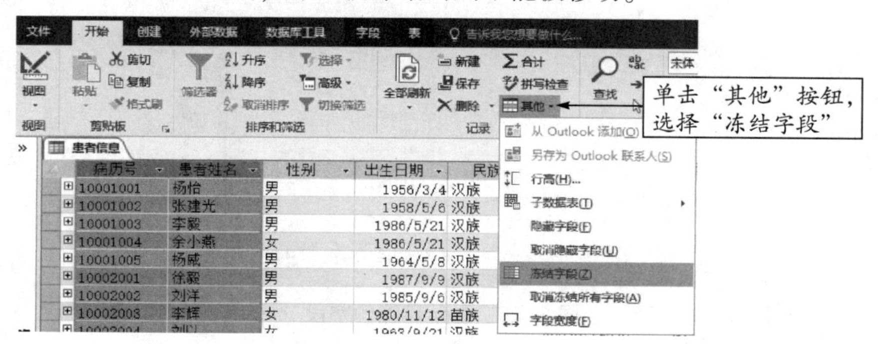

图 3-24　冻结字段设置

5. 列的隐藏和显示

在数据表视图中，若某些字段在浏览或修改时可能不需要，则可将这些字段隐藏起来。但是它们并没有被删除，仍然保存在表中，在需要时再显示出来。

（1）隐藏列。

【例 3-11】隐藏“医生信息”表中“手机号码”字段。

操作步骤：在数据表视图下打开“医生信息”表，选定“手机号码”一列字段，再在字段选择器上单击右键，在弹出的下拉菜单中选择“隐藏字段”命令，如图 3-25 所示，“手机号码”字段就被隐藏了。

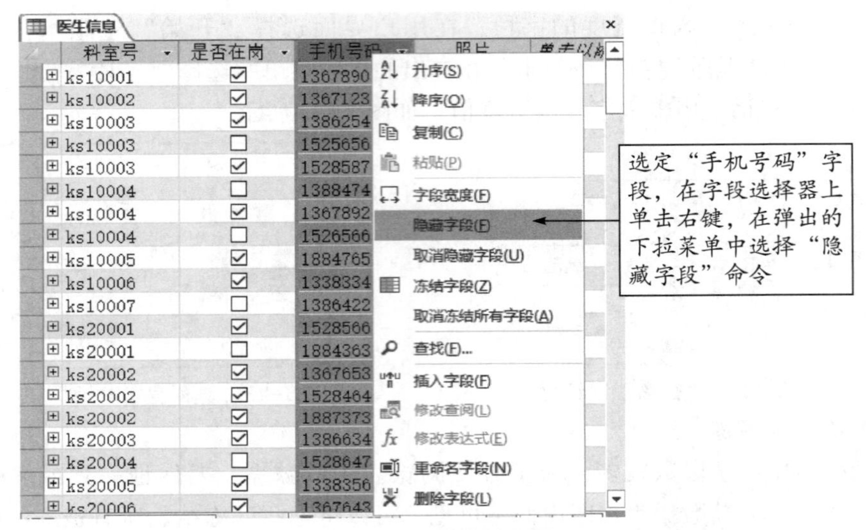

图 3-25　隐藏列设置

（2）显示隐藏的字段。

【例 3-12】显示“医生信息”表中已被隐藏的“手机号码”字段。

操作步骤：

1）在数据表视图下打开“医生信息”表，在现有显示的任一字段的字段选择器上单击右键，在弹出的快捷菜单中选择“取消隐藏字段”命令。

2）在弹出的“取消隐藏列”对话框中选中已隐藏的“手机号码”字段，如图 3-26 所示，单击“关闭”按钮，“手机号码”字段便会重新出现。

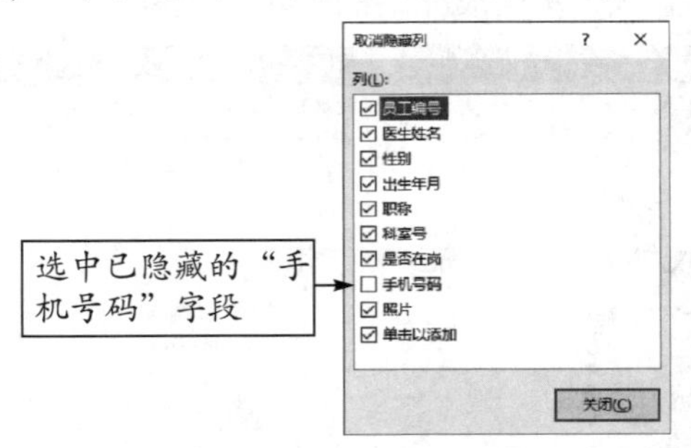

图 3-26　显示隐藏的字段

3.3　编辑表

3.3.1　记录的导入与导出

1. 记录的导出

Access 2016 可以导出 Excel 文件、文本文件和 XML 文件等多种数据格式。

（1）导出到 Excel 文件。

【例 3-13】 将“科室信息”表导出到 Excel 文件。

操作步骤：

1）在数据表视图下打开“科室信息”表，在“外部数据”选项卡上的“导出”组中，单击“Excel”，如图 3-27 所示。

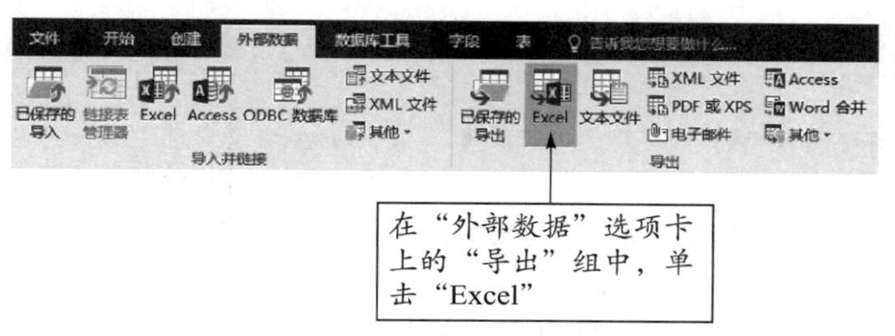

图 3-27　记录导出到 Excel 文件设置

2）在打开的“导出-Excel 电子表格”对话框中指定保存位置及保存文件名称，文件格式选择“Excel 工作簿（*.xlsx）”，如图 3-28 所示，单击“确定”按钮即可完成。

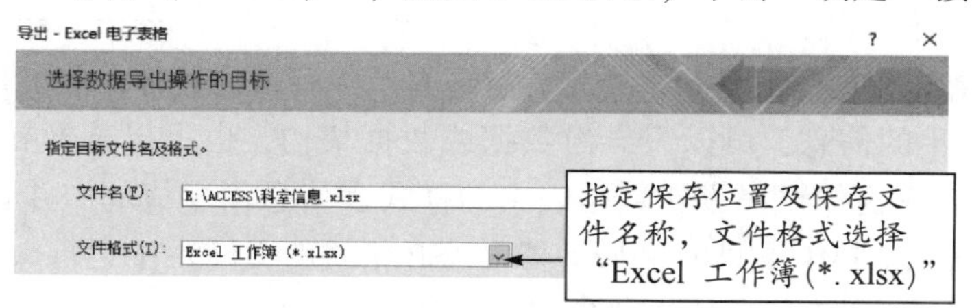

图 3-28　“导出-Excel 电子表格”对话框

（2）导出到文本文件。

【例 3-14】 将“科室信息”表导出到文本文件。

操作步骤如下：

1）在数据表视图下打开“科室信息”表，在“外部数据”选项卡上的“导出”组中，单击“文本文件”。

2）打开“导出”对话框，指定保存位置及保存文件名称，单击“确定”按钮。

3）在打开的“导出文本向导”对话框中，指定导出数据格式，由于导出的文本文件中的一行对应表中的一条记录，因此需要确定数据之间的分隔方式。这里选择“带分隔符-用逗号或制表符之类的符号分隔每个字段”，下拉的列表框中显示出导出数据格式，如图 3-29 所示，单击“下一步”按钮。

4）确定所需的字段分隔符。这里选择“逗号”并勾选“第一行包含字段名称”复选框，如图 3-30 所示，单击“下一步”按钮。

5）指定输出文件路径及文件名，单击“完成”按钮即可完成。

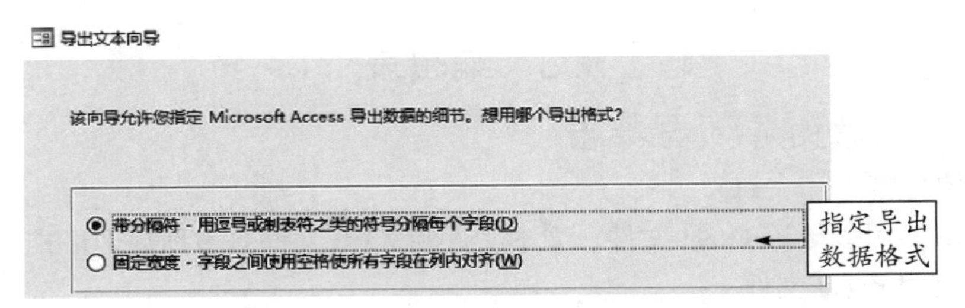

图 3-29 “导出文本向导”数据格式设置

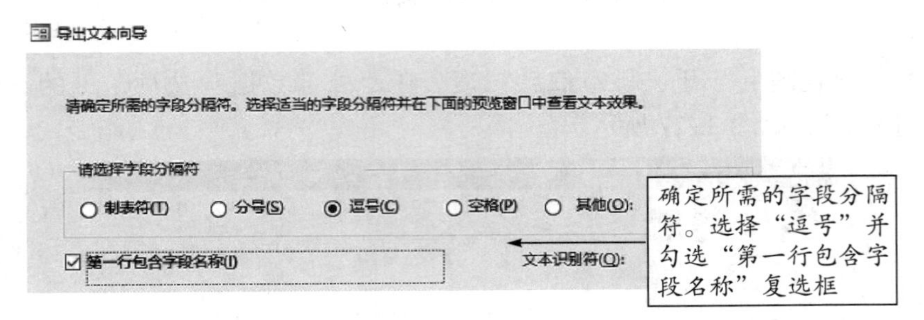

图 3-30 “导出文本向导”分隔符设置

（3）导出到 XML 文件。

【**例 3-15**】将“科室信息”表导出到 XML 文件。

操作步骤如下：

1）在数据表视图下打开“科室信息”表，在“外部数据”选项卡上的“导出”组中，单击“XML 文件”。

2）打开“导出 XML”对话框，指定保存位置及保存文件名称，单击“确定”按钮。

3）选择要导出的信息，可以只导出数据或数据架构，也可以选择导出数据样式表。该文件是基于 Access 窗体、报表或数据表中的样式表信息而生成的，并且能够创建 Web 文件以便在浏览器（HTML 文件）和服务器（ASP 格式的文件）中运行。本例中将选项全部选中，如图 3-31 所示，然后单击“确定”按钮即可完成。

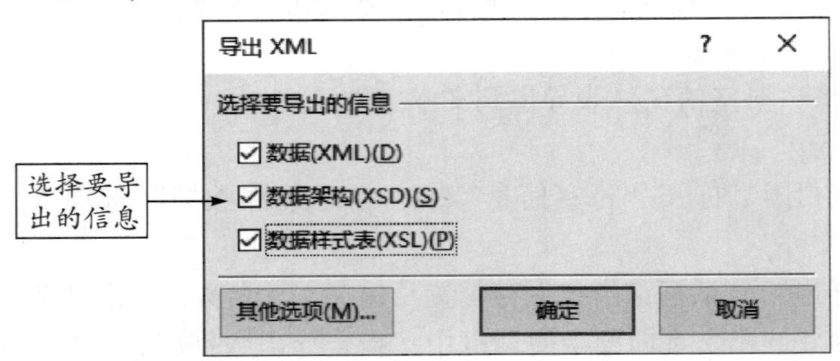

图 3-31 “导出 XML”对话框

2. 记录的导入

导入的特点是可以自定义以满足用户的要求，一旦一个表被导入，就可以修改它的结构、数据类型，并且可以对该表加上基于表的规则，指定一个主键，改变字段名称，还可以设置其他字段属性。

【**例 3-16**】将“检查项目信息. xlsx”数据导入到医务管理系统数据库。

操作步骤：

(1) 打开医务管理系统数据库，在“外部数据”选项卡上的“导入并链接”组中，单击“Excel”，如图3-32所示。

图3-32 导入Excel电子表格

(2) 打开“获取外部数据-Excel电子表格”对话框，点击“浏览”，然后选中导入数据的Excel文件名“检查项目信息.xlsx”，选择“将源数据导入当前数据库新表中”，单击“确定”按钮。

(3) 打开“导入数据表向导”对话框，右侧列表框中显示出“检查项目信息.xlsx”文件中的工作表或区域，选择工作表“检查项目信息”，并显示出“检查项目信息”工作表内的数据信息，如图3-33所示，单击“下一步”按钮。

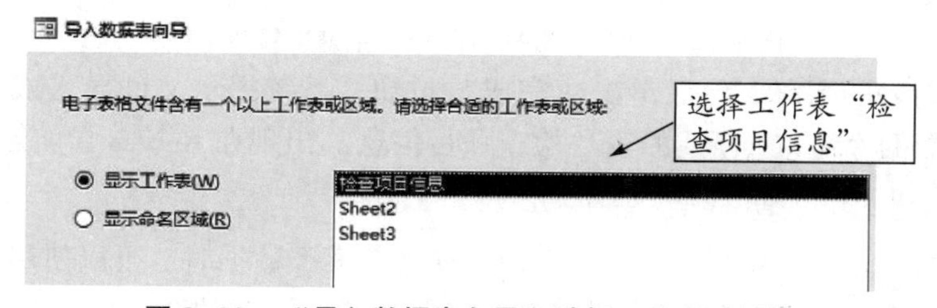

图3-33 “导入数据表向导”选择工作表对话框

(4) 确定是否包含列标题，这里勾选“第一行包含列标题”复选框，使列标题成为表的字段名，然后单击“下一步”按钮，如图3-34所示。如果导入数据中不含列标题，则此处的“第一行包含列标题”复选框不要勾选，在接下来的向导中允许用户进行字段的设置。

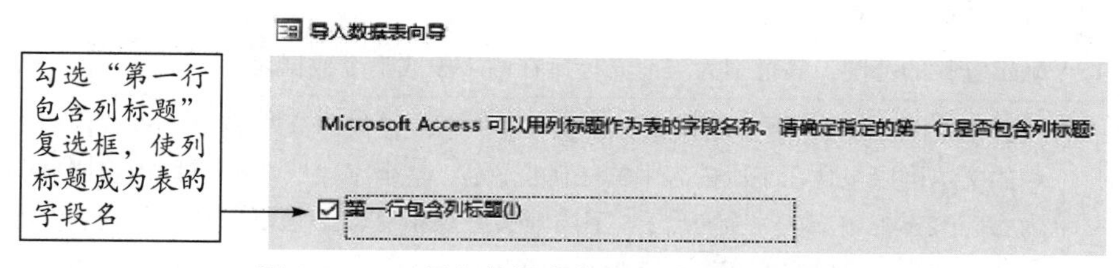

图3-34 “导入数据表向导”选择字段对话框

(5) 确定是否修改字段信息，可单击电子表格中的一列，然后在字段名称文本框中输入字段名，确定是否将其定为索引，以及向导自动确定数据类型。若勾选“不导入字段（跳过）”复选框，则表示电子表格中的该列不被加入Access中，即跳过该列，然后单击“下一步”按钮，如图3-35所示。

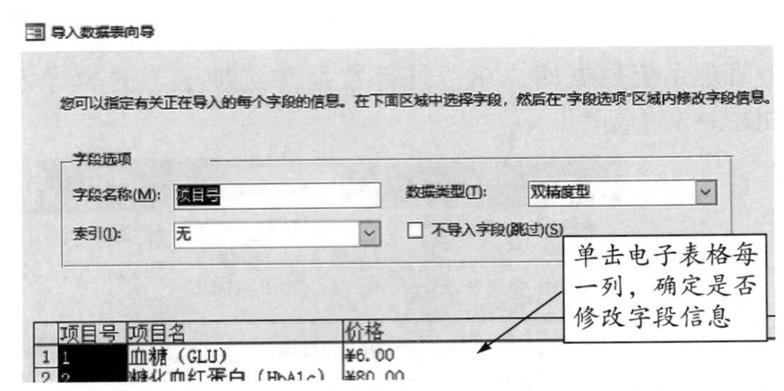

图 3-35　“导入数据表向导”字段设置对话框

（6）选择为新表添加主键或没有主键。这里选择“我自己选择主键”，选择“项目号”，如图 3-36 所示，然后单击“下一步”按钮。

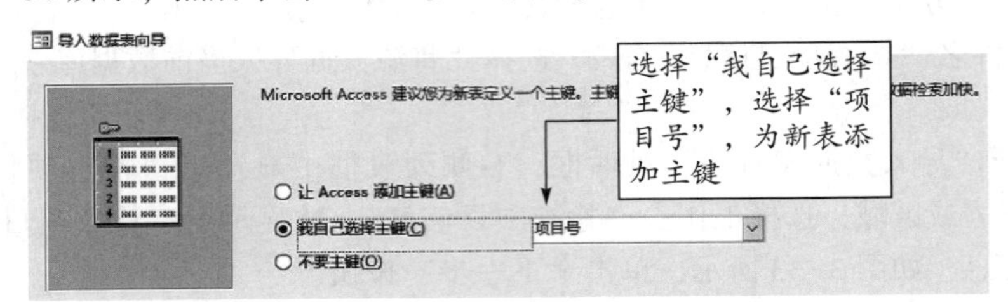

图 3-36　“导入数据表向导”主键设置对话框

（7）确定新表的名称，然后单击“完成”按钮，系统提示文件导入成功，单击“关闭”按钮返回数据库窗口，新建的表“检查项目信息”出现在 Access 导航窗格中。

3.3.2　记录的查找与替换

当需要在数据表中查找所需要的数据内容或替换某个数据时，可以使用 Access 所提供的查找和替换功能来实现。“查找与替换”对话框中部分选项的含义如表 3-9 所示。

表 3-9　“查找与替换”对话框中部分选项的含义

选项名称	含义
查找内容	输入待查找的内容
替换为	输入替换的内容
查找范围	确定查找的范围，其范围为当前光标所在的字段或整个数据表
匹配	“匹配”下拉列表中有 3 个供选择的选项：“字段任何部分”表示“查找内容”文本框中的文本可以包含在字段内容中的任何位置；“整个字段”表示字段内容必须与“查找内容”文本框中文本完全符合；“字段开头”表示字段必须是以“查找内容”文本框中的文本开头，但后面的文本可以是任意文本
搜索	“搜索”下拉列表中包含“全部”“向上”和“向下”3 种搜索方式

1. 记录的查找

【例 3-17】 通过定位器查找“患者信息”表的 4 号记录。

操作步骤：在数据表视图中打开“患者信息”表，在记录编号框输入要查找的记录号 4，如图 3-37 所示，按“Enter”键，光标将定位到 4 号记录上。

患者信息

病历号	患者姓名	性别	出生日期	民族
10001001	杨怡	男	1956/3/4	汉族
10001002	张建光	男	1958/5/6	汉族
10001003	李毅	男	1986/5/21	汉族
10001004	余小燕	女	1986/5/21	汉族
10001005	杨威	男	1964/5/8	汉族
10002001	徐毅	男	1987/9/9	汉族
10002002	刘洋	男	1985/9/6	汉族
10002003	李辉	女	1980/11/12	苗族
10002004	刘以	女	1963/9/21	汉族
10002005	杨惠亚	女	1963/8/15	黎族
20002001	张宇	男	1987/8/4	汉族
20002002	杨华	男	1953/8/15	黎族
20002003	张莹莹	女	1938/8/9	汉族
20002004	张媛媛	女	1990/8/12	汉族
20002005	刘易阳	男	1996/7/12	侗族
20003001	蔡晓霞	女	2000/2/23	汉族
20003002	吴淞	男	2011/12/12	黎族
20003003	吴怡	女	1998/11/2	汉族
20003004	黄奕	女	1992/5/13	汉族
20003005	罗莉	女	2010/5/6	汉族

记录：第 4 项(共 40 项　无筛选器　搜索

在记录编号框输入要查找的记录号4，按“Enter”键，光标将定位到4号记录上

图 3-37　通过定位器查找记录

【例 3-18】通过“查找”对话框查找“患者信息”表中民族为“黎族”的记录。

操作步骤如下：

（1）在数据表视图中打开“患者信息”表，在“开始”用户界面功能区“查找”框中单击“查找”按钮，如图 3-38 所示。

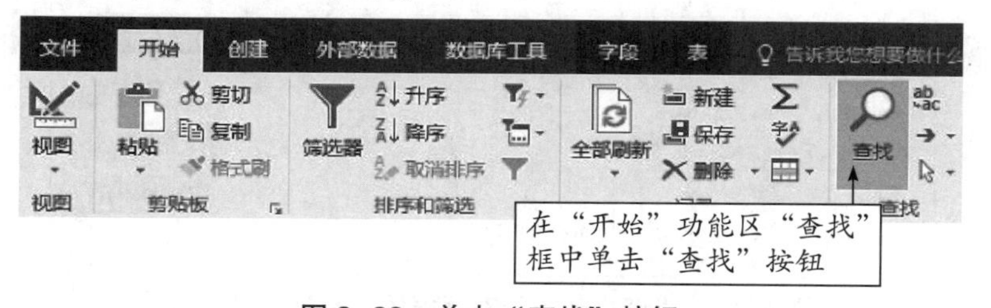

图 3-38　单击“查找”按钮

（2）打开“查找和替换”对话框。在“查找”选项卡“查找内容”文本框中输入要查找的数据“黎族”。在“查找范围”文本框中选择“当前文档”。在“匹配”文本框中选择“整个字段”。在“搜索”文本框中选择“全部”，如图 3-39 所示，单击“查找下一个”按钮将查找指定的数据。

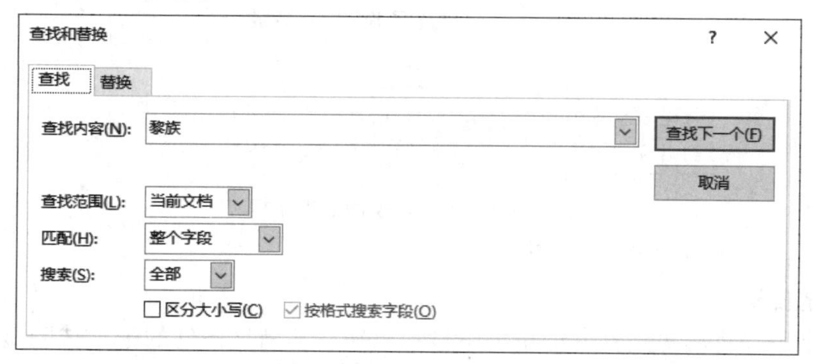

图 3-39　“查找和替换”对话框的“查找”选项卡

（3）找到的数据会高亮显示，如图 3-40 所示。继续单击“查找下一个”按钮，可查找下一个满足条件的数据。

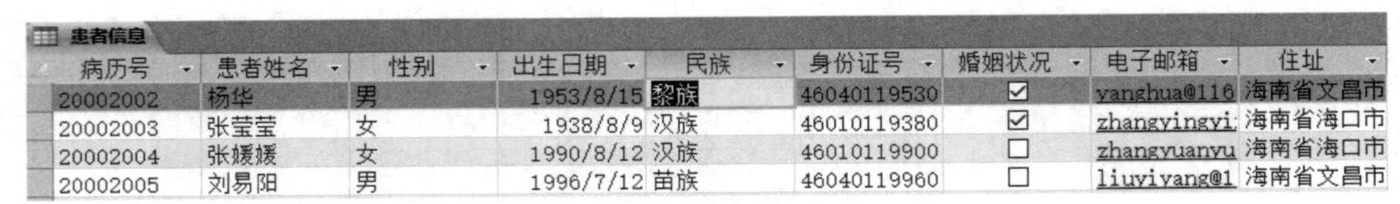

患者信息

病历号	患者姓名	性别	出生日期	民族	身份证号	婚姻状况	电子邮箱	住址
20002002	杨华	男	1953/8/15	黎族	46040119530	☑	yanghua@116	海南省文昌市
20002003	张莹莹	女	1938/8/9	汉族	46010119380	☑	zhangyingyi	海南省海口市
20002004	张媛媛	女	1990/8/12	汉族	46010119900	☐	zhangyuanyu	海南省海口市
20002005	刘易阳	男	1996/7/12	苗族	46040119960	☐	liuyiyang@1	海南省文昌市

图 3-40　查找数据显示

2. 记录的替换

【例 3-19】 使用替换功能将“患者信息”表中“民族”字段的“苗族”替换为“侗族”。

操作步骤如下：

（1）在数据表视图中打开“患者信息”表，单击“民族”字段标题按钮选择该字段，在“开始”用户界面功能区“查找”框中单击“替换”按钮。

（2）打开“查找和替换”对话框。在“替换”选项卡“查找内容”文本框中输入要查找的数据“苗族”，在“替换为”文本框中输入要替换的数据“侗族”。在“查找范围”文本框中选择“当前字段”。在“匹配”文本框中选择“整个字段”。在“搜索”文本框中选择“全部”，如图 3-41 所示。

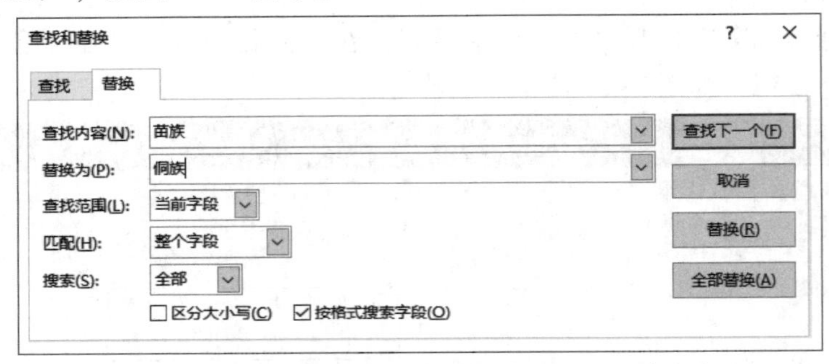

图 3-41　“查找替换”对话框的“替换”选项卡

（3）单击“全部替换”按钮，这时出现提示框，如图 3-42 所示，单击“是”按钮后即可替换。

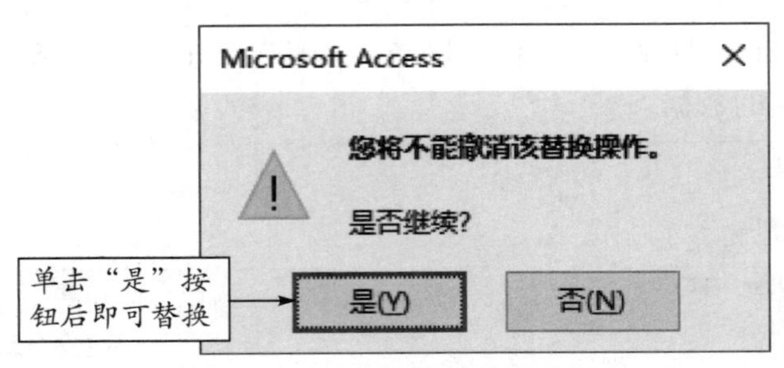

图 3-42　全部替换确认提示框

3.3.3　记录的筛选与排序

1. 记录的筛选

筛选记录可以将满足条件的记录集中显示出来，不满足条件的记录被隐藏。常用的筛选记录的方法有按选定内容筛选、按窗体筛选和高级筛选。

（1）按选定内容筛选。

按选定内容筛选可以快速、简单地筛选出任意被选择的内容为筛选条件的记录。

【例 3-20】在“医生信息”表中筛选出职称是“副主任医师”的记录。

操作步骤：在数据表视图中打开“医生信息”表。选定“职称”字段中任一列“副主任医师”信息，在“排序和筛选”选项组中点击“选择”按钮，在弹出的下拉菜单中单击“等于"副主任医师" ”命令，如图 3-43 所示，即可完成筛选。

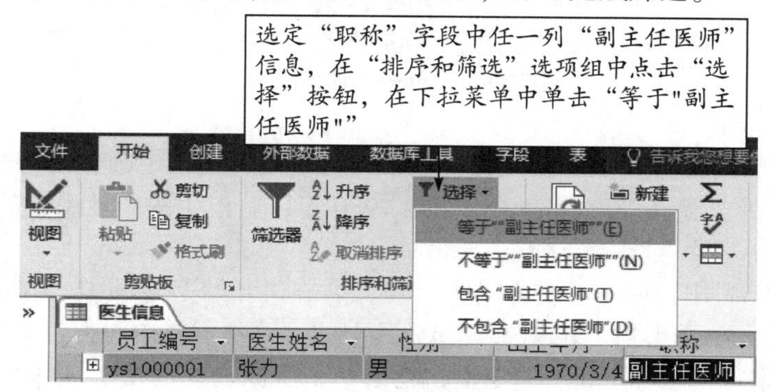

图 3-43　按选定内容筛选

（2）按窗体筛选。

按窗体筛选可以在窗体中设置多个字段的值为条件进行筛选。

【例 3-21】在“医生信息”表中筛选出职称是“副主任医师”的男医生的所有信息。

操作步骤如下：

1）在数据表视图中打开“医生信息”数据表。单击“开始”选项卡“排序和筛选”组中的“高级”按钮，在弹出的下拉菜单中选择其中的“按窗体筛选”命令，如图 3-44 所示。

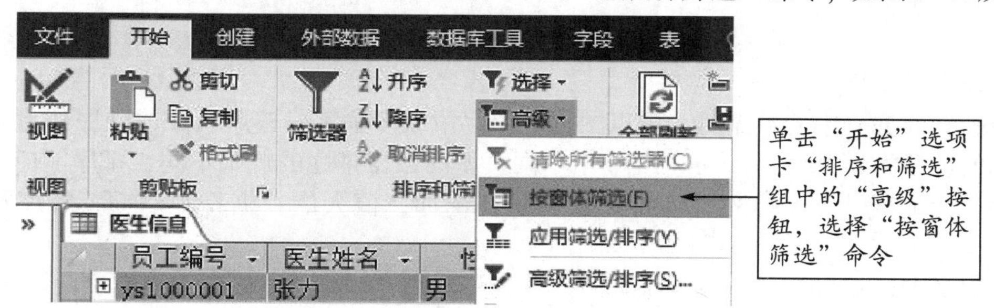

图 3-44　按窗体筛选

2）打开“按窗体筛选”窗口，弹出“医生信息：按窗体筛选”选项卡，在字段名下的取值网格中选择“职称”字段值为“副主任医师”，“性别”字段值为“男”，如图 3-45 所示。

3）在“排序和筛选”选项组中单击“切换筛选”按钮即可，如图 3-46 所示。

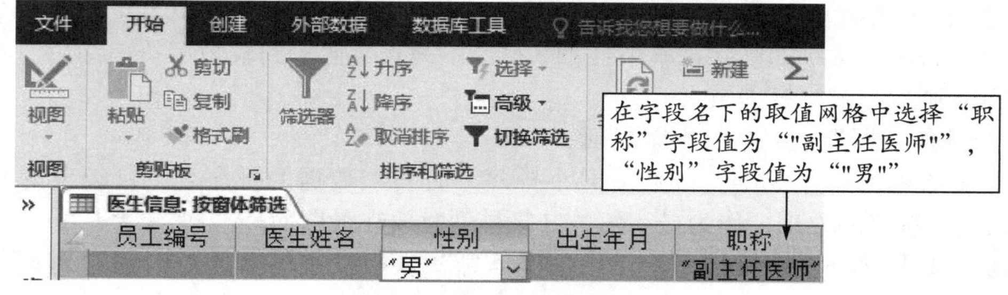

图 3-45　按窗体筛选条件设置

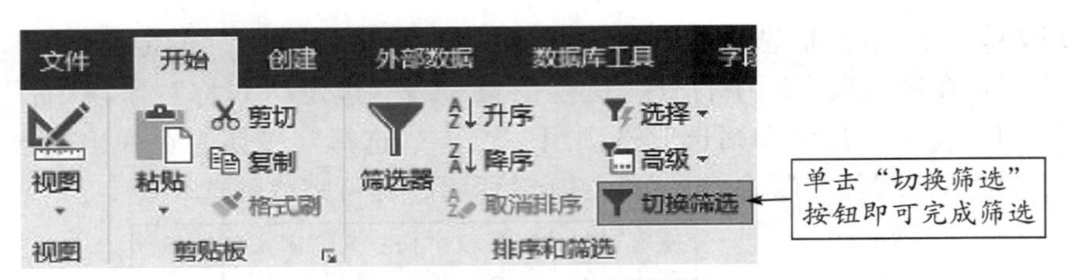

图 3-46 单击“切换筛选”

(3) 高级筛选。

高级筛选可以同时对多个字段设置筛选条件，以便从记录中筛选出符合条件的记录。

【例 3-22】 在“患者信息”表中筛选出 1980 年以后出生的男性患者的记录。

操作步骤如下：

1) 在数据表视图中打开“患者信息”表。单击“开始”选项卡“排序和筛选”组中的“高级”按钮，在弹出的下拉菜单中选择其中的“高级筛选/排序”。

2) 弹出“患者信息筛选 1”选项卡，在第一个字段选择网格中选择字段“性别”，在其下方的条件网格中输入“"男" ”，在第二个字段选择网格中选择字段“出生日期”，在其下方的条件网格中输入条件表达式“Year（［出生日期］）>1980”，如图 3-47 所示。

3) 单击“排序和筛选”组中的“切换筛选”按钮以执行筛选，即可完成。

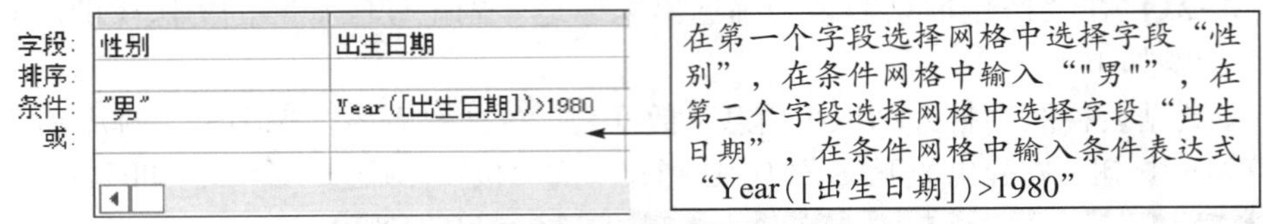

图 3-47 高级筛选条件设置

2. 记录的排序

在查看数据表中的数据时，可以根据一个字段或多个字段按照升序或降序的方式对数据表中的记录重新排序。Access 2016 中不同类型的数据排序的规则不同，排序前应先确定排序数据的类型。升序排列时值小的数据排在前面，值大的数据排在后面，降序排列时反之。

不同类型数据排序时比较规则如下。

(1) 文本型数据的排序。

1) 单字符排序。英文字符不区分大小写，即 A=a，B=b，…，Z=z。A<B<…<Z，即从 A 到 Z 依次增大；数字作为文本型数据排序时按数字的大小顺序依次为 1<2<…<9；汉字间的比较即比较其所对应的汉语拼音，故作为字符串处理。

规定：数字字符<英文字母<汉字。

2) 字符串排序。规则：从最左边位开始比较，直到出现不相等位为止，第一个不相等位大的字符串大，小的则字符串小；若字符串不等长，比较到较短字符串结束，左边各位均相等，则较长的字符串较大。

(2) 其他数据类型数据的排序规则。

数值型数据的排序规则：按数值大小排序。时间型数据的排序规则：较早的时间较小。NULL 值排序的处理：作为最小值，升序排列时放在最前面。

【例 3-23】 按一个字段排序，在“住院信息”表中按字段“入院时间”对记录进行升序排列。

操作步骤：在数据表视图打开“住院信息”表。单击“入院时间”字段标题按钮，选中该列字段。在“开始”用户界面功能区“排序和筛选”框中单击“升序”按钮，即可重新排列表中记录。其结果如图 3-48 所示。

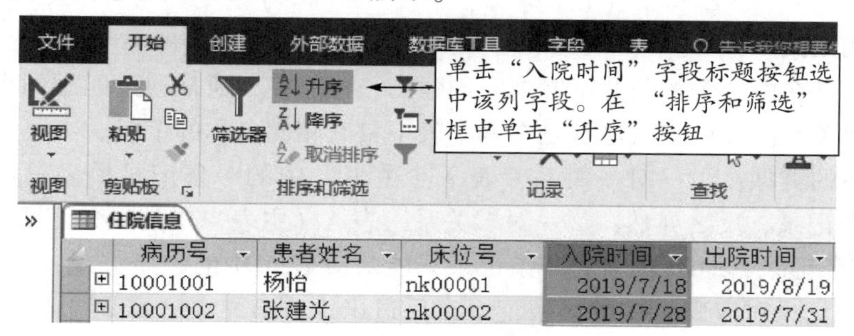

图 3-48　单字段排序

【例 3-24】按多个字段进行排序，在“床位信息”表中按字段“床位号”和“状态”对记录进行降序排列。

操作步骤：在数据表视图打开“床位信息”表。按住“Shift”键同时选择“床位号”和“状态”两个字段（可先使用鼠标拖住字段选择器将两个字段移动到一起）。在“开始”用户界面功能区“排序和筛选”框中单击“降序”按钮即可。其重新排列的数据表如图 3-49 所示。

床位信息

床位号	状态	单价	科室号	单击以添加
ek00001	空闲	¥50.00	ks40001	
ek00002	空闲	¥50.00	ks40001	
ek00003	占用	¥50.00	ks40001	
ek00004	占用	¥50.00	ks40001	
ek00005	占用	¥50.00	ks40001	
ek00006	空闲	¥50.00	ks40001	
ek00007	空闲	¥50.00	ks40001	
ek00008	空闲	¥50.00	ks40001	
ek00009	空闲	¥80.00	ks40001	
ek00010	空闲	¥80.00	ks40001	

图 3-49　多字段排序

3.3.4　记录的增删改

1. 添加记录

单击“开始”选项卡的“记录”选项组中的“新建”按钮，或右击在快捷菜单上选择“新记录”命令，鼠标光标会移到表中最下边的新记录上，输入记录数据即可。

2. 删除记录

选择要删除的记录行，按“Delete”键，或右击在快捷菜单上选择“删除记录”命令，这时会出现如图 3-50 所示的提示框，单击“是”按钮，即可删除该记录。

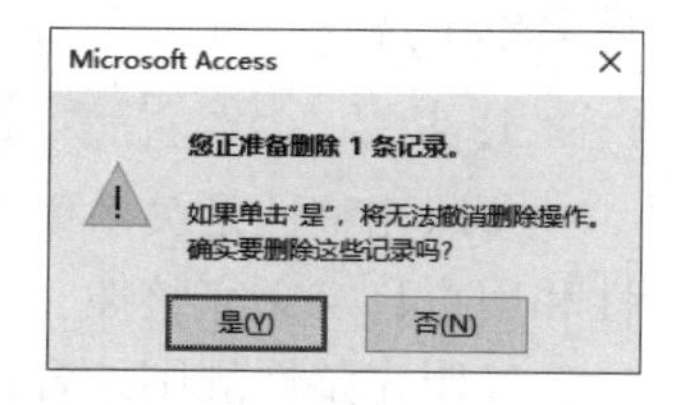

图 3-50　删除记录确认

3. 修改数据

如果发现记录中有错误的数据，可在数据表视图下直接修改数据，可选中错误的数据直接修改，也可以先删除错误的数据再输入新数据。

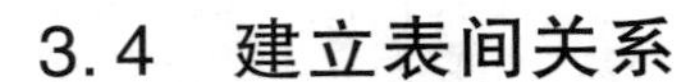

3.4 建立表间关系

3.4.1 如何建立表间关系

1. 关系的定义

表间关系是在两个表的公共字段之间创建的一种连接，通常通过匹配两个表中关键字段的值来创建关系。关键字段通常是在两个表中具有相同名称的字段。

表间关系的类型：①一对一关系，表 A（主表）中的一条记录最多只对应表 B（从表）中的一条记录，反之亦然；②一对多关系，表 A（主表）中的一条记录可以对应表 B（从表）的多条记录，但表 B 中的一条记录只能对应表 A 中的一条记录；③多对多关系，表 A 中的一条记录对应表 B 中的多条记录，反过来，表 B 中的一条记录也能对应表 A 中的多条记录。

2. 创建表间关系

建立表间关系的目的：①保证数据的完整性，表间关系的建立使主表和从表之间建立数据约束关系，防止输入错误的数据。②保证数据的一致性，当存在多个表的时候，建立主表和从表的关系，可以使主表在更新时，从表自动更新，省去手动更新的麻烦。③方便多表查询，方便连接两个表或多个表，能一次查找到多个相关数据。

操作步骤：①打开数据库，单击“数据库工具”选项卡中的“关系”命令按钮。②系统打开“关系管理器”，功能区自动切换为“设计”选项卡。③在“关系”组中单击“显示表”命令，选择需要建立关系的表，然后单击“添加”按钮，将表都添加到“关系”窗口后，关闭“显示表”对话框。④在“关系”窗口中，按住鼠标左键不放，从主表中将相关字段拖到从表的相关字段上，松开鼠标左键后，会出现“编辑关系”对话框，此时可以先关闭该对话框。⑤单击快捷工具栏的“保存”按钮保存关系。

3. 编辑关系

编辑已有的关系步骤：①单击“数据库工具”选项卡中的“关系”命令按钮，打开“关系”窗口。②单击关系线使其变粗后，单击“工具”组中“编辑关系”命令，或者双击关系线，打开“编辑关系”对话框。③在“编辑关系”对话框中重新定义两个表之间的关系。④单击“编辑关系”对话框中的“联接类型”按钮，选择所需的联接类型。⑤单击“确定”按钮，保存关系。

4. 删除关系

删除已有的关系步骤：①单击“数据库工具”选项卡的“关系”命令，打开“关系”窗口。②单击要删除的关系线使其变粗，按“Delete”键，或右击关系线后，在出现的快捷菜单中选择“删除”命令。③在提示对话框中，单击“是”按钮，删除关系。

3.4.2 设置参照完整性

参照完整性是关系模型的完整约束之一，属于数据完整性的一种，其余还有实体完整性和用户自定义完整性。

参照完整性规则的含义是，若属性或属性组 F 是基本关系 R 的外键，它与基本关系 S 的主键 Ks 相对应（基本关系 R 和 S 不一定是不同的关系），则对于 R 中的每个元组在 F 上的值必须为空值或 S 中某个元组中的主键值（主码值）。即参照的关系中的属性值必须

能够在被参照关系中找到或者取空值，否则不符合数据库的语义。在实际操作时如更新、删除、插入一个表中的数据，通过参照引用相互关联的另一个表中的数据来检查对表的数据操作是否正确，不正确则拒绝操作。

Access 2016 可以设定表的参照完整性关系，规范表之间的关系，拒绝那些会影响表关系的数据，防止数据的误删和错误录入。

级联（cascade）在计算机科学里指多个对象之间的映射关系，建立数据之间的级联关系可以提高管理效率。重复性的操作十分烦琐，尤其是在处理多个彼此关联对象情况下，此时可以使用级联操作。级联在关联映射中是一个重要的概念，指当主动方对象执行操作时，被关联对象（被动方）是否同步执行同一操作。

级联还被用来设计一对多关系。例如，一个表存放医生的信息表 A（姓名、性别、年龄），姓名为主键，还有一张表存放医生所在的科室信息表 B（姓名、科室），它们通过姓名来级联。级联的操作有级联更新和级联删除。在启用一个级联更新选项后，就可在存在相匹配的外键值的前提下更改一个主键值。系统会相应地更新所有匹配的外键值。如果在表 A 中将姓名为张三的记录改为李四，那么表 B 中姓名为张三的所有记录也会随之改为李四。级联删除与级联更新相类似。如果在表 A 中将姓名为张三的记录删除，那么表 B 中姓名为张三的所有记录也将被删除。

【例 3-25】设置“医生信息”表与“住院信息”表间的参照完整性。

操作步骤：

（1）单击“数据库工具”选项卡中的“关系”命令按钮，如图 3-51 所示。系统打开“关系管理器”，功能区自动切换为“设计”选项卡。

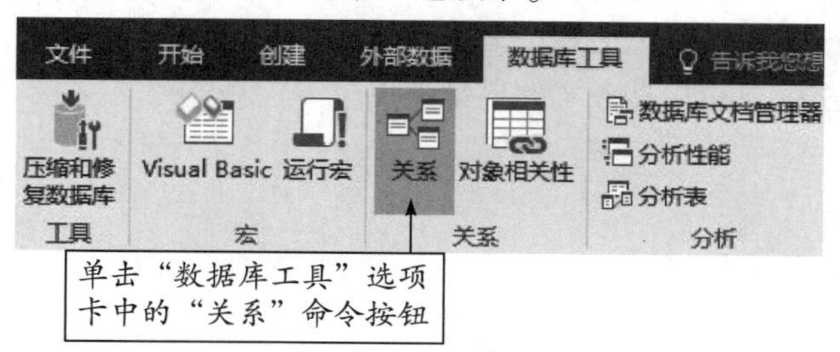

图 3-51　建立表间关系

（2）在“关系”组中单击“显示表”命令，选择“医生信息”表和“住院信息”表，如图 3-52 所示，单击“添加”按钮。将表添加到“关系”窗口后，关闭“显示表”对话框。

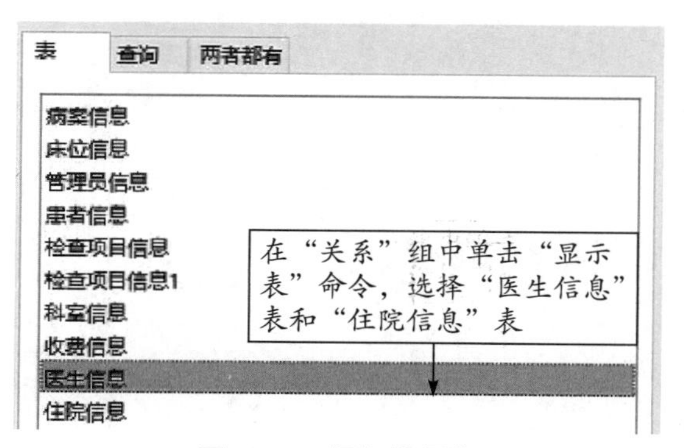

图 3-52　添加数据表

（3）在“关系”窗口中，按住鼠标左键不放，从主表中将相关字段拖到从表的相关字段上。松开鼠标左键后，会出现“编辑关系”对话框，如图 3-53 所示。在“编辑关系”对话框勾选“实施参照完整性”，设置完成以后，点击“确定”按钮，表间参照完整性设置完成。

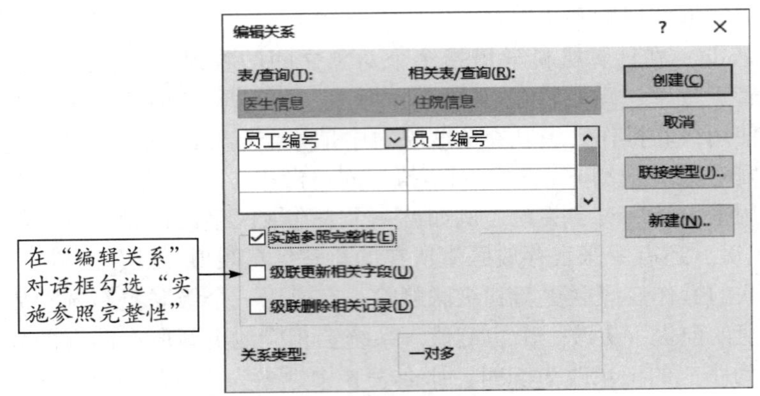

图 3-53　参照完整性设置

3.5　本章小结

本章介绍了表的组成结构、字段的数据类型、创建表的各种方法及相关的知识，添加与编辑数据记录的各种操作、维护数据表的操作；结合实例讲解了字段属性的设置，包括设置字段的大小、格式、输入掩码、标题、默认值、验证规则和验证文本，表间关系的建立和修改。通过本章节的学习，培养读者认真负责、严谨细致的态度，勇于探索的进取精神，精益求精的工匠精神和求真务实的科学态度。

第4章 查询

本章导读

查询，顾名思义是指在某一个或几个地方找出自己所要的东西。本章介绍 Access 数据库查询的基础知识和不同类型查询的基础操作。针对本章基础知识广、查询种类多、查询条件的表示方法灵活和应用广的特点，建议在学习过程中重视对基础概念的理解，在由浅入深的案例学习中理解和掌握查询操作的基本方法。

【知识结构】

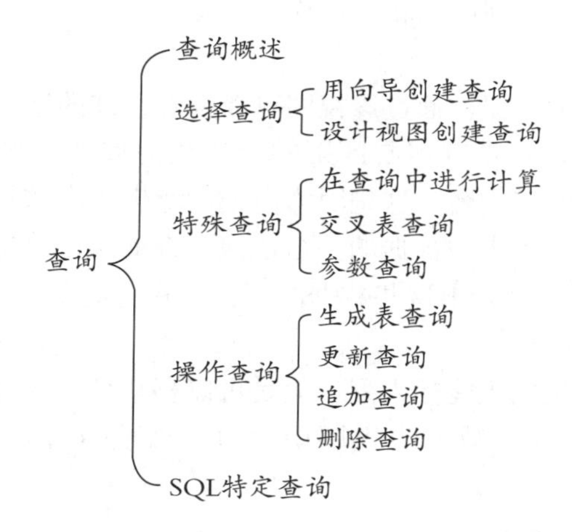

【学习重点】

查询的基本概念，选择查询、特殊查询和操作查询，查询中的计算、条件表示，等等。

【学习难点】

交叉表查询、参数查询、SQL 查询、查询中的计算、条件表示等。

4.1 查询概述

查询是 Access 数据库的一个重要对象，可以使用查询筛选数据、执行数据计算和汇总数据；可以使用查询回答简单问题、执行计算、合并不同表中的数据，甚至添加、更改或删除表数据；可以使用查询通过特定条件筛选快速查找特定的数据；还可以使用查询自动处理数据管理任务，例如定期查看最新数据。

某家医院的门诊和住院患者人数有数万、数百万甚至更多，想要有效地查询患者信息，例如，想查询医院住院患者的总人数、各科室的患者不同性别的人数、各科室住院患者的姓名和住院天数、“1970 年 1 月 1 日”以后出生的女性患者信息等，需要理解查询相关的条件表达式等基础知识和掌握各种类型查询的常见操作。

4.1.1 查询的功能

查询是对数据结果、数据操作或者这两者的请求。用于从表中检索数据或进行计算的查询称为选择查询；用于添加、更改或删除数据的查询称为操作查询。

使用查询还可以为查询、窗体或报表提供数据。在设计良好的数据库中，要使用窗体或报表显示的数据通常位于多个不同的表中。通过使用查询，可以在设计窗体或报表之前组合要使用的数据。

查询将根据给定的条件从数据库的一个或多个表中找出符合条件的记录，Access 查询是操作命令的集合。创建查询后，保存的是查询的操作，在运行查询时才会从查询数据源中抽取数据，并创建动态的记录集合。

4.1.2 查询的视图

在 Access 2016 中，查询有 3 种视图，分别为数据表视图、SQL 视图和设计视图。打开一个查询以后，单击“开始”选项卡，再在“视图”命令组中单击下拉按钮，选择不同的命令，可以在不同的查询视图间相互切换。

1. 数据表视图

数据表视图是查询的浏览器，通过该视图可以查看查询的运行结果。查询的数据表视图看起来很像表，但它们之间是有本质区别的。在查询数据表视图中既无法加入或删除列，也不能修改查询字段的字段名。这是因为由查询所生成的数据值并不是真正的值，而是动态地从表中调出来的，是表中数据的一个镜像。查询操作只是告诉 Access 需要什么样的数据，而 Access 就会从表中查出这些数据的值，并将它们反映到查询数据表视图中，也就是说这些值只是查询的结果。

在查询数据表视图中虽然不能插入列，但是可以移动列，移动的方法和在数据表中移动列的方法是相同的。在查询数据表视图中也可以改变列宽和行高，还可以隐藏或冻结列。

2. SQL 视图

通过 SQL 视图可以编写 SQL 语句完成一些特殊的查询，这些查询是用各种查询向导和查询设计器难以设计出来的。

3. 设计视图

查询的设计视图就是查询设计器，通过该视图可以设计除 SQL 查询之外的任何类型查询。打开查询设计器窗口后，Access 2016 主窗口的功能区动态出现了“查询工具/设计”选项卡，包含了一些查询操作专用的命令，例如“运行”“查询类型”“查询设置”等。

4.1.3 查询的类别

1. 选择查询

选择查询是最基本的查询，也是常用的查询。它可以从一张或多张表中查询出用户所需要的数据，并可以对数据进行进一步的加工，如总计、求平均值、计数等。其运行结果是一组数据记录，即动态数据集。

2. 参数查询

参数查询利用对话框来提示用户输入查询数据，然后根据用户所输入的数据来检索记录。它是一种交互式查询，提高了查询的灵活性。

将参数查询作为窗体和报表的数据源，可以方便地显示和打印所需要的信息。例如，可以用参数查询作为基础来创建医院某个科室的患者人数统计报表，打印报表时，Access 会弹出对话框来询问报表所需显示的科室，在输入科室名称后，Access 便打印该科室的患者人数报表。

3. 交叉表查询

交叉表查询实际上是一种对数据字段进行汇总计算的方法，计算的结果显示在一个行列交叉的表中。这类查询将表中的字段进行分类，一类放在交叉表的左侧，一类放在交叉表的上部，然后在行与列的交叉处对应显示表中某个字段的统计值。例如，统计医院每个科室男女患者的人数，此时，可以将“科室名称”字段作为交叉表的行标题，“性别”字段作为交叉表的列表题，统计的人数结果显示在交叉表行与列的交叉位置。

4. 操作查询

操作查询与选择查询类似，都需要指定查找记录的条件，但选择查询是检索符合条件的记录，而操作查询是在一次查询操作中对检索出的记录进行操作。操作查询共有 4 种类型：生成表查询是利用一个或多个表中的数据建立一张新表；更新查询可以对一个或多个表中的记录进行更新；追加查询是将一个或多个表中符合特定条件的记录添加到另一个表的末尾；删除查询用来将一个或多个表中符合条件的记录删除。

5. SQL 特定查询

如果要在数据库中检索数据，可以使用结构化查询语言，即 SQL。运行的每个查询都可在后台使用 SQL。

4.1.4 查询的条件

若要基于字段中的值来限制查询的结果，则可使用查询条件。查询条件是一个表达式，Access 将它与查询字段值进行比较以确定是否包括含有每个值的记录。例如，“= "女" ”是一个表达式，Access 可将它与查询中的文本字段的值进行比较。如果给定记录中该字段的值为 "女"，则 Access 会在查询结果中包含此记录。条件与公式类似，它是一个可能包含字段引用、运算符和常量的字符串。

若要向查询添加条件，必须在设计视图中打开查询，然后标识要为其指定条件的字段。如果要为其指定条件的字段尚未包含在设计网格中，则可以添加该字段（方法是将该字段从查询设计窗口拖动到设计网格，或者双击该字段）；如果要为其指定条件的字段包含在设计网格中，则在“条件”行中键入该字段的条件。

下面是条件设置的一些示例。

1. “条件”行中所指定的所有条件是组合在一起的

在“条件”行中为不同字段指定的条件使用 AND 运算符组合在一起。例如，可以为“性别”字段指定条件 ="女"，并为“出生日期”字段指定条件 >#1970/1/1#。这两个条件组合在一起进行解释，比如：性别 = "女" AND 出生日期 >#1970/1/1#。

如图 4-1 所示，“性别”和“出生日期”字段都在“条件”行中，只有同时满足这两个条件的记录才会包含在结果中。

2. 使用“或”行来指定替代条件

如果有二选一条件（即两组独立的条件，只要满足其中一组即可），则可以同时使用设计网格中的“条件”和“或”行。“条件”和“或”行中指定的条件是使用 OR 运算符组合的，如：性别="女" OR 出生日期 >#1970/1/1#。

如图 4-2 所示，“性别”条件是在“条件”行中指定的；“出生日期”条件是在“或”行中指定的。如果需要指定更多备选条件，可使用“或”行下面的行。

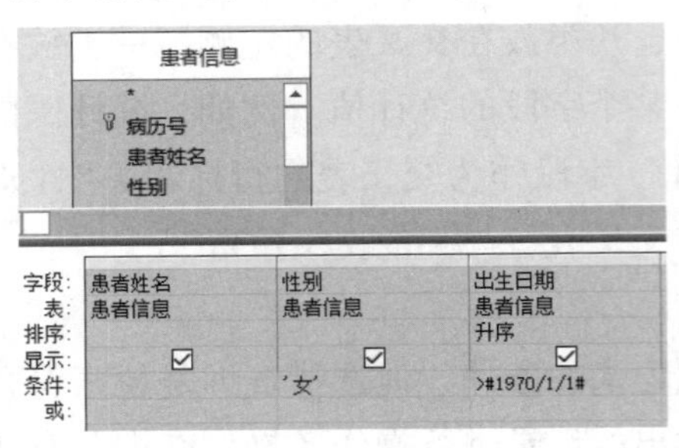

图 4-1　组合条件设置 1

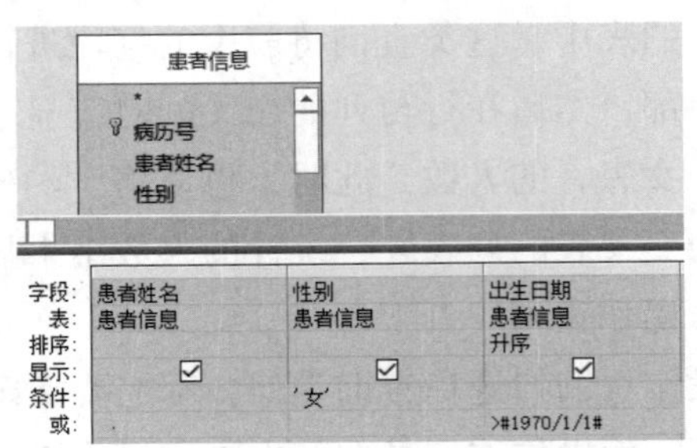

图 4-2　组合条件设置 2

3. 文本、备注和超链接字段的条件

表 4-1 的示例是针对某个查询中的“姓名”字段，该查询基于一个存储联系人信息的表，条件是在设计网格中该字段的“条件”行中指定的。

表 4-1　文本字段的条件设置示例

若要包含满足下面条件的记录	使用此条件	查询结果
完全匹配一个值，如“张三”	"张三"	返回“姓名”字段值为“张三”的记录
不匹配某个值，如“李四”	Not "李四"	返回“姓名”字段值为“李四”以外的记录
以指定的字符串开头，如李	Like 李 *	返回名称以“李”开头的所有姓名记录。 注：星号（*）为通配符，表示任意字符串
匹配多个值中的任一值，如 "张三" 或 "李四"	"张三" OR "李四"	返回对应“张三”或“李四”的记录

4. 数字、货币和自动编号字段的条件

表 4-2 的示例是针对某个查询中的“单价”字段，该查询基于一个存储药品信息的表，条件是在查询设计网格中该字段的“条件”行中指定的。

表 4-2　数字字段的条件设置示例

若要包含满足下面条件的记录	使用此条件	查询结果
完全匹配一个值，如100	100	返回药品单价为 100 的记录
包含两个值中的任一值	20 OR 25	返回单价为 20 或 25 的记录
包含某个值范围之内的值	>=50 AND <=100 或 BETWEEN 50 AND 100	返回单价（包含）50 和（包含）100 之间的记录
包含多个特定值中的任一值	IN（20，25，30）	返回单价为 20、25 或 30 的记录

5. 日期/时间字段的条件

表 4-3 的示例是针对某个查询中的“出生日期”字段，该查询基于一个存储患者信息的表，条件是在查询设计网格中该字段的“条件”行中指定的。

表 4-3　日期/时间字段的条件设置示例

若要包含满足下面条件的记录	使用此条件	查询结果
完全匹配一个值，如 1988/8/8	#1988/8/8#	返回出生日期为 1988 年 8 月 8 日的记录。注意：日期值两边需要加字符（#）
包含某个特定日期之后的值	>#1970/1/1#	返回出生日期在 1970 年 1 月 1 日之后的记录
包含特定月份（与年份无关）内的某个日期，如 12 月	DatePart（"m"，[出生日期]）= 12	返回出生日期为任何一年的 12 月的记录

6. 其他字段的条件

针对某个查询中的“是/否”字段，在“条件”行中，键入“是”以包含复选框已选中的记录，键入“否”以包含复选框未选中的记录。

4.2　选择查询

如果想要从一个或多个源中选择特定数据，可使用选择查询。选择查询可帮助检索所需数据，还可帮助合并来自多个数据源的数据。可使用表和其他选择查询作为某个选择查询的数据源。

选择查询是一种在数据表视图中显示信息的数据库对象。选择查询不存储数据，只显示存储在表中的数据。选择查询可显示来自一个或多个表的数据、其他查询的数据，或表和其他查询的数据组合。

可以通过使用查询向导或设计视图来创建选择查询。使用查询向导时可能有一些设计元素不可用，但可通过使用设计视图添加这些元素。尽管这两种方法彼此稍有不同，但基本步骤是相同的。

选择查询创建过程的基本步骤如图 4-3 所示：第一步选择要用作数据源的表或查询；第二步指定要从数据源中提取的字段；第三步（可选）指定条件，限制查询返回的记录。

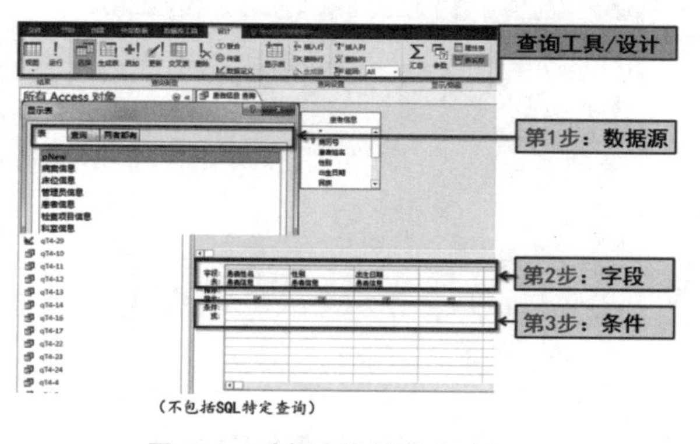

图 4-3　选择查询的创建过程

4.2.1　用查询向导创建选择查询

可使用查询向导自动创建选择查询。在使用查询向导时，对查询设计的细节控制比不使用向导更少，但查询的创建速度通常更快。此外，查询向导还可以捕获一些简单的设计错误，并提示用户执行不同操作。使用查询向导创造选择查询的一般步骤如下：

（1）在“创建”选项卡的“查询”组中，单击“查询向导”。

（2）在“新建查询”对话框中，单击“简单查询向导”，然后单击“确定”。

（3）接下来，添加字段（注：最多可以添加来自 32 个表或查询的 255 个字段）。对于每个字段，需要执行以下两个步骤：①在“表/查询”下，单击包含字段的表或查询；②在“可用字段”下，双击该字段以将其添加到“所选字段”列表。如果要将所有字段都添加到查询中，单击带双右箭头的按钮【>>】即可。所需字段添加完成后，单击“下一步”。

（4）如果没有添加任何数字字段（包含数值数据的字段），则直接跳到步骤（7）。如果添加了数字字段，向导将询问用户希望该查询返回详细信息还是汇总数据。在这一步中，如果需要查看单个记录，单击“详细信息”，然后单击“下一步”，接着跳到步骤（7）；如果需要查看汇总数值数据，例如平均值，单击“汇总”（见图 4-4），然后单击“汇总选项”。

（5）在“汇总选项”对话框中（见图 4-5），可以指定要汇总的字段和汇总数据的方式。如果希望查询结果包含数据源中记录的计数，需要选择相应的复选框“对数据源名称中的记录进行计数”。单击“确定”关闭“汇总选项”对话框。

（6）如果没有将日期/时间字段添加到查询，直接跳到步骤（7）。如果向查询中添加了日期/时间字段，则查询向导将询问用户希望如何对日期/时间值进行分组。例如，假定在查询添加了一个数字字段（“价格”）和一个日期/时间字段（“交易时间”），然后在“汇总选项”对话框中指定要查看数字字段“价格”的平均值。因为包括了日期/时间字段，所以可计算每个独立日期/时间值（每日、每月、每季度或每年）的汇总值。选择要用于对日期/时间值进行分组的时间段，然后单击“下一步”。（提示：查询向导只提供上述的分组选项，但在设计视图中，可使用表达式来按所需的任意时间段进行分组）

（7）指定查询标题。选择打开查询的方式（如果选择打开查询，该查询将在数据表视图中显示所选数据；如果选择修改查询，该查询将在设计视图中打开），单击“完成”。

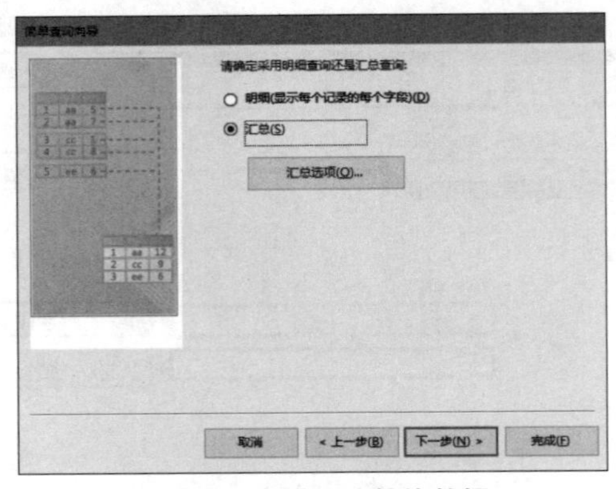

图 4-4　查看汇总数值数据

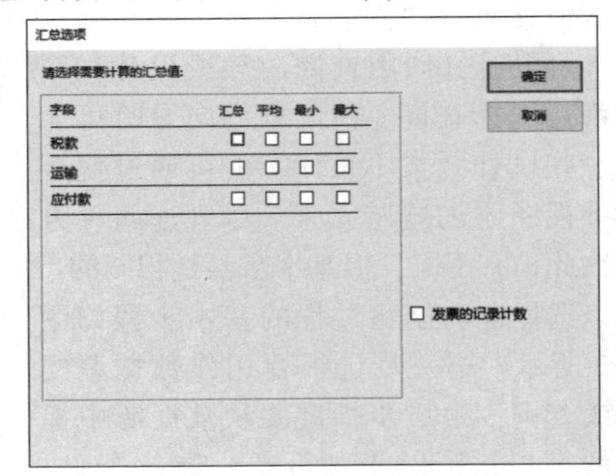

图 4-5　汇总选项

【例 4-1】利用查询向导创建一个查询，查找“患者信息”表中的记录，并显示“患者姓名”“性别”和“出生日期”字段。

操作步骤：

（1）打开“医务管理系统”数据库，单击“创建”选项卡，在查询命令组中单击“查询向导”命令按钮，打开“新建查询”对话框，选择“简单查询向导”选项，单击“确定”按钮。

（2）弹出“简单查询向导”第一个对话框，在其中的“表/查询”下拉列表框中选择

“表：患者信息”作为选择查询的数据来源。此时，“可用字段”列表框中显示“患者信息”表中包含的全部字段。双击“患者姓名”字段，将该字段添加至“选定字段”列表框中。使用同样的方法把“性别”和“出生日期”字段添加进“选定字段”列表框中。

（3）单击“下一步”按钮，打开“简单查询向导”第二个对话框。在“请为查询指定标题”文本框中输入查询名称，也可以使用默认名称“患者信息　查询”，本例使用默认名称。如果要修改查询设计，则选中“修改查询设计”单选按钮。本例选中“打开查询查看信息”单选按钮。

（4）单击“完成”按钮，完成查询向导设计，并同时显示查询结果。

在本例中，查询的内容来自一个表，但有时需要查询的记录可能不在一个表中，此时必须建立多表查询才能找出满足要求的记录。

【例4-2】利用查询向导创建一个查询，查询全部“患者姓名”“科室名称”和“住院天数”字段信息。

操作步骤：

（1）打开“医务管理系统”数据库，单击“创建”选项卡，在查询命令组中单击“查询向导”命令按钮，打开“新建查询”对话框，选择“简单查询向导”选项，单击“确定”按钮。

（2）弹出“简单查询向导”第一个对话框，在其中的“表/查询”下拉列表框中选择“表：患者信息”作为选择查询的数据来源。此时，“可用字段”列表框中显示“患者信息”表中包含的全部字段。双击“患者姓名”字段，将该字段添加至“选定字段”列表框中。使用同样的方法把“科室信息”表中的“科室名称”和“住院信息”表中的“住院天数”字段添加进“选定字段”列表框中。

（3）单击“下一步”按钮，打开“简单查询向导”第二个对话框。选择单选按钮“明细（显示每个记录的每个字段）”。

（4）单击“下一步”按钮，打开“简单查询向导”第三个对话框。在“请为查询指定标题”文本框中输入查询名称“患者姓名_科室_住院天数 查询”。如果要修改查询设计，则选中“修改查询设计”单选按钮。本例选中“打开查询查看信息”单选按钮。

（5）单击“完成”按钮，完成查询向导设计，并同时显示查询结果。

【例4-3】使用上例查询结果作为数据源，利用查询向导创建交叉表查询，统计医院每个科室男女患者的人数。

操作步骤：

（1）打开“医务管理系统”数据库，单击“创建”选项卡，在查询命令组中单击“查询向导”命令按钮，打开“新建查询”对话框，选择“交叉表查询向导”选项，单击“确定”按钮。

（2）弹出“交叉表查询向导”对话框，在其中的“视图”单选按钮中选择“查询”作为选择查询的数据来源。此时，在“请指定哪个表或查询中含有交叉表查询结果所需的字段”列表框中选中“查询：患者姓名_科室_住院天数 查询”，如图4-6所示。单击“下一步”按钮。

（3）确定行标题，在“请确定用哪些字段的值作为行标题”的“可用字段”列表框中把“科室名称”选进“选定字段”，如图4-7所示。单击“下一步”按钮。

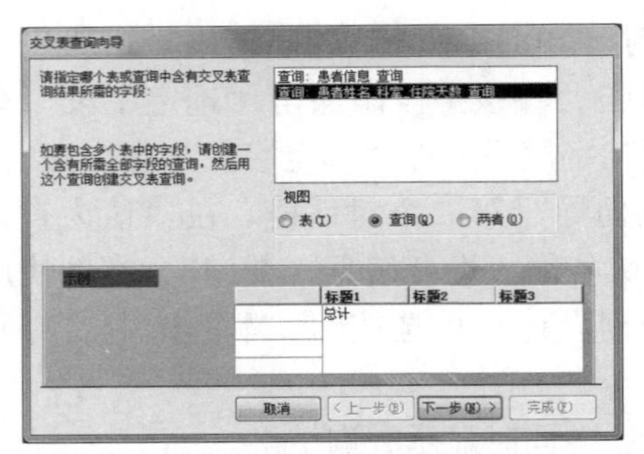

图 4-6　用查询向导创建交叉表查询第二步

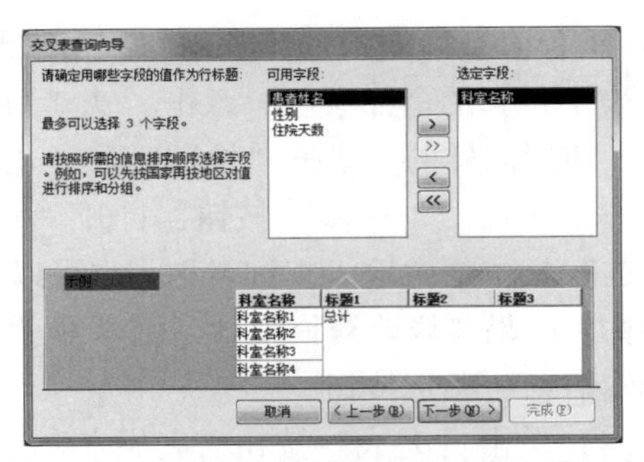

图 4-7　用查询向导创建交叉表查询第三步

（4）确定列标题，在“请确定用哪个字段的值作为列标题”的列表框中选中“性别”，如图 4-8 所示。单击“下一步”按钮。

（5）确定每个行和列的交叉点计算办法，“字段”列表框中选“患者姓名”，“函数”列表框中选“Count”，在“请确定是否为每一行作小计”的复选框中选“是，包含各行小计（Y）”，如图 4-9 所示。单击“下一步”按钮。

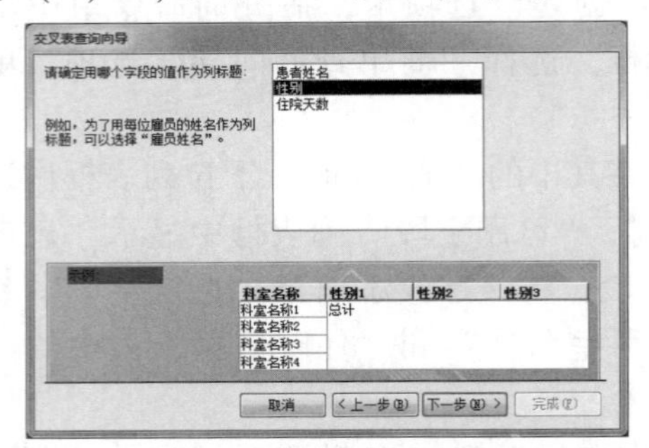

图 4-8　用查询向导创建交叉表查询第四步

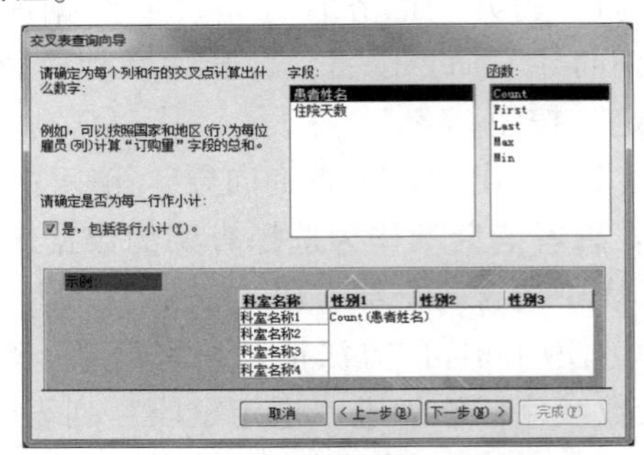

图 4-9　用查询向导创建交叉表查询第五步

（6）在“请为查询指定标题”文本框中输入查询名称，也可以使用默认名称“患者姓名_科室_住院天数 查询_交叉表”，本例使用默认名称。如果要修改查询设计，则选中“修改查询设计”单选按钮。本例选中“查看查询”单选按钮。

（7）单击“完成”按钮，完成交叉表查询向导设计，并同时显示查询结果。

（提示：交叉表查询向导设计完成后，在“所有 Access 对象/查询”列表中可以查看或修改查询。如图 4-10 所示，用交叉表查询向导时需要通过观察查询运行结果的行标题、列标题和交叉位置的计算方式来确定查询所用的数据源、可用字段、列标题、交叉点的字段与函数。）

科室名称	总计 患者姓名	男	女
儿科	5	2	3
妇科	5	1	4
肝胆外科	5	1	4
甲状腺外科	4	2	2
泌尿外科	3	1	2
乳腺外科	3	3	
胃肠外科	5	3	2
消化内科	5	2	3
心血管内科	5	4	1

图 4-10　查询结果

4.2.2　用设计视图创建选择查询

使用查询的设计视图创建选择查询的一般步骤如下：

步骤1：添加数据源。

（1）在“创建”选项卡的“查询”组中，单击“查询设计”。

（2）在“显示表”对话框中的“表”“查询”或“表/查询”选项卡上，双击每个想要使用的数据源，或选择每个数据源，然后单击“添加”。

步骤2：联接相关数据源（当数据源来自多张表时）。

当添加数据源时，如果表间已存在定义的关系，这些关系将自动作为联接添加到查询中；或者如果两个表具有包含兼容数据类型的字段且其中某个字段为“主键”，Access也会自动创建两个表之间的联接。除此之外，可以将一个数据源中的字段拖动到另一数据源中的对应字段中，此时，两个字段之间显示一条线，表明已创建了联接，如图4-11所示。

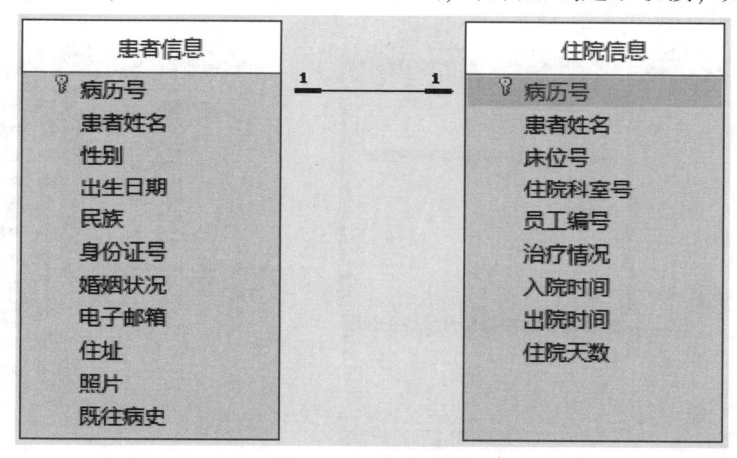

图4-11　表间联接

步骤3：添加输出字段。

将字段从查询设计窗口的上窗格中的数据源中向下拖动到查询设计窗口底部窗格的设计网格的“字段”行中。

步骤4：指定条件（非必选）。

指定条件可以用来限制查询返回的记录。在查询设计网格中，在包含要限制的值的字段的“条件”行中，键入字段值必须包括在结果中的表达式。

步骤5：汇总数据（非必选）。

默认情况下，设计视图中不显示“汇总”行，需要在“设计”选项卡上的“显示/隐藏”组中，单击“汇总”来显示“汇总”行。对于要汇总的每个字段，从“汇总”行的列表中选择要使用的函数。

步骤6：查看结果。

在“设计”选项卡上单击“运行”。

【例4-4】用查询的设计视图创建一个查询，查找“患者信息”表中的“患者姓名”“性别”和“出生日期”三列信息，所建查询命名为“qT4-4”。

操作步骤：

（1）在“创建”选项卡的“查询”组中，单击“查询设计”，如图4-12所示。

图 4-12 “创建”选项卡的“查询”组

(2) 确定数据源。进入查询设计视图，选择“显示表”对话框“表”的列表框中“患者信息”，单击“添加”命令按钮，然后单击“显示表”对话框的“关闭”命令按钮，如图 4-13、图 4-14 所示。

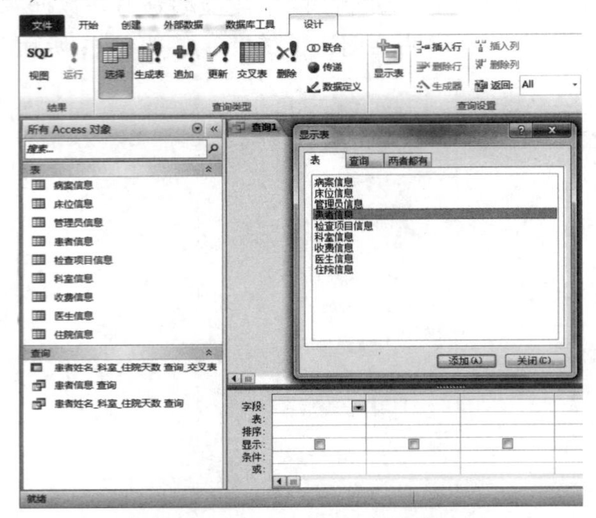

图 4-13 “显示表”对话框

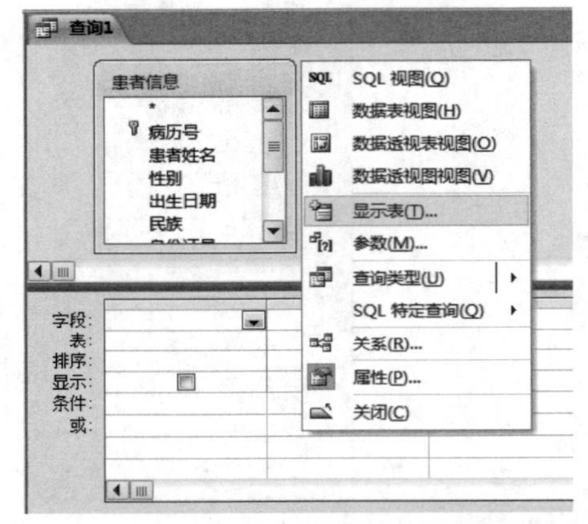

图 4-14 查询设计视图的右键快捷菜单

(3) 选定输出字段。本例使用“患者信息”表中的“患者姓名”“性别”和“出生日期”3 个字段。鼠标左键双击查询设计视图中“患者信息”表的“患者姓名”，如图 4-15、4-16 所示。

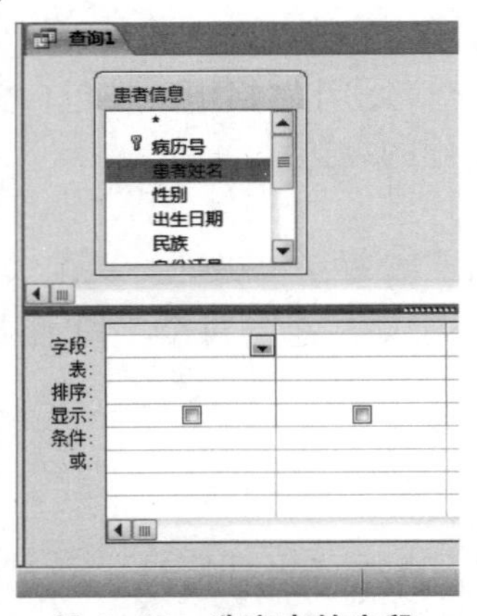

图 4-15 选定表的字段

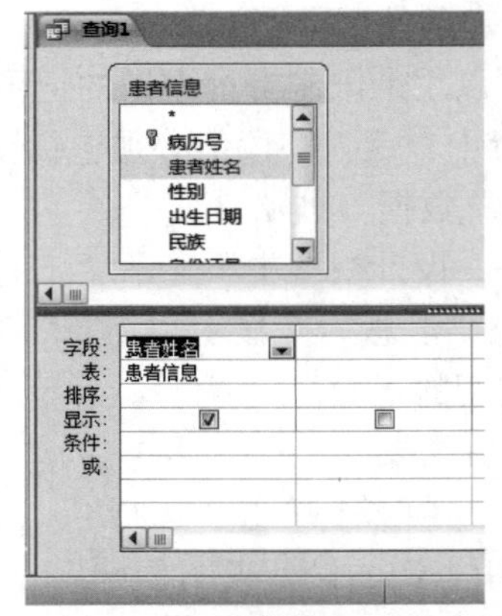

图 4-16 鼠标左键双击表的字段之后

(4) 在查询设计器下方第二列的“表”行选“患者信息”、“字段”行选“性别”，如图 4-17 所示。

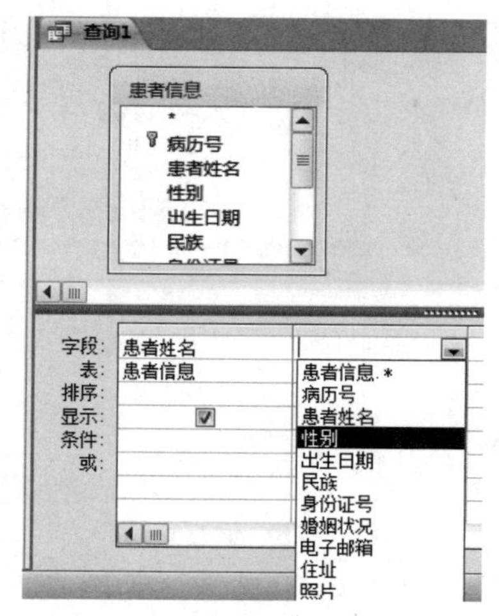

图 4-17　“字段”行选择表的“性别”字段

（5）在查询设计器标题栏单击鼠标右键，在弹出的快捷菜单里选择“SQL 视图”（或者点击“查询工具/设计”选项卡的“视图”进行选择），在 SQL 视图编辑 SELECT 语句，添加“，患者信息．出生日期”，如图 4-18、图 4-19 所示。

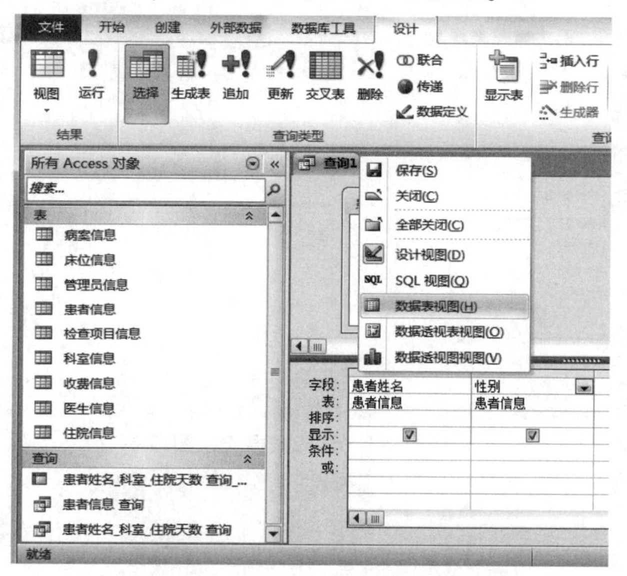

图 4-18　右键快捷菜单里的各种视图

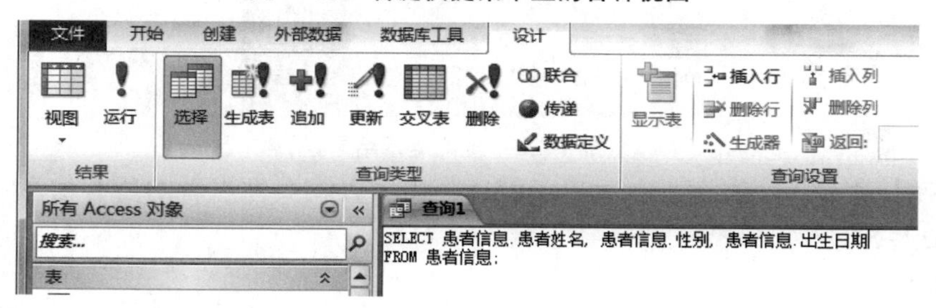

图 4-19　在查询设计的 SQL 视图中编辑 SELECT 语句

（6）新建查询时默认名称为“查询 1”，保存查询名称为“qT4-4”，如图 4-20 所示。

图 4-20 保存查询

(7) 在“查询工具/设计”选项卡的“视图”选择“数据表视图”（或“运行”命令）查看查询运行结果，如图 4-21、图 4-22 所示。

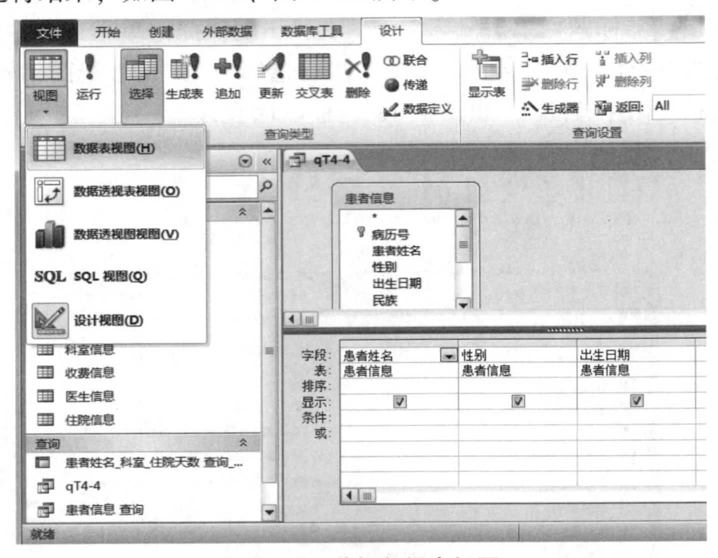

图 4-21 选择数据表视图

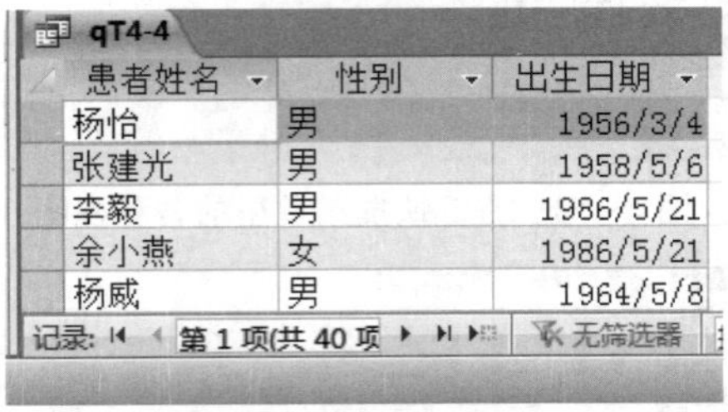

qT4-4

患者姓名	性别	出生日期
杨怡	男	1956/3/4
张建光	男	1958/5/6
李毅	男	1986/5/21
余小燕	女	1986/5/21
杨威	男	1964/5/8

记录: 第 1 项(共 40 项 无筛选器

图 4-22 查询运行结果

【例 4-5】 创建一个查询，在“患者信息”表中查找女性患者的所有信息，所建查询命名为“qT4-5”。

操作步骤：

(1) 新建查询，在“显示表”对话框中添加“患者信息”表，并关闭“显示表”对话框。将新建的查询命名为“qT4-5”。

（2）在“字段”行添加所有字段。

（3）在“性别”字段设置“条件”处输入“女”，如图 4-23 所示。

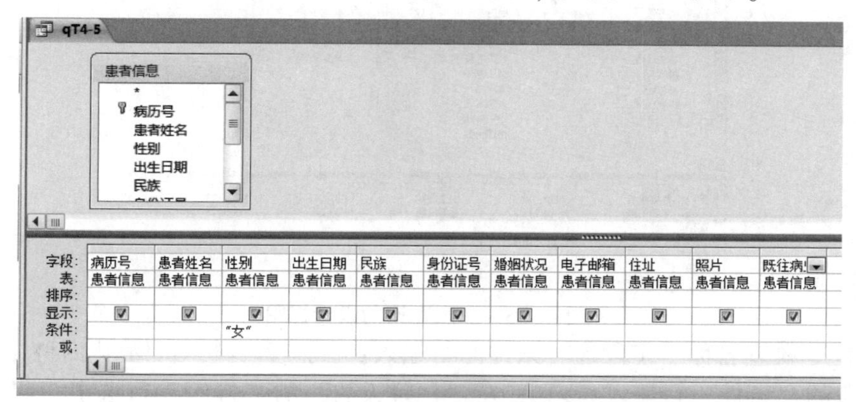

图 4-23　设置查询条件

（4）运行查询“qT4-5”，查看查询的“数据表视图”，如图 4-24 所示。

qT4-5

病历号	患者姓名	性别	出生日期	民族	身份证号	婚姻状况	电子邮箱	住址	照片	既往病史
10001004	余小燕	女	1986/5/21	汉族	46010119860	☑	yuxiaoyan@	海南省		
10002003	李辉	女	1980/11/12	苗族	46040119801	☑	lihui@126.	海南省		
10002004	刘以	女	1963/9/21	汉族	46030119630	☑	liuyi@163.	海南省		
10002005	杨惠亚	女	1963/8/15	黎族	46040119630	☑	yanghuiya@	海南省		
20002003	张莹莹	女	1938/8/9	汉族	46010119380	☑	zhangyingy	海南省		
20002004	张媛媛	女	1990/8/12	汉族	46010119900	☐	zhangyuany	海南省		
20003001	蔡晓霞	女	2000/2/23	汉族	46010120000	☐	caixiaoxia	海南省		
20003003	吴怡	女	1998/11/2	汉族	46020119981	☐	wuyi@yahoo.	海南省		
20003004	黄奕	女	1992/5/13	汉族	46010119920	☐	huangyi@ya	海南省		
20003005	罗莉	女	2010/5/6	汉族	46010120100	☐	luoli@yaho	海南省		
20004001	李佳	女	2012/3/4	汉族	46010120120	☐	lijia@139.	海南省		
20004002	孙艺	女	2008/8/23	汉族	46010120080	☐	sunyi@139.	海南省		
20006001	王小利	女	1971/12/11	汉族	46010119711	☑	wangxiaoli	海南省		
20006002	林小利	女	1979/10/15	汉族	46010119791	☑	linxiaoli@	海南省		

记录：第 10 项(共 21 项)　无筛选器　搜索

图 4-24　查看查询运行结果

【例 4-6】 创建一个查询，查找“1970 年 1 月 1 日”以后出生的女性患者“患者姓名”“性别”和“出生日期”信息，要求按出生日期升序排列，所建查询命名为“qT4-6”。

在将新建的查询命名为“qT4-6”之后，新增操作步骤：

（1）在“性别”字段设置“条件”栏中输入：‘女’；在“出生日期”字段设置“条件”栏中输入：>#1970/1/1#。

（2）在“出生日期”字段设置“排序”组合框中选中“升序”。

（3）运行查询。

【例 4-7】 创建一个查询，查找心血管内科和消化内科的住院时间超过 10 天的患者“患者姓名”“性别”“出生日期”“科室名称”“住院天数”信息，要求按住院天数降序排列，所建查询命名为“qT4-7”，如图 4-25 所示。

操作步骤：

（1）新建查询，添加“患者信息”表、“住院信息”表和“科室信息”表（假设已经建立表间联系），添加“患者姓名”“性别”“出生日期”“科室名称”“住院天数”字段。

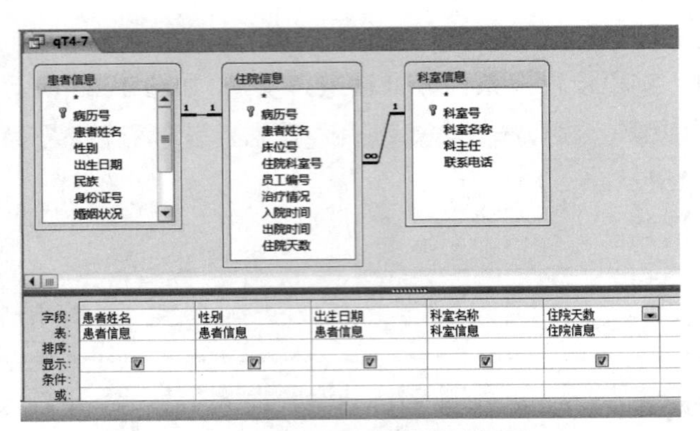

图 4-25　多表查询的设计视图

（2）在“科室名称”字段的“条件”行输入:'心血管内科' Or '消化内科'；在“住院天数”字段的“条件”行输入：>10；在“住院天数”的“排序”行选中“降序”。单击“保存”按钮，另存为“qT4-7”，关闭设计视图，如图 4-26 所示。

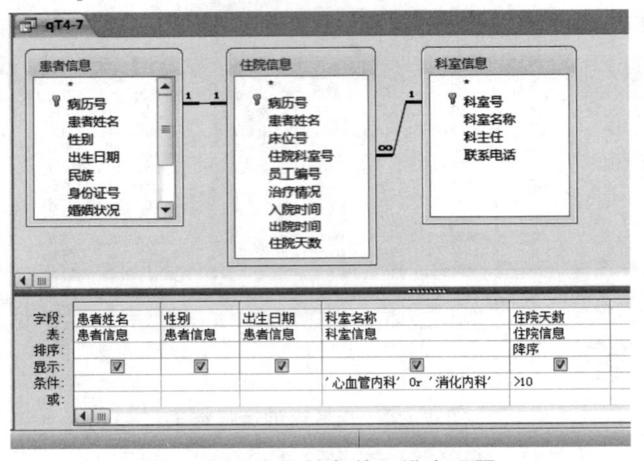

图 4-26　查询的条件、排序设置

4.3　特殊查询

4.3.1　在查询中进行计算

在查询中进行计算的操作方法与“4.2.2　用设计视图创建选择查询”所介绍的查询设计方法类似，在查询中进行计算主要是使用表达式作为输出字段。

【例 4-8】 创建一个查询，计算并输出住院患者总人数，将查询命名为“qT4-8”。

操作步骤：

（1）新建查询，在“显示表”对话框中添加“患者信息”表，并关闭“显示表”对话框。

（2）在“字段”行添加“病历号”。

（3）单击鼠标右键或从“设计”选项卡中调出“汇总”命令，如图 4-27 所示。

（4）选择总计方法。

单击“汇总”后，即出现“总计”行，在“病历号”列的“总计”行的组合框中选中“计数”，如图 4-28 所示。

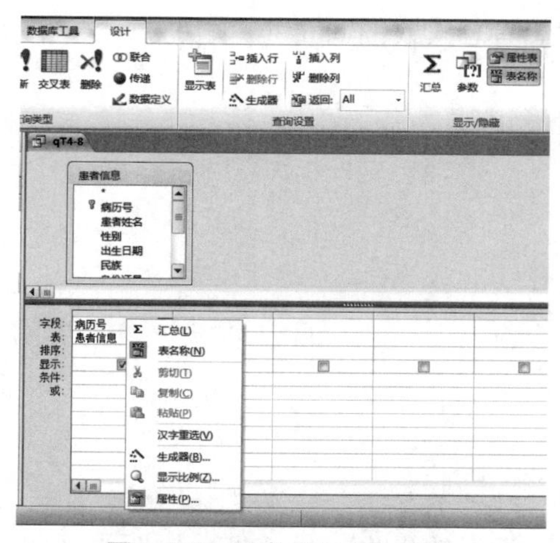

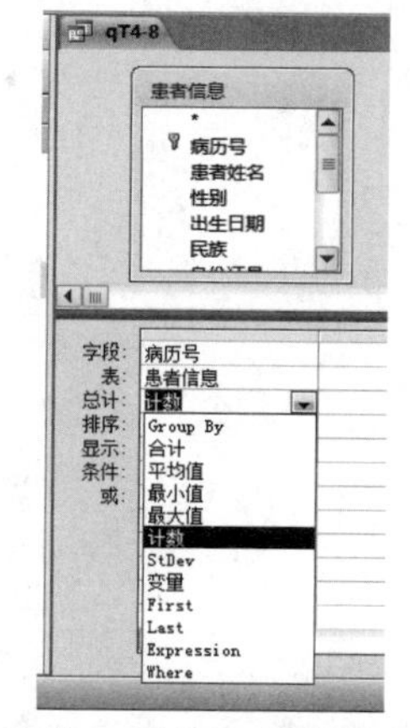

图 4-27　调出“汇总”命令　　　　图 4-28　调出“汇总”命令之后的“总计”

（5）单击“保存”按钮，另存为“qT4-8”。

（6）运行查询“qT4-8”。

此时，在查询“qT4-8”的“数据表视图”可以查看“病历号之计数”的值，如图 4-29 所示。

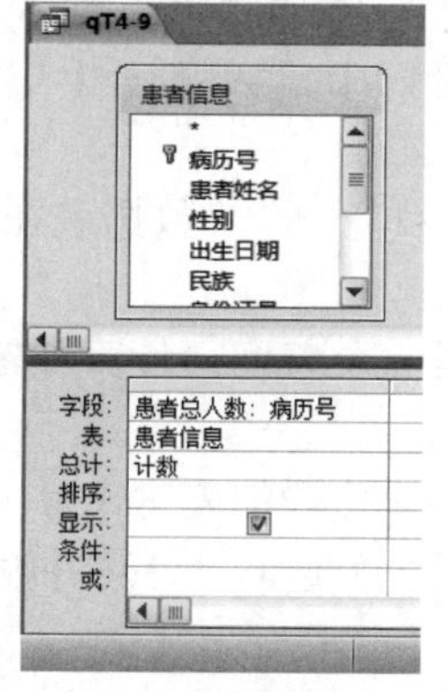

图 4-29　查看查询运行结果　　　图 4-30　修改“字段”行

【例 4-9】 创建一个查询，计算并输出患者总人数，显示标题为“患者总人数”，将查询命名为“qT4-9”。

新建一查询，重复 **【例 4-8】** 操作步骤并将查询命名为“qT4-9”之后，在查询设计视图完成字段标题设置。

在将新建的查询命名为“qT4-9”之后，新增操作：

原“病历号”的“字段”行修改为“患者总人数：病历号”，如图 4-30 所示。

请注意观察：①数据表视图下本例与上例的区别。②将字段“病历号”修改为其他某个字段，再进行总人数的计数。

【例 4-10】 创建一个查询，使用表达式作为输出字段计算患者总人数，显示标题为“患者总人数”，将查询命名为“qT4-10”。

操作步骤：

（1）新建查询，在“显示表”对话框中添加表“患者信息”，并关闭“显示表”对话框。

（2）在“字段”行添加“病历号”。

(3) 原“病历号”的“字段”行修改为“患者总人数: Count ([病历号])”，如图4-31 所示。

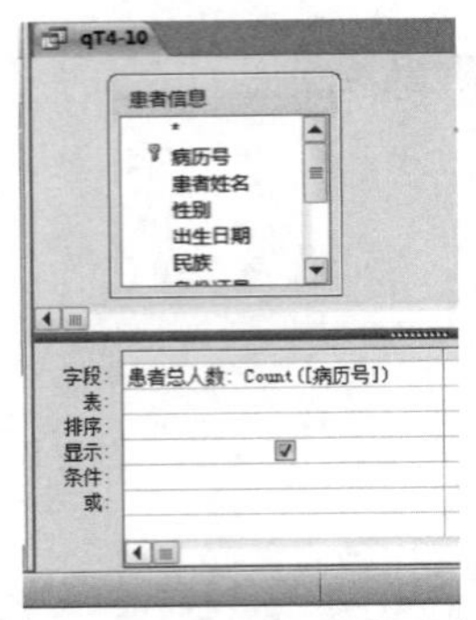

图 4-31 修改“字段”行

【例 4-11】 创建一个查询，计算并输出每位患者的出生年份，显示标题为“出生年份”，将查询命名为“qT4-11”。

操作步骤:

(1) 新建查询，在“显示表”对话框中添加表“患者信息”，并关闭“显示表”对话框。单击“保存”按钮，将查询命名为“qT4-11”进行保存。

(2) 在“字段”行添加“患者姓名”。

(3) 在右侧字段行中输入“出生年份: Year ([出生日期])”。单击“保存”按钮，再次保存查询。

(4) 查询“qT4-11”的“数据表视图”可以查看使用表达式作为输出字段计算出生年份。

【例 4-12】 创建一个查询，计算并输出每位患者的年龄，显示标题为“年龄”，将查询命名为“qT4-12”。

操作要点:“年龄”字段的表达式为“年龄: Year (Now ()) -Year ([出生日期])”。

【例 4-13】 创建一个查询，计算并输出患者年龄最大与最小的差值，显示标题为“m_age”，将查询命名为“qT4-13”。

操作要点: 新增“字段”行“m_ age: Max (Year (Now ()) -Year ([出生日期])) -Min (Year (Now ()) -Year ([出生日期]))”。

【例 4-14】 创建一个查询，查找医院各科室患者人数，所建查询命名为“qT4-14”。

操作要点:“字段”行添加“科室名称”和“患者姓名”字段，使用“汇总”命令，将“科室名称”字段的“总计”行选“Group By”，“患者姓名”字段的“总计”行选“计数”。设置界面如图 4-32 所示。

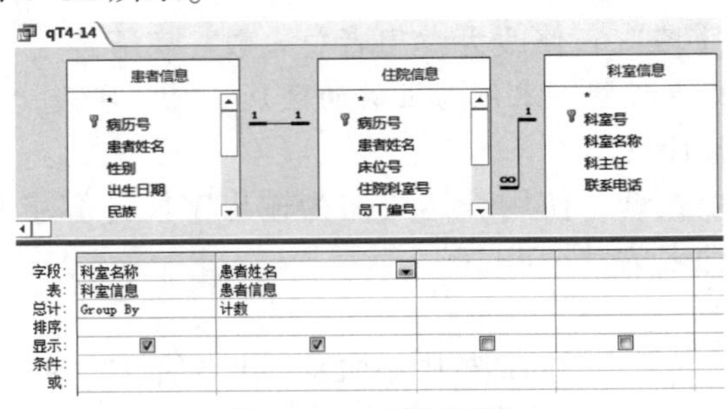

图 4-32 设置界面

4.3.2 交叉表查询

使用查询设计视图，可以基于多个表创建交叉表查询。用交叉表查询的设计需要通过观察查询运行结果的行标题、列标题和交叉位置的计算方式来确定查询所用的数据源、可用字段、列标题、交叉点的字段与函数。

【例 4-15】 创建一个查询，查找医院各科室的患者各性别的人数，所建查询保存为"qT4-15"。

此例与**【例 4-3】**用查询向导创建的查询类似，可以对照参考。

操作步骤：

（1）新建一查询，进入查询设计视图，选择"显示表"对话框"表"的列表框中"患者信息""科室信息"和"住院信息"，单击"添加"命令按钮，然后单击"显示表"对话框的"关闭"命令按钮。单击"保存"按钮，将查询保存为"qT4-15"。

（2）在"查询工具/设计"选项卡中单击"查询类型"中的"交叉表"，此时在"总计"行下方新增"交叉表"行。

（3）"字段"行添加"科室名称""性别"和"患者姓名"字段。将"科室名称"字段的"总计"行选"Group By"、"交叉表"行选"行标题"；"性别"字段"总计"行选"Group By"、"交叉表"行选"列标题"；"患者姓名"字段的"总计"行选"计数"、"交叉表"行选"值"。

（4）运行查询或数据表视图查看查询结果，如图 4-33 所示。

qT4-15

科室名称	男	女
儿科	2	3
妇科	1	4
肝胆外科	1	4
甲状腺外科	2	2
泌尿外科	1	2
乳腺外科	3	
胃肠外科	3	2
消化内科	2	3
心血管内科	4	1

记录: 第 1 项(共 9 项) 无筛选器

图 4-33 运行查询结果

提示：交叉表查询是对表中数据字段进行汇总计算的一种方法，计算的结果显示在一个行列交叉的表中。这类查询将表中的字段进行分类，一类放在交叉表的左侧，一类放在交叉表的上部，然后在行与列的交叉处显示表中某个字段的统计值。

4.3.3 参数查询

参数查询不是一个单独种类的查询，而是扩展了查询的灵活性，可以让用户以交互方式指定一个或多个条件值的查询。当运行一个参数查询时，Access 会显示对话框，提示用户输入新的数据作为查询条件。

在查询中使用参数与创建使用条件的查询一样简单，可以设计提示输入一段信息的查询，也可以设计提示输入多段信息（如两个日期）的查询。对于每个参数，参数查询都显示一个单独的对话框，提示输入该参数的值。

创建一个选择查询，然后在设计视图中修改该查询。在要应用参数的字段的"条件"

行中，键入希望该参数对话框显示的文本，并用方括号“[ ]”括起来，方括号中的内容即为查询运行时出现在“输入参数值”对话框中的提示文本。

【例 4-16】创建一个查询，当运行该查询时，屏幕上显示提示信息“请输入最小住院天数”，输入要比较的天数数字后，该查询查找住院天数大于等于输入值的“患者姓名”“入院时间”“出院时间”和“住院天数”，并按住院天数升序排序，所建查询保存为“qT4-16”。

操作步骤：

（1）新建查询，进入查询设计视图，选择“显示表”对话框“表”列表框中的“住院信息”，单击“添加”命令按钮，然后单击“显示表”对话框的“关闭”命令按钮。单击“保存”按钮，将查询保存为“qT4-16”。

（2）“字段”行添加“患者姓名”“入院时间”“出院时间”和“住院天数”，在“住院天数”的“排序”行选中“升序”，在“住院天数”的“条件”行输入“>= [请输入最小住院天数]”，如图 4-34 所示。

（3）运行查询，弹出“输入参数值”对话框，如图 4-35 所示。

（4）在“输入参数值”对话框的文本框输入数字（比如 9），单击“确定”命令按钮即可查看住院天数大于等于输入值的字段信息。

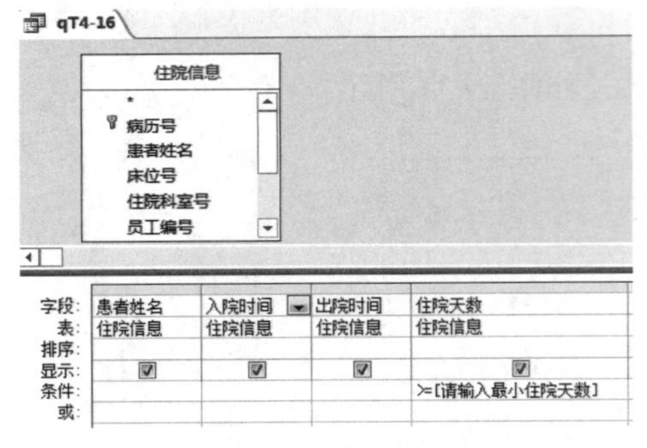

图 4-34　设置界面

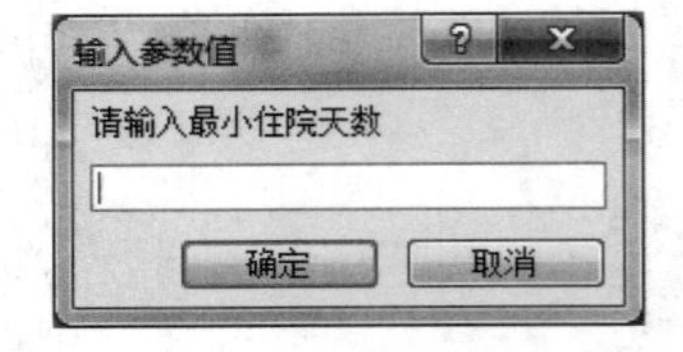

图 4-35　“输入参数值”对话框

【例 4-17】创建一个查询，当运行该查询时，屏幕上显示提示信息“请输入最早入院时间”，再显示提示信息“请输入最小住院天数”和“请输入最多住院天数”，输入要比较的日期、天数数字后，该查询查找入院时间在输入值之后且住院天数介于输入最大值和最小值之间的“患者姓名”“入院时间”“出院时间”“住院天数”，并按住院天数升序排序，所建查询保存为“qT4-17”。

操作要点 1：在“入院时间”的“条件”行输入“>= [请输入最早入院时间]”。

操作要点 2：在“住院天数”的“条件”行输入“>= [请输入最小住院天数] And <= [请输入最多住院天数]”（或是输入“Between [请输入最小住院天数] And [请输入最多住院天数]”）。

在执行多参数查询时，需要依次输入多个参数值。

提示：设置参数查询的多数设计类似于设置选择查询。可以使用查询向导，先从使用的表和字段开始设置，然后在查询设计视图中添加参数查询等查询条件。也可以直接在查询设计视图中设置表、字段和查询条件。

4.4　操作查询

操作查询用于对数据库进行数据管理操作，操作查询不像选择查询那样只是查看、浏览满足检索条件的记录，而是可以对满足条件的记录进行增加、删除和修改等操作。

操作查询包括生成表查询、更新查询、追加查询和删除查询。操作查询会引起数据库中数据的增删改，因此，一般先对数据库进行备份后再运行操作查询。

如果需要基于选择的一组数据生成新表，或者要将两个表合并成一张新表，那么可以使用生成表查询。如果需要更改现有记录集中的数据，如更新某个字段的值，那么可以使用更新查询。如果使用来自其他源的数据将新记录添加到现有表，那么可以使用追加查询。

说明：本节的操作查询操作，先用生成表查询生成一张新表“pNew”，之后再对其做追加查询和删除查询操作。更新查询数据源使用数据库中已有的多张表。

4.4.1　生成表查询

生成表查询是利用从一个或多个表中提取的数据来创建新表的一种查询，这种由表产生的查询，再由查询来生成表的方法，使得数据的组织更加灵活、方便。生成表查询所创建的表继承源表的字段数据类型，但并不继承源表的字段属性及主键设置。

【例4-18】 创建查询，运行该查询后生成一张新表，表名为“pNew”，表结构包括“病历号”“患者姓名”“性别”“出生日期”“入院时间”“实收金额”6个字段，表内容为1960年1月1日之前的患者，并按患者姓名升序排序，所建查询保存为“qT4-18”。要求运行该查询，并查看运行结果。

操作步骤：

（1）单击“创建”选项卡，在“查询”组选择“查询设计”按钮，在打开的“显示表”对话框中添加“患者信息”表、“住院信息”表和“收费信息”表，关闭“显示表”对话框。单击“保存”按钮，将查询保存为“qT4-18”。

（2）添加“病历号”“患者姓名”“性别”“出生日期”“入院时间”和“实收金额”字段到“字段”行，在“出生日期”的“条件”行中输入“<#1960/1/1#”，“患者姓名”的“排序”行选中“升序”。

（3）单击“查询类型”组中的“生成表”命令，如图4-36所示，在弹出的对话框中“表名称（N）”的文本框中输入新生成表的名称“pNew”，如图4-37所示。

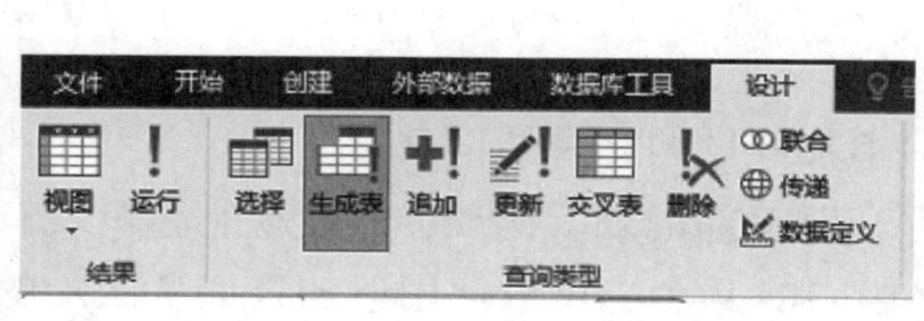

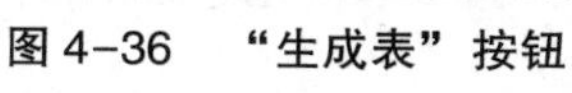
图4-36　“生成表”按钮

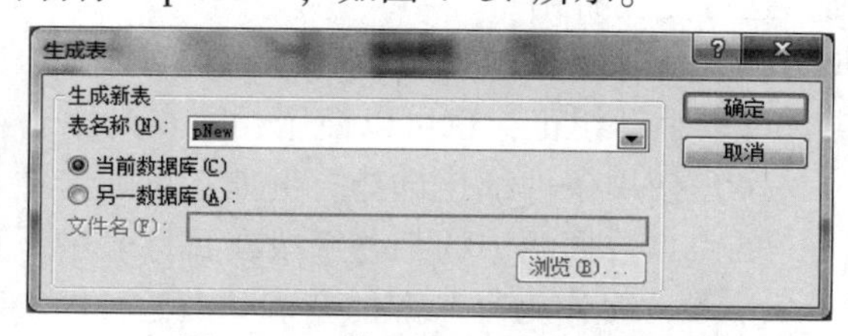

图4-37　填写查询生成表的表名

（4）运行查询，弹出对话框“您正准备向新表粘贴13行”，如图4-38所示，单击“是”命令按钮。在“表”对象列表中可以查看“pNew”表，如图4-39所示。

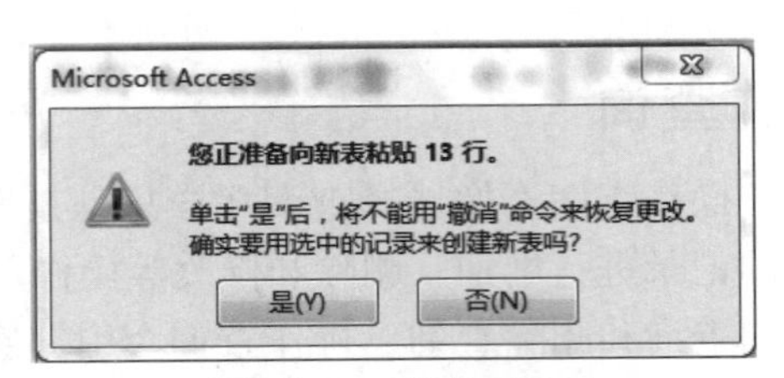

图 4-38　弹出对话框

所有 Access 对象
搜索...
表
pNew

图 4-39　查看新生成的表

4.4.2　更新查询

使用更新查询可以添加、更改或删除一条或多条现有记录中的数据。可以将更新查询视为一种强大的“查找和替换”对话框形式。与“查找和替换”对话框相似的是，更新查询允许指定要替换的值或指定要用作替代内容的值；两者不同的是，更新查询允许使用与要替换的值无关的条件、一次更新大量记录、同时更改多个表中的记录。

必须按照两个主要步骤来创建和运行更新查询：①创建用于找出要更新的记录的选择查询；②将该查询转换为可运行的更新查询来更新记录。

提示：运行更新查询之前，可能需要备份数据库。由于更新查询的结果无法撤销，因此，请先进行备份，这可确保在改变主意时能够撤销更改。

【例 4-19】 创建一个查询，将 1960 年 1 月 1 日之前出生患者的“实收金额”打 9 折，所建查询保存为“qT4-19”。要求运行该查询，并查看运行结果。

操作要点 1：在“查询工具/设计”选项卡中的“查询类型”命令组中单击“更新”命令按钮，查询设计视图新增“更新到”行。

操作要点 2：在“出生日期”字段的“条件”行输入条件“<#1960/1/1#”，在“实收金额”字段的“更新到”行输入欲更新的内容“［实收金额］* 0. 9”。

比较异同：同样的更新要求，用在“pNew”表，与本例有哪些异同？

4.4.3　追加查询

追加查询从一个或多个数据源中选择记录，并将选中的记录复制到现有表。使用追加查询可以带来以下好处：

（1）一次追加多条记录。如果手动复制数据，那么必须执行多次复制/粘贴操作。如果使用查询，只需一次性选择所有数据，然后复制即可。

（2）复制之前查询选择的数据。复制数据之前，可以在数据表视图中查看选择的内容，并根据需要进行调整。如果查询包含条件或表达式，并且需要多次尝试才能使之正确，这可能更有用。

（3）无法撤消追加查询。如果操作有误，那么必须从备份还原数据库，或者纠正错误，可以手动纠正，也可以使用删除查询。

（4）使用条件细化选择。例如，可能希望只追加同城的客户的记录。

（5）当数据源中的某些字段在目标表中不存在时追加记录。例如，假设现有客户表有 11 个字段，要作为复制源的新表只有这 11 个字段中的 9 个，可以使用追加查询从匹配的 9 个字段中复制数据，而将其他 2 个字段留空。

【例 4-20】 创建追加查询，运行该查询后把结果追加进 **【例 4-18】** 生成的表“pNew”，表结构包括“病历号”“患者姓名”“性别”“出生日期”“入院时间”和“实收金额”字段，表内容为 1960 年（含）至 1970 年出生的患者，所建查询保存为“qT4-

20”。要求运行该查询，并查看运行结果。

操作要点：单击“查询类型”组中的“追加”命令，在弹出的“追加”对话框“追加到表名称（N）”文本框中输入“pNew”，如图 4-40 所示。

图 4-40　“追加”对话框

4.4.4　删除查询

删除查询可以从一个或多个表中删除符合条件的记录。如果删除的记录来自多个表，必须已经定义好相关表间的关系，并且在“关系”对话框中选中“实施参照完整性”复选框和“级联删除相关记录”复选框，这样就可以在相关联的表中删除记录了。如果要成批删除记录，使用删除查询比在表中删除记录的效率更高。

需要注意的是，删除查询将永久删除指定表中的记录，并且无法恢复，因此在运行删除查询时要慎重，最好对要删除记录所在的表进行备份，以防止由于误操作而引起数据丢失。

【例 4-21】 创建删除查询，运行该查询后删除 **【例 4-18】** 的“pNew”表中 1960 年（含）至 1970 年出生的患者，所建查询保存为“qT4-21”。要求运行该查询，并查看运行结果。

操作要点 1：单击“查询类型”组“删除”命令，查询设计视图新增“删除”行。

操作要点 2：左键双击“pNew”字段列表中的“*”，在“删除”行中会自动显示“From”，表示即将删除的是“pNew”表中的记录。

操作要点 3：双击（或在“字段”行选择第 2 列）“出生日期”，在“删除”行中会自动显示“Where”，表示要删除哪些记录。在“出生日期”的“条件”行输入“>=#1960/1/1# And <#1970/1/1#”。

运行查询。（观察“pNew”表在运行查询前后记录的变化）

4.5　SQL 查询

结构化查询语言（Structured Query Language，SQL）是通用的关系数据库标准语言，可以用来执行数据查询、数据定义、数据操纵和数据控制等操作。SQL 结构简单、功能强大，在关系数据库中得到广泛的应用，目前流行的关系数据库管理系统都支持 SQL。在 Access 中，也可以应用 SQL 语句来实现数据查询和数据管理。

有一些特定的 SQL 查询无法使用查询设计视图进行创建，而必须使用 SQL 语句创建。这类查询主要有 3 种类型：传递查询、数据定义查询和联合查询。

4.5.1　SQL 语句简介

1. SQL 语言发展概述

在 20 世纪 70 年代初，由 IBM 公司的 San Jose、California 研究实验室的埃德加 · 科德提出将数据组成表格的应用原则（Codd's Relational Algebra）。

1974 年，同一实验室的 D. D. Chamberlin 和 R. F. Boyce 对 Codd's Relational Algebra 在研制关系数据库管理系统 System R 中，研制出一套规范语言——SEQUEL（Structured English Query Language），并在 1976 年 11 月的 IBM Journal of R&D 上公布新版本的 SQL（称 SEQUEL/2）。1980 年其改名为 SQL。

1986 年 10 月，美国 ANSI 采用 SQL 作为关系数据库管理系统的标准语言（ANSI X3. 135—1986），后为国际标准化组织（ISO）采纳为国际标准。

1989 年，美国 ANSI 采纳在 ANSI X3. 135—1989 报告中定义的关系数据库管理系统的 SQL 标准语言，称之为 ANSI SQL 89，该标准替代 ANSI X3. 135—1986 版本。

2. SQL 语言特点

SQL 的核心部分相当于关系代数，但又具有关系代数所没有的许多特点，如聚集、数据库更新等。它是一个综合的、通用的、功能极强的关系数据库语言。其特点是：

（1）数据描述、操纵、控制等功能一体化。

（2）两种使用方式，统一的语法结构。SQL 有两种使用方式：一种是联机交互使用，这种方式下的 SQL 实际上是作为自含型语言使用的；另一种方式是嵌入到某种高级程序设计语言（如 C 语言等）中去使用。前一种方式适合于非计算机专业人员使用，后一种方式适合于专业计算机人员使用，尽管两种使用方式不同，但其所用语言的语法结构基本上是一致的。

（3）高度非过程化。SQL 是一种第四代语言（4GL），用户只需要提出“干什么”，无须具体指明“怎么干”，存取路径选择和具体处理操作等均由系统自动完成。

（4）语言简洁，易学易用。尽管 SQL 的功能很强，但语言十分简洁，核心功能只用了 9 个动词。SQL 的语法接近英语口语，所以，用户很容易学习和使用。

3. SQL 语言功能

SQL 具有数据定义、数据操纵和数据控制功能。

（1）数据定义功能：能够定义数据库的三级模式结构，即外模式、全局模式和内模式结构。在 SQL 中，外模式又称视图（View）；全局模式简称模式（Schema）；内模式由系统根据数据库模式自动实现，一般无须用户操作。

（2）数据操纵功能：包括对基本表和视图的数据插入、删除和修改，特别是具有很强的数据查询功能。

（3）数据控制功能：主要是对用户的访问权限加以控制，以保证系统的安全性。

4. SQL 语言结构

SQL 包含 6 个部分：

（1）数据查询语言（Data Query Language，DQL）：其语句也称为“数据检索语句”，用以从表中获得数据，确定数据怎样在应用程序给出。保留字 SELECT 是 DQL（也是所有 SQL）用得最多的动词，其他 DQL 常用的保留字有 WHERE，ORDER BY，GROUP BY 和 HAVING。这些 DQL 保留字常与其他类型的 SQL 语句一起使用。

（2）数据操作语言（Data Manipulation Language，DML）：其语句包括动词 INSERT、UPDATE 和 DELETE，它们分别用于添加、修改和删除数据。

（3）事务控制语言（TCL）：它的语句能确保被 DML 语句影响的表的所有行及时得以

更新，包括 COMMIT（提交）命令、SAVEPOINT（保存点）命令、ROLLBACK（回滚）命令。

（4）数据控制语言（DCL）：它的语句通过 GRANT 或 REVOKE 实现权限控制，确定单个用户和用户组对数据库对象的访问。某些 RDBMS 可用 GRANT 或 REVOKE 控制对表单个列的访问。

（5）数据定义语言（DDL）：其语句包括动词 CREATE，ALTER 和 DROP，用于在数据库中创建新表或修改、删除表（CREAT TABLE 或 DROP TABLE），为表加入索引等。

（6）指针控制语言（CCL）：它的语句包括 DECLARE CURSOR，FETCH INTO 和 UPDATE WHERE CURRENT，用于对一个或多个表单独行的操作。

5. 数据查询语言 SELECT 简介

若要使用 SQL 描述一组数据，可以编写 SELECT 语句。SELECT 语句包含想要从数据库中获取的数据集的完整说明。这其中包括：哪些表包含数据；如何关联来自不同数据源的数据；计算哪个或哪些字段将生成数据；数据必须匹配要包含的条件；是否以及如何对结果进行排序。

SQL 数据查询通过 SELECT 语句实现。SELECT 语句语法格式为：

SELECT [ALL | DISTINCT | TOP n]

[<别名>.] <选项> [AS <显示列名>] [, [<别名. >] <选项> [AS <显示列名>…]]

FROM <表名 1> [<别名 1>] [, <表名 2> [<别名 2>…]]

[WHERE <条件>]

[GROUP BY <分组选项 1> [, <分组选项 2>…]] [HAVING <分组条件>]

[UNION [ALL] SELECT 语句]

[ORDER BY <排序选项 1> [ASC | DESC] [, <排序选项 2> [ASC | DESC] …]]

以上格式中的“< >”中的内容是必选的，“[ ]”中的内容是可选的，“|”表示多个选项中只能选其中之一。

4.5.2 SQL 视图与 SQL 查询

在 Access 中，使用查询设计视图窗口建立查询非常直观、方便，而且在设计视图设计查询过程可以切换到“SQL 视图”查看 SQL 语句，初学者使用此种办法学习 SQL 非常便捷、有效。从 SQL 的通用性和在数据库中的核心地位上看，学习 SQL 也是学习其他大型数据库的基础。

【例 4-22】 用查询的“设计视图”创建一个查询，查找“患者信息”表中的“患者姓名”和“性别”两列信息；切换到“SQL 视图”，查看 SQL 语句；在“SQL 视图”为查询输出字段新增“出生日期”，所建查询命名为“qT4-22”。

操作步骤：

（1）新建查询，在“显示表”对话框中添加表“患者信息”，并关闭“显示表”对话框。单击“保存”按钮，将查询保存为“qT4-22”。

（2）在“字段”行添加“患者姓名”和“性别”。

（3）在设计视图单击鼠标右键选中“SQL 视图”命令（或点击“查询工具/设计”选项卡中“视图”中的“SQL 视图”命令），即切换到 SQL 视图，如图 4-41 所示。

```
SELECT 患者信息.患者姓名, 患者信息.性别
FROM 患者信息;
```

图 4-41　SQL 视图

此时可以看到：

第一行，“SELECT 患者信息.患者姓名，患者信息.性别”即“SELECT”子句，输出的字段“患者信息.患者姓名”即“患者信息”表的“患者姓名”字段，输出的两个字段之间用“,”（注意是英文的逗号，SQL 语句中表示格式的符号都应该是英文符号）分隔。

第二行，“FROM 患者信息;”即“FROM”子句，列出的表中含有 SELECT 子句中列出的字段，即查询的数据源“患者信息”表，SQL 语句末尾的“;”（与第 1 行的“,”类似，都是英文符号）是 SQL 语句结束符号。

（4）在“SQL 视图”第一行的两个字段的后面，输入“,患者信息. 出生日期”，如图 4-42 所示。

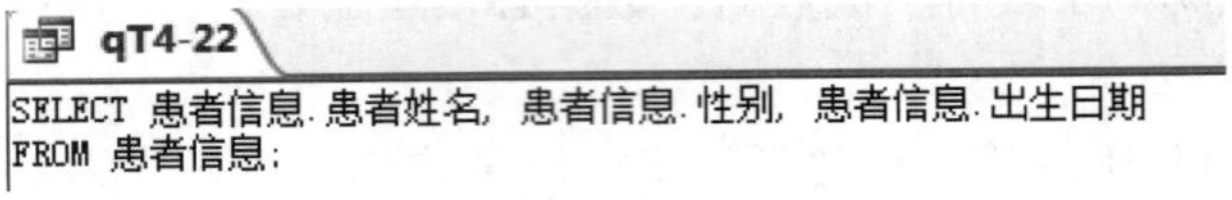

```
SELECT 患者信息.患者姓名, 患者信息.性别, 患者信息.出生日期
FROM 患者信息;
```

图 4-42　修改 SQL 语句

（5）切换到“设计视图”。效果与步骤 2 在“设计视图”添加的字段完全类似。

（6）运行查询，查看查询结果。

请打开**【例 4-4】**用设计视图创建的查询，比较其与本例的异同点。

说明：在查询设计视图设计查询的过程中，在查询设计器上点击鼠标右键查看“SQL 视图”的变化，注意观察查询设计器中的变化在“SQL 视图”中对应出现的 SQL 命令。

【例 4-23】用查询的“SQL 视图”创建一个查询，查找“患者信息”表中的“患者姓名”“性别”和“出生日期”三列信息，要求 1970 年 1 月 1 日以后出生的女性患者信息，按出生日期升序排列，所建查询命名为“qT4-24”。

操作步骤省略。

4.5.3　SQL 特定查询

SQL 特定查询主要包括联合查询、传递查询、数据定义查询。

1. 联合查询

联合查询可合并多个相似的选择查询的结果集。

例如，假设有两个表，一个用于存储有关客户的信息，另一个用于存储有关供应商的信息，并且这两个表之间不存在任何关系。又假设这两个表都有一些存储联系人信息的字段，而希望同时查看这两个表中的所有联系人信息。

可以为每个表都创建一个选择查询（选择查询：就表中存储的数据提出问题，然后在不更改数据的情况下以数据表的形式返回一个结果集），以便只检索包含联系人信息的那些字段，但返回的信息仍位于两个单独的位置。要将两个或多个选择查询的结果合并到一个结果集中，可以使用联合查询。

联合查询中合并的选择查询必须具有相同的输出字段数、采用相同的顺序并包含相同或兼容的数据类型。在运行联合查询时，来自每组相应字段中的数据将合并到一个输出字段中，这样查询输出所包含的字段数将与每个 SELECT 语句相同。

联合查询实际是将两个或更多个表或查询中的记录纵向合并成一个查询结果。数据合并（UNION）子句的格式为：［UNION［ALL］<SELECT 语句>］。

其中，ALL 表示结果全部合并。若没有 ALL，重复的记录被自动去掉。合并的规则如下：

（1）不能合并子查询的结果。

（2）两个 SELECT 语句必须输出同样的列数。

（3）两个表格相应列的数据类型必须相同，数字和字符不能合并。

（4）最后一个 SELECT 语句可以用 ORDER BY 子句，且排序选项须用数字说明。

联合查询是特定于 SQL 的。特定于 SQL 的查询不能在设计视图中显示，因此必须直接用 SQL 编写。

2. 传递查询

传递查询，即将查询命令直接发送到 SQL 数据库服务器（如 Microsoft SQL Server）中。使用传递查询可以直接操作和使用服务器中的表，而不需要将服务器中的表链接到本地的Access 数据库中。

SQL 传递查询主要用于以下几种情况：

（1）需要在后台服务器上运行的 SQL 语句。

（2）Access 对该 SQL 代码的支持效果不好，需发送一个优化格式到后端数据库。

（3）要连接存在于数据库服务器上的多个表。

3. 数据定义查询

数据定义语言（DDL）属于结构化查询语言（SQL）。可以通过在 SQL 视图中编写数据定义查询来创建和修改表、限制、索引和关系。和其他查询不同，数据定义查询不检索数据，而是使用数据定义语言创建、修改或删除数据库对象。数据定义查询非常方便，只需运行几次查询即可定期删除和重新创建部分数据库架构。如果熟悉 SQL 语句并计划删除和重新创建特殊的表、限制、索引或关系，可以考虑使用数据定义查询。

4.6 本章小结

本章首先介绍 Access 查询的功能、视图、类别、条件等基础知识，然后通过用查询向导创建查询来了解创建查询的基本步骤与操作要点，总结用设计视图创建查询的一般步骤，再通过由浅入深的一系列例题熟悉查询设计视图下的选择查询、特殊查询、操作查询等的常见操作。

第 5 章　窗体

本章导读

本章介绍窗体的基础知识和基本操作。窗体是进行 Access 数据库操作的用户界面，用于实现用户和数据库应用系统间的交互。学习中建议了解 Access 窗体的概念、功能、结构及类型，熟悉窗体的各类视图及工具的使用，掌握不同窗体的创建方法，掌握窗体及常用控件的设计方法。

【知识结构】

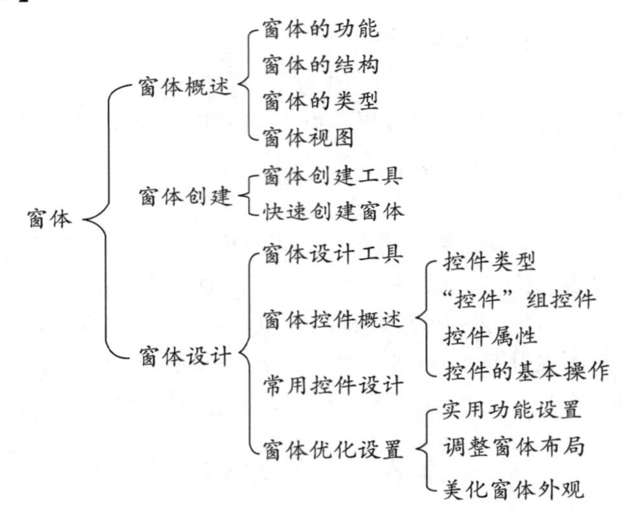

【学习重点】

窗体的结构、窗体视图、不同窗体的创建方法、窗体控件及其设计方法。

【学习难点】

窗体常用控件的设计。

5.1　窗体概述

一个良好的数据库应用系统不但要设计合理、满足用户需求，还应该有一个功能完善、界面友好、操作方便的用户界面。Access 数据库应用系统的用户界面是窗体，窗体是连接用户与 Access 数据库的桥梁，可以使用窗体来实现用户与数据库之间的数据交互。

5.1.1　窗体的功能

窗体是用户进行 Access 数据库操作的主要操作界面，其功能主要有：

（1）输入、显示和编辑数据。窗体作为用户进行 Access 数据库操作的窗口，起到了数据传递的桥梁作用，用户可以通过窗体实现数据库数据的输入、显示和编辑等操作。

（2）应用程序功能控制。用户可以通过窗体中的控件向数据库发出各种操作命令（例如：打开窗体、运行查询、打印报表等），从而实现应用程序的流程控制。

5.1.2　窗体的结构

一个完整的窗体由五部分组成：窗体页眉、页面页眉、主体、页面页脚和窗体页脚，如图 5-1 所示。窗体中的每一部分被称为一个“节”，其中，主体节是必不可少的，其他节可根据需要选择显示或隐藏。

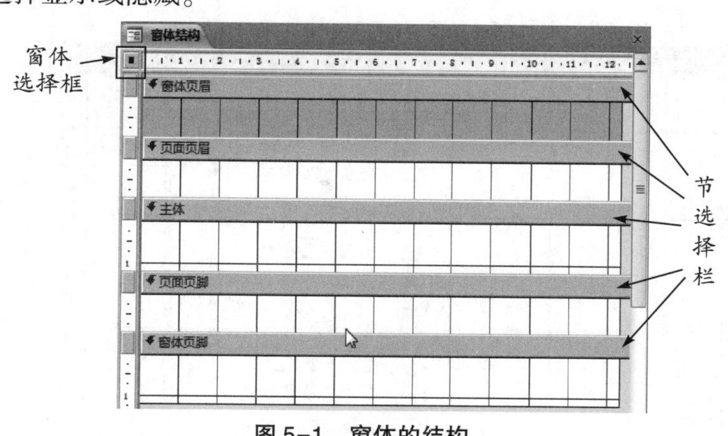

图 5-1　窗体的结构

1. 节的用途

窗体中的每个节都有特定的用途，将同一控件放置在不同节中，会有不同的显示效果。各节的用途及显示位置如表 5-1 所示。

表 5-1　窗体各节的用途及显示位置

节名称	用途	显示位置
窗体页眉	可用于显示对每条记录都一样的信息，如窗体标题	编辑时出现在设计视图的顶部位置，打印时出现在首页的顶部
页面页眉	可用于显示每一页都一样的信息，如列标题	只出现在打印窗体中，打印时出现在每张打印页的顶部
主体	显示记录，可以在屏幕或页上显示一条记录或多条记录	一般出现在设计视图的中间位置
页面页脚	可用于显示在每个打印页的底部信息，如日期或页码	只出现在打印窗体中，打印时出现在每张打印页的底部
窗体页脚	可用于显示对每条记录都一样的信息，如有关使用窗体的指导	编辑时出现在设计视图的底部，打印时出现在最后一张打印页的最后一个明细节之后

2. 节的基本操作

默认情况下，窗体中只显示主体节，用户可根据操作需求显示（或隐藏）其他的节，或者调整节的尺寸大小。

（1）节的显示或隐藏。

如果需要显示其他节，可以在窗体空白区域右击，然后在弹出的快捷菜单（见图 5-2）中选择“窗体页眉/页脚”选项或“页面页眉/页脚”选项。当选项左侧图标为选中（高亮）状态时，表示该节正在显示，否则为隐藏。图 5-2 所示的快捷菜单中，“页面页眉/页脚”选项被选中，窗体中显示了页面页眉节和页面页脚节。如果再次单击快捷菜单中的“页面页眉/页脚”选项，这两个节将被隐藏。

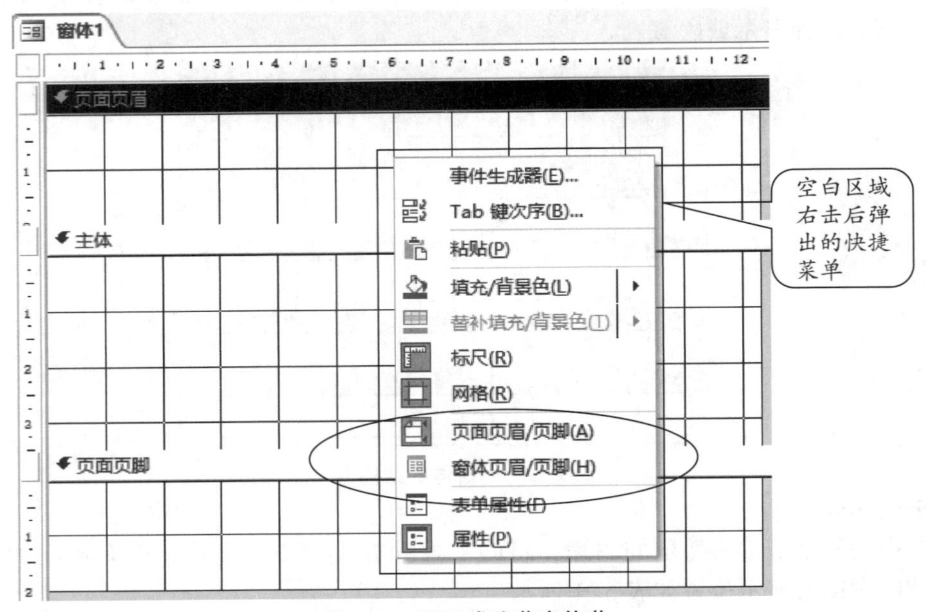

图 5-2　显示或隐藏窗体节

（2）节的选择。

在对节进行具体设置前，需要首先选中节。选择节的操作方法有很多种，以下是两种常用的方法：

1）通过在窗体中直接单击选择。

单击窗体中的某个节选择栏即可快速选中该节（见图 5-1）。可以通过节选择栏的颜色是否为黑色来判别某个节有没有被选中（见图 5-2，当前选中的是“页面页眉”节）。如果需要选中整个窗体，则单击窗体左上角的窗体选择框（见图 5-1），当框中出现 1 个黑色小矩形时，表示窗体已被选中。

2）通过“属性表”窗格选择。

单击“设计”选项卡中的“属性表”按钮，可以打开“属性表”窗格，如图 5-3 所示。“属性表”窗格提供给用户选择某个对象或精确设置对象的属性值，单击窗格右上侧的向下箭头按钮（⌄）时，将列出该窗体所包含的所有对象名称；选择列表中的选项，相当于选择窗体中的相应对象（图 5-3 表示当前选中的是“页面页眉”节）。

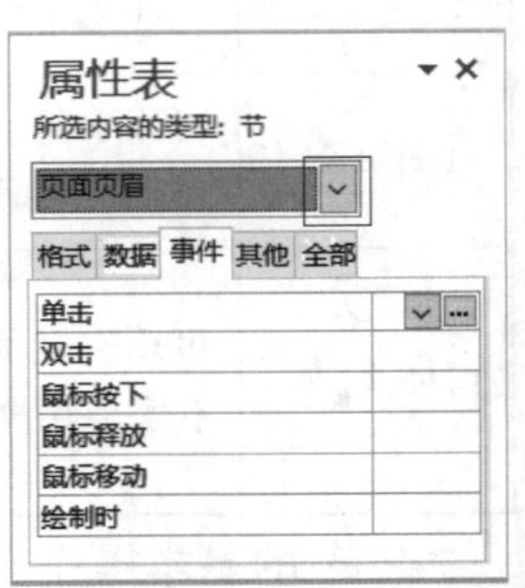

图 5-3　通过“属性表”窗格选择对象

（3）调整节的宽度或高度。

窗体创建完成后，节的宽度或高度一般被默认设置为某个指定的值，但后续用户可以根据操作需求来进行调整。调整的方法主要有以下两种，其中使用鼠标的操作方法比较快捷、直观，但如果需要精准设置，则推荐使用第二种方法。

1）通过鼠标拖曳直接调整。

操作方法：把鼠标指针移至窗体右侧边框线上（调整节的宽度）或节选择栏的上边框线上（调整节的高度），此时鼠标指针会变成十字并带有水平/垂直双向箭头，按下鼠标左键拖动边框线至合适尺寸后松手。

2）通过修改属性值调整。

操作方法：打开“属性表”窗格，选中需要调整的对象，找到“宽度”或“高度”属性，修改属性值。

5.1.3 窗体的类型

Access 为用户提供了多种窗体类型，可用于不同的数据使用场景。如果按照窗体中数据的显示方式来划分，窗体可分为纵栏式、表格式等 5 种类型。

1. 纵栏式窗体

纵栏式窗体又称单个项目窗体，在窗体中只显示一条记录的数据，如图 5-4 所示。纵栏式窗体可通过“创建”选项卡中的“窗体”工具按钮来创建。

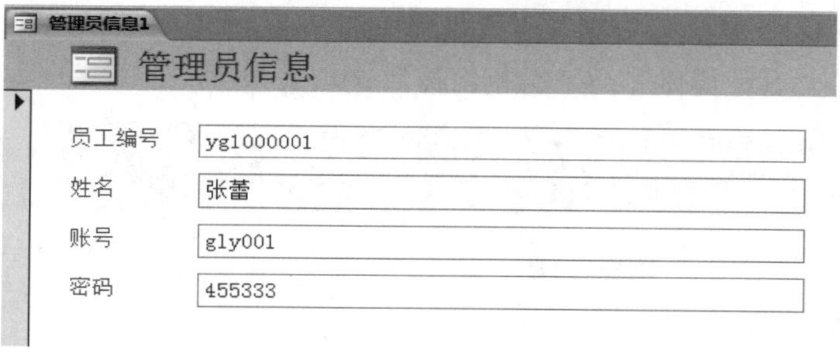

管理员信息1

管理员信息

员工编号	yg1000001
姓名	张蕾
账号	gly001
密码	455333

图 5-4 纵栏式窗体

2. 表格式窗体

表格式窗体又称多个项目窗体，在窗体中以表格方式显示多条记录，如图 5-5 所示。表格式窗体可通过“创建”选项卡→“其他窗体”→“多个项目”选项来创建。

管理员信息2

管理员信息

员工编号	姓名	账号	密码
yg1000001	张蕾	gly001	455333
yg2000002	李朋	gly002	222355
yg3000003	戴飞	gly003	764444
yg4000004	李萌萌	gly004	746454
yg5000005	姚亮	gly005	334556
yg6000006	刘凯	gly006	635333
yg7000007	王鹏通	gly007	754344
yg8000008	张敏	gly008	856535
yg9000009	熊建军	gly009	345566

图 5-5 表格式窗体

3. 数据表窗体

数据表窗体的效果类似于表或查询的数据表视图，在窗体中以二维表的方式显示多条记录，如图 5-6 所示。数据表窗体通常被用作子窗体，可通过“创建”选项卡→“其他窗体”→“数据表”选项来创建。

管理员信息3

员工编号	姓名	账号	密码
yg1000001	张蕾	gly001	455333
yg2000002	李朋	gly002	222355
yg3000003	戴飞	gly003	764444
yg4000004	李萌萌	gly004	746454
yg5000005	姚亮	gly005	334556
yg6000006	刘凯	gly006	635333
yg7000007	王鹏通	gly007	754344
yg8000008	张敏	gly008	856535
yg9000009	熊建军	gly009	345566

图 5-6　数据表窗体

4. 分割窗体

分割窗体是纵栏式窗体和数据表窗体的组合。窗体由上、下两部分组成，上部分以纵栏式显示单条记录，下部分以数据表方式显示全部记录，如图 5-7 所示。分割窗体可通过“创建”选项卡→“其他窗体”→“分割窗体”选项来创建。

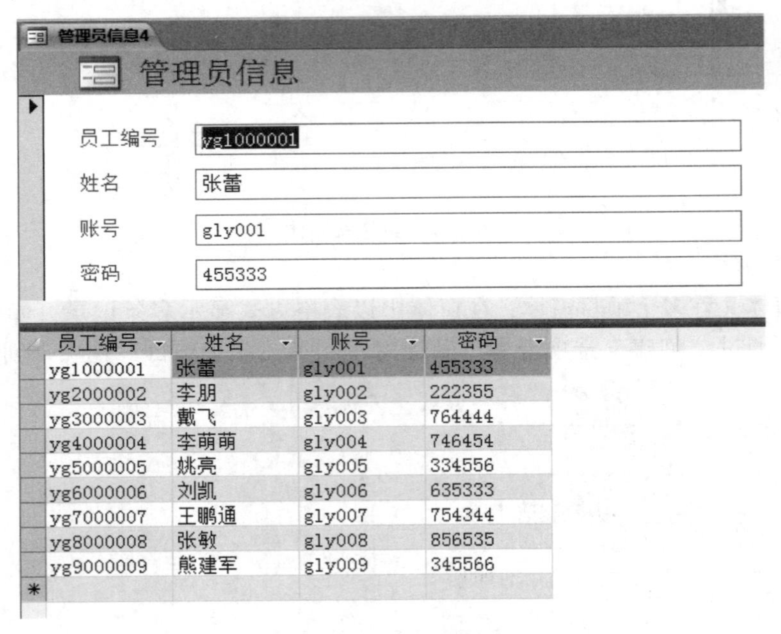

员工编号	姓名	账号	密码
yg1000001	张蕾	gly001	455333
yg2000002	李朋	gly002	222355
yg3000003	戴飞	gly003	764444
yg4000004	李萌萌	gly004	746454
yg5000005	姚亮	gly005	334556
yg6000006	刘凯	gly006	635333
yg7000007	王鹏通	gly007	754344
yg8000008	张敏	gly008	856535
yg9000009	熊建军	gly009	345566

图 5-7　分割窗体

5. 主/子窗体

在 Access 中，某个窗体中还可以嵌入其他窗体。其中，包含其他窗体的窗体称为主窗体，被包含的窗体称为子窗体。主/子窗体可以用于显示来自多个数据源的数据，如图 5-8 所示。主/子窗体可以通过“创建”选项卡→“窗体向导”工具按钮快速创建，也可以通过在窗体中添加“子窗体”控件来创建。

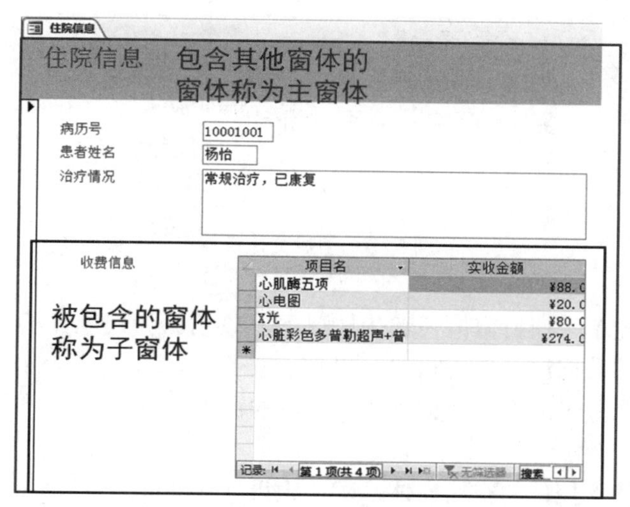

图5-8　主/子窗体

5.1.4　窗体视图

Access 窗体与其他 Access 数据库对象一样，具有多个视图，不同的视图提供了不同的操作界面。一般情况下，窗体具有以下4种视图：

1. 设计视图

设计视图用于窗体界面的详细设计，可以清楚看到窗体各节的组成情况。在该视图中，可以显示或隐藏窗体节，也可以创建或编辑窗体控件。

2. 窗体视图

窗体视图是窗体的运行界面。在该视图中，只能查看窗体的运行效果，但不能对窗体进行修改。

3. 布局视图

布局视图同时具有设计视图和窗体视图的特点。在该视图中，既可以查看窗体的运行效果，又可以进行窗体的设计，一般用于窗体布局的调整。

4. 数据表视图

数据表视图类似于数据表，窗体中的数据以表格方式显示。在该视图中，用户可以查看、添加或修改表格中的数据，但不能对窗体进行修改。

5.2　窗体创建

窗体是进行 Access 数据库操作的主要窗口，因此创建窗体操作是 Access 数据库应用系统开发过程中必不可少的一个步骤。一般情况下，可以首先根据操作需求选择 Access 提供的智能化窗体创建工具来快速创建某种类型的窗体；接下来，再针对具体的应用需求，对所创建的窗体进行修饰和完善。

5.2.1　窗体创建工具

Access 2016 在“创建”选项卡的“窗体”组中给出了快速创建各种类型窗体的工具按钮，如图5-9所示。每个按钮的说明如下：

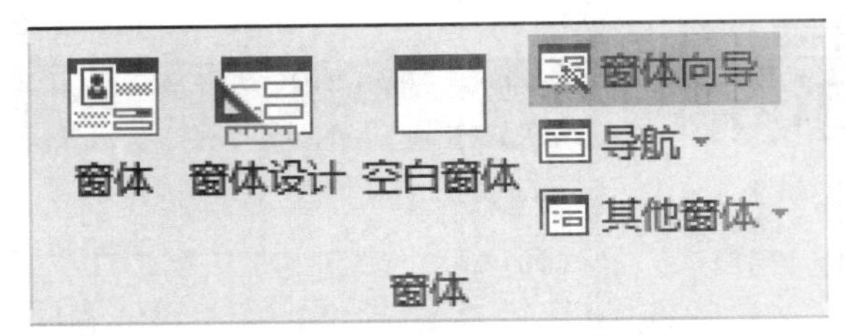

图 5-9 创建窗体工具

1. 窗体

该按钮用于创建单个项目窗体，默认情况下，该按钮为灰色（表示不可用），使用时必须先选择一个基础数据源（表/查询），此时，按钮变为黑色（表示可用），单击该按钮后，会自动生成一个基于所选择数据源所有字段的窗体。

2. 窗体设计

该按钮用于创建无控件的空白窗体，默认为设计视图。

3. 空白窗体

该按钮用于创建无控件的空白窗体，默认为布局视图。

4. 窗体向导

该按钮用于辅助用户创建简单且可自定义的窗体。

5. 导航

该按钮用于创建具有导航功能（如浏览其他表单和报表）的窗体。单击该选项会弹出一个子菜单，菜单中有“水平标签”“垂直标签，左侧”“垂直标签，右侧”“水平标签，2 级”“水平标签和垂直标签，左侧”“水平标签和垂直标签，右侧”6 种不同的标签位置供用户选择。

6. 其他窗体

该按钮用于创建其他类型的窗体。单击该选项会弹出一个子菜单，菜单中有“多个项目”“数据表”“分割窗体”“模式对话框”4 种选项供用户选择。

5.2.2 快速创建窗体

在实际系统开发过程中，往往先使用“窗体”组中的某个工具按钮快速生成一个初步的窗体，然后再根据实际需求针对该窗体进行进一步修饰和完善。下面通过几个实例介绍快速创建不同类型窗体的操作方法。

1. 使用“窗体”工具创建窗体

“窗体”工具按钮用于创建单个项目窗体（即窗体中只显示 1 条记录的数据），数据以纵栏式呈现。

【例 5-1】 在“医务管理系统”数据库中，创建如图 5-4 所示的“管理员信息”窗体。

操作步骤如下：

(1) 在数据库窗口，选择“管理员信息”表。

(2) 打开“创建”选项卡，单击“窗体”组中的“窗体”按钮，此时快速生成了一个窗体，并以布局视图显示“管理员信息”表中的第一条记录。

(3) 单击“保存”按钮，将窗体命名为“管理员信息 1”。

2. 使用“多个项目”工具创建窗体

“多个项目”工具按钮用于创建多个项目窗体（即窗体中同时显示多条记录的数据），数据以表格方式呈现。

【例5-2】在“医务管理系统”数据库中，创建如图5-5所示的“管理员信息”窗体。

操作步骤如下：

（1）在数据库窗口，选择“管理员信息”表。

（2）打开“创建”选项卡，单击“窗体”组中的“其他窗体”按钮，在出现的列表中选择“多个项目”选项，此时快速生成了一个窗体，并以布局视图显示“管理员信息”表中的全部记录。

（3）单击“保存”按钮，将窗体命名为“管理员信息2”。

3. 使用“数据表”工具创建窗体

“数据表”工具按钮用于创建类似于数据表的窗体，数据以数据表方式呈现。

【例5-3】在“医务管理系统”数据库中，创建如图5-6所示的“管理员信息”窗体。

操作步骤如下：

（1）在数据库窗口，选择“管理员信息”表。

（2）打开“创建”选项卡，单击“窗体”组中的“其他窗体”按钮，在出现的列表中选择“数据表”选项，此时快速生成了一个窗体，并以数据表视图显示“管理员信息”表中的全部记录。

（3）单击“保存”按钮，将窗体命名为“管理员信息3”。

4. 使用“分割窗体”工具创建窗体

“分割窗体”工具同时具有“窗体”和“多个项目”窗体工具的特点，用于创建由上、下两部分组成的窗体。其中上部分以纵栏式显示单条记录，下部分以数据表方式显示全部记录。

【例5-4】在“医务管理系统”数据库中，创建如图5-7所示的“管理员信息”窗体。

操作步骤如下：

（1）在数据库窗口，选择“管理员信息”表。

（2）打开“创建”选项卡，单击“窗体”组中的“其他窗体”按钮，在出现的列表中选择“分割窗体”选项，此时快速生成了一个由上、下两部分组成的窗体，并以布局视图显示“管理员信息”表中的记录。

（3）单击“保存”按钮，将窗体命名为“管理员信息4”。

5. 使用“窗体向导”工具创建窗体

“窗体向导”工具按钮用于辅助创建可自定义（如自定义显示内容、自定义查看方式或自定义外观布局等）的窗体。

【例5-5】在“医务管理系统”数据库中，创建如图5-8所示的“住院信息”窗体。

操作步骤如下：

（1）在数据库窗口，打开“创建”选项卡，单击“窗体”组中的“窗体向导”按钮，会弹出“窗体向导”窗口，如图 5-10 所示。

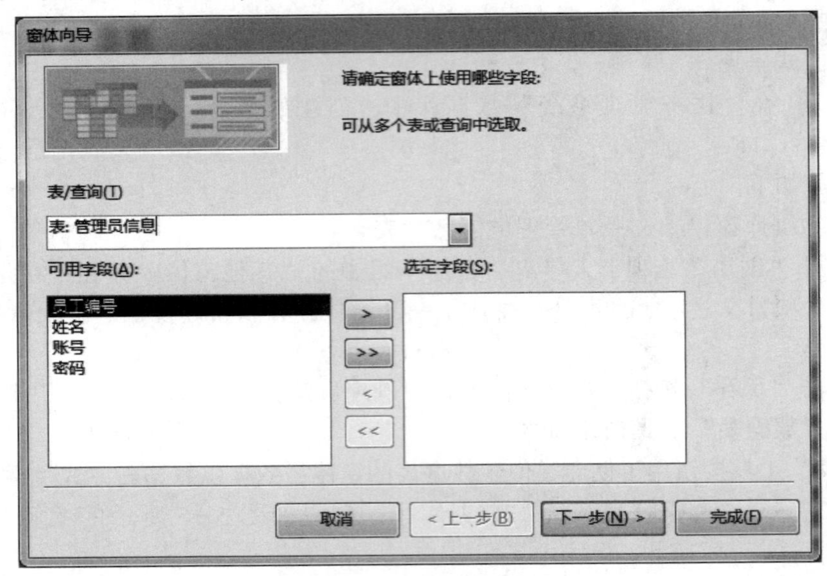

图 5-10　窗体向导

（2）向导第一步（确定显示字段）：在“表/查询”下拉列表中选择“表：住院信息”，此时“可用字段”列表框中将显示“住院信息”表的所有字段。在“可用字段”列表框中选择“病历号”，然后单击右侧的“ > ”按钮，将“病历号”添加到“选定字段”中；用同样的方法，将“患者姓名”和“治疗情况”两个字段添加到“选定字段”中；再次从“表/查询”下拉列表中选择“表：检查项目信息”，将“项目名”添加到“选定字段”中；从“表/查询”下拉列表中选择“表：收费信息”，将“实收金额”添加到“选定字段”中。添加好字段的界面如图 5-11 所示，完成后单击“下一步”。

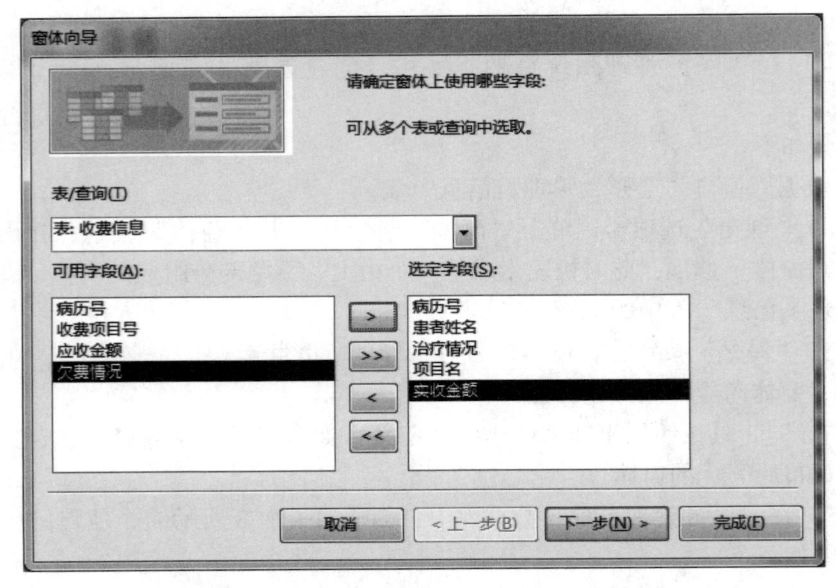

图 5-11　窗体向导第一步：确定显示字段

（3）向导第二步（确定查看数据方式）：保持默认值，如图 5-12 所示，单击“下一步”。

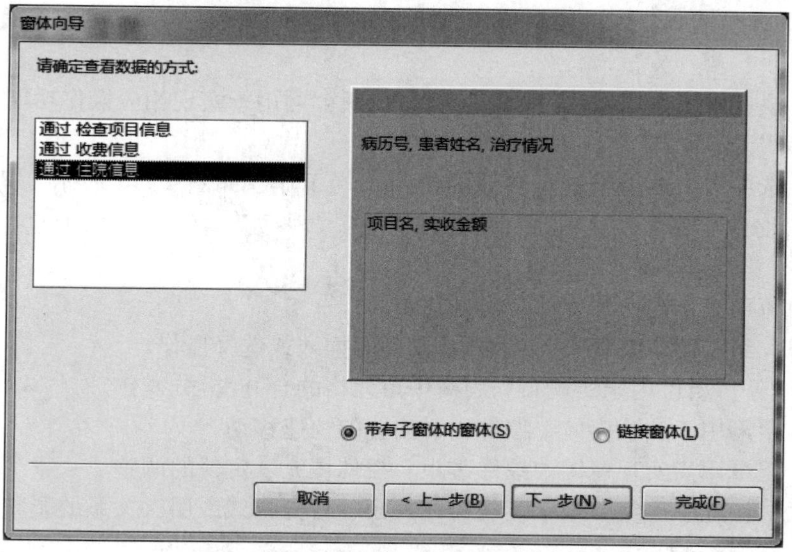

窗体向导
请确定查看数据的方式:
通过 检查项目信息
通过 收费信息
通过 住院信息
病历号, 患者姓名, 治疗情况
项目名, 实收金额
带有子窗体的窗体(S)
链接窗体(L)
取消
< 上一步(B)
下一步(N) >
完成(F)

图 5-12　窗体向导第二步：确定查看数据方式

（4）向导第三步（确定子窗体布局）：保持默认值（数据表），单击“下一步”。

（5）向导第四步（指定窗体标题）：保持默认值，单击“完成”。

5.3　窗体设计

快速生成的窗体往往形式比较固定，为了更好地满足用户的个性化需求，往往需要在初步创建好的窗体基础上进一步详细设计，例如：在窗体中添加、移动或者删除控件，修改控件属性值或编写控件的事件代码，窗体内容整体排列布局，窗体外观美化，等等。简单来说，窗体设计的过程可分为 3 个步骤：确定控件、设置属性、编写事件代码。本节将重点介绍窗体向导前两步操作中涉及的相关内容，代码编写部分放到第 8 章 VBA 编程中再详细介绍。

5.3.1　窗体设计工具

窗体设计过程中的很多时候都会用到窗体设计工具，为了方便用户使用设计工具，当切换到设计视图或布局视图时，Access 2016 菜单中会自动出现“窗体设计工具”选项卡，该选项卡由“设计”“排列”和“格式”3 个子选项卡组成。

1．“设计”选项卡

“设计”选项卡主要用于进行窗体的设计工作，如图 5-13 所示。其所提供的工具按钮按功能分为“视图”“主题”“控件”“页眉/页脚”“工具”5 个组。其中：

视图
主题
颜色
字体
ab|
Aa
xxxx
插入图像
徽标
标题
日期和时间
添加
现有字段
属性表
Tab 键次序
视图
主题
控件
页眉/页脚
工具

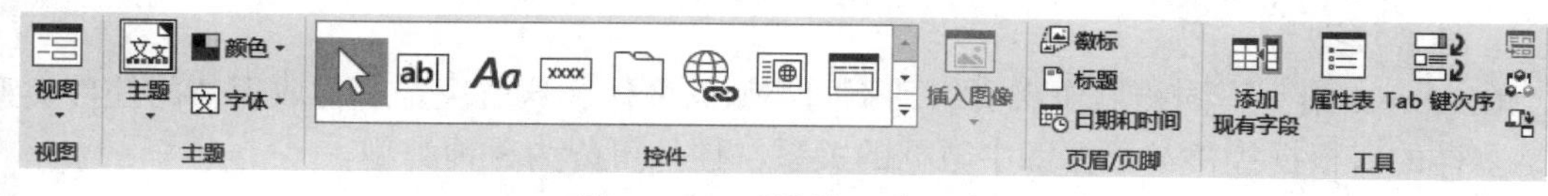

图 5-13　“设计”选项卡

“视图”组提供了视图选项，可用于切换不同的窗体视图。

“主题”组提供了一系列的主题样式，可用于快速设置窗体外观。

“控件”组提供了若干窗体控件按钮，可用于在窗体中添加控件。

“页眉/页脚”组提供了 3 个按钮，可用于在窗体的页眉/页脚中插入徽标、标题或日期和时间。

“工具”组提供了窗体设计时常用的工具按钮，可用于实现相应操作功能。

2. “排列”选项卡

“排列”选项卡主要用于进行窗体的排列布局工作，如图 5-14 所示。其所提供的工具按钮按功能分为“表”“行和列”“合并/拆分”“移动”“位置”“调整大小和排序”6 个组。其中：

“表”组可用于实现窗体中控件的自动布局。

“行和列”组可用于实现布局表格中行/列的插入或选择操作。

“合并/拆分”组可用于实现布局表格中单元格的合并/拆分操作。

“移动”组可用于实现窗体中控件相对位置的快速移动。

“位置”组可用于实现窗体中控件边距、控件填充、定位的调整。

“调整大小和排序”组可用于实现控件大小、对齐方式或层次关系的调整。

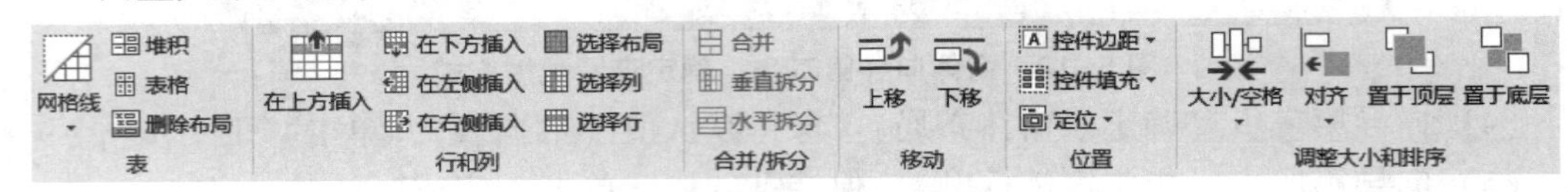

图 5-14 “排列”选项卡

3. “格式”选项卡

“格式”选项卡主要用于进行窗体外观的快速设置，如图 5-15 所示。其所提供的工具按钮按功能分为“所选内容”“字体”“数字”“背景”“控件格式”5 个组，操作比较简单易懂，这里不再赘述。

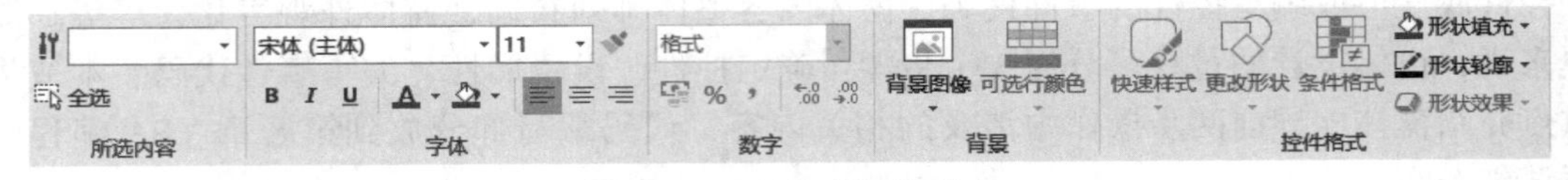

图 5-15 “格式”选项卡

5.3.2 窗体控件概述

Access 主要通过窗体来实现与用户的人机交互，窗体则是通过不同的窗口元素来表达其内容。为了方便用户快速完成窗体的设计工作，Access 将各类窗口元素设计成了一个个控件，当用户需要通过窗体来表达什么样的内容时，就往窗体中添加什么样的控件。比如，需要在窗口中显示一行文字，就添加一个标签控件；需要在窗口中出现一个输入框，就添加一个文本框控件。控件是窗体设计中的关键要素，下面就控件的相关内容进行详细介绍。

1. 控件类型

在 Access 中，不同的操作需要用到不同类型的窗体，这就决定了构成窗体的控件类型也是多样的。根据控件与数据源中数据的关系，控件可分为 3 种类型：

（1）绑定型控件。绑定型控件是一种与数据源（表或查询）中的字段相关联的控件，数据源中的字段值可通过绑定控件来实现数据的显示、输入或修改。

（2）非绑定型控件。非绑定型控件与数据源无关，一般用来显示静态的文字、线条或图像等。

（3）计算型控件。计算型控件是一种以表达式作为数据源的控件，构成表达式的数据项通常是窗体数据源（表或查询）中的字段，或者是包含字段的表达式。

2. “控件”组控件

控件是窗体的重要组成对象，可用于显示数据、执行操作或美化窗体等，为方便用户快速完成窗体的设计工作，Access 2016 在“设计”选项卡的“控件”组中提供了若干个控件按钮，如图 5-16 所示，用户可根据需要将控件添加到窗体中，以实现不同的窗体效果。

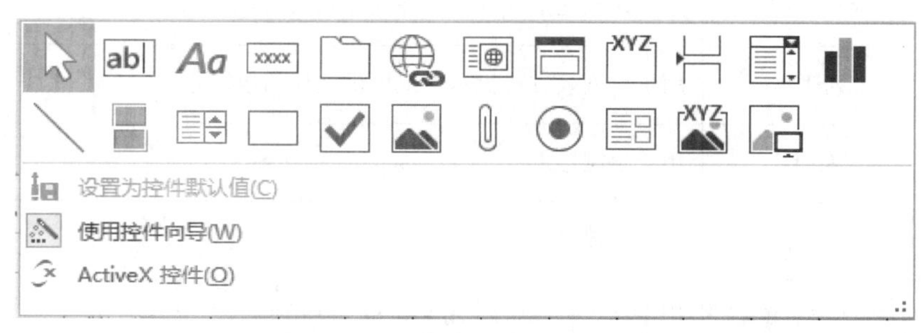

图 5-16　“控件”组中的控件按钮

“控件”组中的每一个控件按钮，都有一个特定的名称，将鼠标指针指向某个控件图标并停留一会，便可查看该控件的名称。不同控件具有不同的特点和功能，各控件的图标、名称及简要功能说明见表 5-2。

表 5-2　窗体控件

控件图标	控件名称	简要功能说明
	选择	用于选择各种窗体对象
	文本框	用于显示、输入或编辑数据源数据，显示计算结果，接收用户输入等
	标签	用于显示说明性文本
	按钮	用于完成各种操作，通过事件触发执行
	选项卡	用于创建多页选项卡
	超链接	用于插入超级链接
	Web 浏览器	用于创建网页浏览器
	导航	用于创建导航栏
	选项组	用于显示一组可选值，常与复选框、单选按钮或切换按钮搭配使用
	分页符	用于创建多页窗体

续表5-2

控件图标	控件名称	简要功能说明
	组合框	组合了列表框和文本框的功能，既可以选择列表项，又可以输入数据
	图表	用于插入图表
	直线	用于绘制直线
	切换按钮	用于显示二值数据，以开/关的状态切换模拟
	列表框	用于以列表方式显示一组可供选择的数据
	矩形	用于绘制矩形
	复选框	用于创建复选项
	未绑定对象框	用于插入未绑定的 OLE 对象
	附件	用于插入附件
	单选按钮	用于创建单选项
	子窗体/子报表	用于添加子窗体或子报表，以显示多个一对多的数据
XYZ	绑定对象框	用于插入绑定的 OLE 对象
	图像	用于显示图像

3. 控件属性

（1）控件属性的引入。

在现实生活中，当人们面临的问题难度过大时，往往采用分解的方式来处理，即把一个大问题拆分成若干个小问题，然后通过逐个解决小问题来实现大问题的最终解决，这种处理方法同样适用于窗体的设计上。早期窗体设计往往需要通过编写程序代码的方式来实现，这对于一般的用户而言，难度可想而知，但如果把控件分解成性质特征、行为动作以及对外部刺激的反应三部分来描述（即控件属性、方法和事件），操作马上变得简单起来。Access 2016 正是采用了这种方法，操作时，用户只需要根据实际需求设置控件的属性值，或者调用控件的事件和方法，就可以轻松实现窗体的各种功能效果。

（2）什么是控件属性。

每类控件都具有各自的性质特征、行为动作等属性。Access 正是通过这些属性来描述控件的，就像现实中我们会通过身高、体重、性别、年龄等特征来描述一个人一样。控件的属性决定了控件的结构、外观和行为。在进行窗体设计时，一般通过调整控件的属性值来实现所需的窗体效果。

（3）常用的控件属性。

在软件设计中，需要通过很多方面才能清楚地描述某一类控件，所以每类控件的属性数量都很多，可以通过单击“设计”选项卡中的“属性表”按钮，或者双击控件等方式来打开“属性表”窗格，查看所选控件的所有属性。

为了方便用户可以快速找到需要设置的属性，Access 按功能将所有属性划分为“格式”“数据”“事件”“其他”“全部”五组，如图 5-17 所示，每组均包含若干个属性。

图 5-17 “属性表”窗格

1）格式：控件的外观格式属性。

2）数据：与控件相关联的数据属性。

3）事件：控件所能触发的事件属性。

4）其他：控件的名称等其他属性。

5）全部：前面 4 组属性的集合。

Access 对每个控件属性都进行了明确的定义，用户需要清楚其含义并按约定进行操作，就像现实中人们需要了解并遵守各项行为法规一样。若对某个属性不了解，用户可以先选中该属性，然后在窗口左下角的状态栏中查看属性的简要说明。

虽然每类控件的属性都很多，但在窗体设计过程中，并不是所有属性值都需要进行调整。表 5-3 中列出的是窗体设计过程中经常涉及的一些属性的简要说明，其他未列出的属性读者可以通过查阅软件帮助文件来学习了解。

表 5-3 窗体/控件的常用属性

所属类别	属性名称	简要说明
格式	标题	控件的显示标题
	导航按钮、滚动条、关闭按钮	窗体的外观设置
	可见、可用	设置控件是否可见或可用
	宽度、高度	控件大小设置
	上边距、左边距	控件相对于窗体顶端/左侧的距离
	字体名称、字号、前景色	控件外观设置
数据	控件来源	用作数据源的字段名称或表达式
	输入掩码	字段中所有输入数据的模式
	默认值	自动为新项目输入的值
事件	单击、双击	触发控件的动作名称
其他	名称	控件在表达式、宏和过程使用的名称
	Tab 键索引	设置 Tab 键次序

这里要特别说明的是，每类控件用于实现不同的功能，所以具有的属性也不尽相同。表 5-3 中列出的某些属性并不是所有控件都具有的，比如标签、直线等非绑定控件，因为其与数据源无关，所以不具备“控件来源”属性。

（4）设置控件属性值。

鉴于设计的完整性，Access 已事先为每个控件属性都赋予了一个默认值，后续用户可以根据实际需求来进行调整。控件属性可分为一般类属性和事件类属性。一般类控件属性值可以通过鼠标直接拖曳或“属性表”窗格来调整，其中鼠标直接拖曳操作适用于调整一些比较直观的属性值，如宽度、高度、左边距等，而“属性表”窗格则适用于进行属性值的精确设置。

事件指控件所能辨识和检测的某种动作（如单击、双击等）。不同类别的控件由于功能不同，具有的事件也不尽相同，如图 5-18 所示为“标签”控件具有的事件，而图 5-19 所示为“按钮”控件具有的事件。事件类控件属性与一般类控件属性的设置方法不同，需要通过编写事件代码（事件过程）来完成。在窗体运行过程中，当指定的事件动作被触发时，将自动执行该事件属性的程序代码。

图 5-18　“标签”控件事件

图 5-19　“按钮”控件事件

（5）窗体事件属性的执行顺序。

Access 窗体中有很多事件，在操作时，可能会同时触发多个事件，这时，需要按照一定的次序进行事件处理，即一个事件处理完后才轮到下一个事件。以下为进行相应操作时，Access 规定的事件执行次序：

1）当打开窗体时：打开（Open）→加载（Load）→调整大小（Resize）→激活（Activate）→成为当前（Current）→进入（控件）（Enter）→获得焦点（控件）（Got Focus）。

2）当关闭窗体时：退出（控件）（Exit）→失去焦点（控件）（Lost Focus）→卸载（Unload）→停用（Deactivate）→关闭（Close）。

3）如果对控件中的数据进行更改：更新前（Before Update）→更新后（After Update）→退出（Exit）。

4. 控件的基本操作

在窗体的设计过程中，经常需要进行控件的添加、选择、移动、删除等操作，这些基本操作的方法有很多，由于篇幅有限，下面仅列举一些最常用的操作方法。

（1）添加控件。

1）通过“控件”组中的控件按钮添加。

操作方法：在“窗体设计工具”下的“设计”选项卡中的“控件”组中找到所需的控件按钮，单击选中，再在窗体合适位置单击即可。

特别提示：可以通过单击“使用控件向导”选项来打开/关闭向导。图标（）为

高亮显示时，表示控件向导处于打开状态，添加控件操作时会自动弹出向导窗口。

2）通过“添加现有字段”的方式添加。

操作方法：在“窗体设计工具”下的“设计”选项卡中，单击“添加现有字段”按钮，打开“字段列表”窗格，如图5-20所示，找到需要添加到窗体中的字段，将其拖至（或双击）窗体合适位置即可。

特别提示：如果“字段列表”窗格中没有直接展开显示数据库表中的字段，则需要先单击“显示所有表”，再单击表名前面的“+”号。

使用“添加现有字段”方法添加的控件，其“控件来源”属性值已默认设置为字段名称，因此，这种方法可用于快速添加绑定型控件。

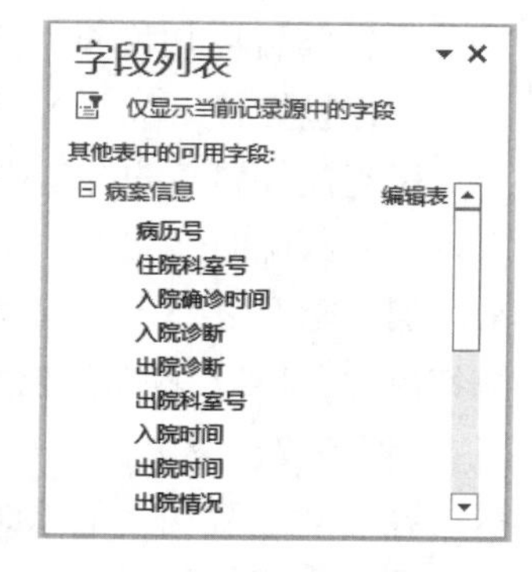

图5-20　“字段列表”窗格

（2）选择控件。

1）选择单个控件。

操作方法：在窗体中单击控件，被选中的控件周围会出现边框和8个小矩形（又称控制柄，可以通过拖曳小矩形来调整控件的大小）。

2）选择多个控件。

操作方法：可以直接使用鼠标框选操作来实现选择多个控件，也可以使用鼠标+键盘的方式来完成。其中：“Shift”键用于连续多选，“Ctrl”键用于不连续多选，“Ctrl”+“A”键用于全选。

（3）移动控件。

操作方法：把鼠标指针放在选中控件的边框线上或者左上角的矩形上时，鼠标指针会变成4个方向的箭头，按下鼠标左键并移动鼠标即可。其中：鼠标指针放在控件左上角矩形上时表示只移动该控件，鼠标指针放在边框线上时表示移动所有选中的控件。

（4）删除控件。

操作方法：选中控件，按下键盘上的“Delete”键。需要注意的是，当删除带有附加标签的控件时，其附加标签会被一并删除。

5.3.3　常用控件设计

窗体相当于一个容器，其主要内容是窗体控件，所以设计窗体其实就是设计窗体中所包含的各种控件。图5-21和图5-22为已经设计完成的综合实例“住院病人信息”窗体（其中图5-21为窗体的编辑状态，图5-22为窗体的运行状态），该窗体中包含了若干个常用的窗体控件，下面就通过这个综合实例的实现过程（【例5-6】至【例5-14】），来逐一介绍常用控件的设计方法。

【例5-6】 在“医务管理系统”数据库中，创建一个无控件的空白窗体，并将其命名为“住院病人信息”。

操作步骤如下：

（1）在数据库窗口，依次单击“创建”→“窗体设计”，快速生成一个无控件的空白窗体。

（2）依次单击“文件”→“保存”，输入名称“住院病人信息”，单击“确定”按钮后，在窗口左侧窗体组中出现了新创建的“住院病人信息”窗体。

（3）将视图切换至“窗体视图”，即可查看窗体运行效果。

1. 标签控件

标签控件属于非绑定型控件，没有数据源属性，不能和数据源产生关联，主要用于在窗体中显示说明性文本，例如窗体标题、列标题等。标签控件一般通过单击“标签”按钮来添加，除此之外，在创建其他控件的时候，Access 也会自动创建一个与该控件相关联的标签控件，用以说明该控件的作用。

【例 5-7】 续上例，在“住院病人信息”窗体的窗体页眉节中创建一个标签控件，显示内容为“住院病人信息浏览”，如图 5-21 所示。

操作步骤如下：

（1）打开“住院病人信息”窗体，并切换至设计视图。

（2）在窗体空白区域右击，在出现的快捷菜单中选择“窗体页眉/页脚”选项，这时在窗体中增加了窗体页眉和窗体页脚两个节。

（3）单击“设计”选项卡中的“标签”按钮，在窗体页眉处再次单击，这时出现一个标签，输入“住院病人信息浏览”。

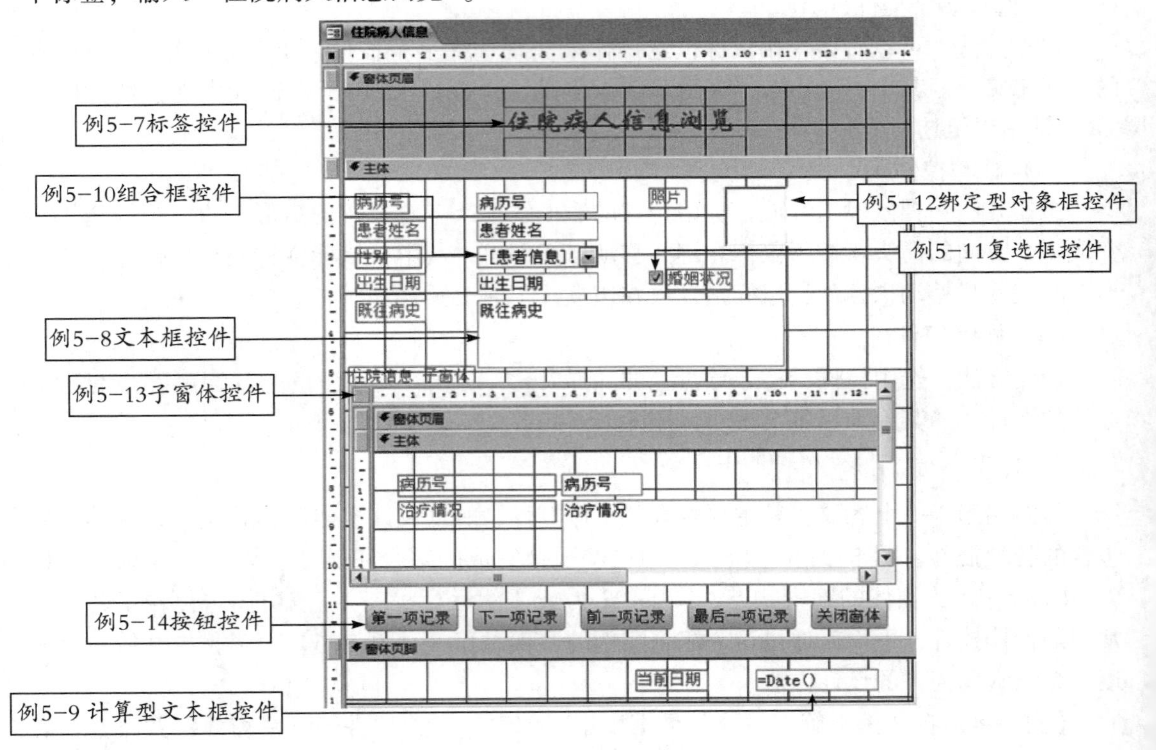

图 5-21　综合实例之设计视图

（4）单击“设计”选项卡中的“属性表”按钮，打开“属性表”窗格，按照表 5-4 所示继续设置该标签的其他属性值。

（5）单击“保存”按钮，保存窗体。

表 5-4　设置标签属性值

属性名称	值	属性名称	值
宽度	6 cm	高度	0.8 cm
上边距	0.5 cm	左边距	4 cm
字体名称	华文新魏	字号	20
前景色	红色	名称	bt

2. 文本框控件

文本框控件分为3种类型，可以用于3种情况：①绑定型，绑定数据源后可以用于显示、输入或编辑数据源数据；②非绑定型，可以用于显示提示信息或接收用户输入数据；③计算型，设置数据源为表达式，可以用于显示计算结果。三类文本框控件均可以通过单击“文本框”按钮来添加。除此之外，绑定型文本框控件还可以通过“添加现有字段”的方式快速生成。

【例 5-8】续上例，在“住院病人信息”窗体的主体节中创建绑定型文本框控件，如图 5-21 所示。

操作步骤如下：

（1）打开“住院病人信息”窗体，并切换至设计视图。

（2）单击“设计”选项卡中的“添加现有字段”按钮，打开“字段列表”窗格，如图 5-20 所示。

（3）单击“患者信息”左边的“+”号，展开表中所有字段，将“病历号”“患者姓名”“出生日期”“既往病史”等字段依次拖至窗体主体节合适位置。

（4）单击“保存”按钮，保存窗体。

说明：通过上述方法添加文本框控件时：① 文本框左侧会自动生成一个附加标签，标签的标题属性值为该字段的名称；② 文本框“控件来源”属性值自动设置为表中字段名。

【例 5-9】续上例，在“住院病人信息”窗体的窗体页脚节中创建计算型文本框控件，用于显示当前系统日期，如图 5-21 所示。

操作步骤如下：

（1）打开“住院病人信息”窗体，并切换至设计视图。

（2）单击“设计”选项卡中的“文本框”按钮，再在窗体的窗体页脚节中的合适位置单击，这时窗体中生成一个文本框控件和一个附加标签。

（3）双击文本框，打开“属性表”窗格，选择“数据”组，单击“控件来源”右侧的“…”按钮，打开“表达式生成器”窗口；依次选择“表达式元素”中的“通用表达式”和“表达式类别”中的“当前日期”，双击“表达式值”中的“Date（）”，最后单击“确定”。

（4）修改附加标签的“标题”属性值为“当前日期”。

（5）单击“保存”按钮，保存窗体。

3. 组合框控件

组合框控件是列表框控件和文本框控件的组合，同时具备两种控件的特点，既可以从下拉列表中选择，又可以自行输入数据。

【例 5-10】 续上例，在“住院病人信息”窗体的主体节中创建组合框控件，用于显示“性别”字段值，如图 5-21 所示。

操作步骤如下：

（1）打开“住院病人信息”窗体，并切换至设计视图。

（2）单击“设计”选项卡中的“属性表”按钮，打开“属性表”窗格。

（3）在“属性表”窗格选择“窗体”对象，单击“记录源”右侧的“…”按钮，打开“查询生成器”窗口，在显示的表中双击“性别”，将“性别”字段添加到查询中，单击“保存”进行存储，然后关闭“查询生成器”窗口。

（4）单击“设计”选项卡中的“组合框”按钮，再在窗体的合适位置单击，这时窗体中生成一个组合框控件和一个附加标签。

（5）选择组合框控件，在“属性表”窗格中单击“控件来源”右侧的向下箭头按钮，从列表中选择“性别”选项，将组合框的数据来源绑定为表中的“性别”字段；继续将组合框的“行来源类型”属性值设置为“值列表”，将“行来源”属性值设置为“"男";"女"”，那么在输入数据时，列表框中就会有“男”和“女”两个选项供用户选择。

（6）修改附加标签的“标题”属性值为“性别”。

（7）单击“保存”按钮，保存窗体。

4. 复选框控件

复选框控件可用于创建复选项，多个复选框用于多项选择，而单个复选框适合只有两个选择的“是/否”类型数据。

【例 5-11】 续上例，在“住院病人信息”窗体中创建复选框控件，用于显示“婚姻状况”字段值，如图 5-21 所示。

操作步骤如下：

（1）打开“住院病人信息”窗体，并切换至设计视图。

（2）单击“设计”选项卡中的“属性表”按钮，打开“属性表”窗格。

（3）在“属性表”窗格选择“窗体”对象，单击“记录源”右侧的“…”按钮，打开“查询生成器”窗口，在显示的表中双击“婚姻状况”，将“婚姻状况”字段添加到查询中，单击“保存”进行存储，然后关闭“查询生成器”窗口。

（4）单击“设计”选项卡中的“复选框”按钮，再在窗体的合适位置单击，这时窗体中生成一个复选框控件和一个附加标签。

（5）选择复选框控件，在“属性表”窗格中单击“控件来源”右侧的向下箭头按钮，从列表中选择“婚姻状况”选项，将复选框的数据来源绑定为表中的“婚姻状况”字段。

（6）修改附加标签的“标题”属性值为“婚姻状况”。

（7）单击“保存”按钮，保存窗体。

5. 绑定型对象框控件

“控件”组中有两个对象框控件：一个是未绑定型对象框控件，用于在窗体中显示未与数据源数据绑定的 OLE 对象，如 Excel 电子表格；另一个是绑定型对象框控件，用于显示存储在表中的 OLE 对象。

【例 5-12】续上例，在“住院病人信息”窗体中创建绑定型对象框控件，用于显示“照片”字段值，如图 5-21 所示。

操作步骤如下：

（1）打开“住院病人信息”窗体，并切换至设计视图。

（2）单击“设计”选项卡中的“添加现有字段”按钮，打开“字段列表”窗格，单击“显示所有表”，展开“患者信息”表中的所有字段，然后将字段列表中的“照片”字段拖至窗体的合适位置，这时窗体中生成一个绑定型对象框控件和一个附加标签。

（3）单击“保存”按钮，保存窗体。

6. 子窗体控件

子窗体是插入到另一个窗体（主窗体）中的窗体，一般用于显示与主窗体中当前记录相关联的记录，需要提前设置好主窗体数据源表和子窗体数据源表之间的关系后才能创建子窗体。

【例 5-13】续上例，在“住院病人信息”窗体中创建子窗体，用于显示病人相关的住院信息，如图 5-21 所示。

操作步骤如下：

（1）打开“住院病人信息”窗体，并切换至设计视图。

（2）单击“设计”选项卡中的“使用控件向导”选项，打开向导模式（此时选项的图标为高亮显示状态）。

（3）单击“设计”选项卡中的“子窗体/子报表”按钮，再在窗体主体节的合适位置单击，将弹出“子窗体向导”窗口。

（4）在“子窗体向导”窗口中选择“使用现有的表和查询”，单击“下一步”，在“表/查询”中选择“住院信息”，在“可用字段”中依次双击“病历号”“治疗情况”“入院时间”和“出院时间”，后面几步保持默认值，直接单击“完成”按钮，此时窗体中生成了一个子窗体控件。

（5）单击“保存”按钮，保存窗体。

7. 按钮控件

在窗体中，可以使用按钮来完成各种操作，如关闭窗体、打开另一个窗体等。按钮一般通过事件来触发执行。

【例 5-14】续上例，在“住院病人信息”窗体中添加导航按钮，用于查看不同病人的相关信息，如图 5-21 所示。

操作步骤如下：

（1）打开“住院病人信息”窗体，并切换至设计视图。

（2）调整窗体宽度：把鼠标指针移至窗体右侧边框线上（此时鼠标指针变成十字并带有水平双向箭头），按下鼠标左键向右拖动窗体边框至合适尺寸后松手。

（3）调整主体节高度：把鼠标指针移至窗体页脚栏的上边框线上（此时鼠标指针变成十字并带有垂直双向箭头），按下鼠标左键向下拖动至合适尺寸后松手。

（4）单击“设计”选项卡中的“使用控件向导”选项，打开向导模式。

（5）单击“设计”选项卡中的“按钮”按钮，再在窗体主体节合适位置单击，将弹出“命令按钮向导”窗口；在“类别”中选择“记录导航”，在“操作”中选择“转至下一项记录”，单击“下一步”，选择“文本”；单击“下一步”，输入名称“下一项记录”，单击“完成”按钮，此时窗体中生成一个“下一项记录”按钮。

（6）以同样的方法，完成其他按钮控件的创建。

（7）单击“保存”按钮，保存窗体。

图 5-22 所示为【例 5-6】至【例 5-14】所介绍的“住院病人信息”窗体最终运行效果。窗体形成的过程并不复杂，概括来讲就是两步操作：确定控件和设置属性。操作中通过灵活运用 Access 提供的各种工具，就能轻松实现创建一个功能相对完整的窗体。综合实例的设计过程其实也说明，只要我们秉持严谨的科学态度，打好基础，从点滴开始，精益求精，最终定能实现自己的设计目标。

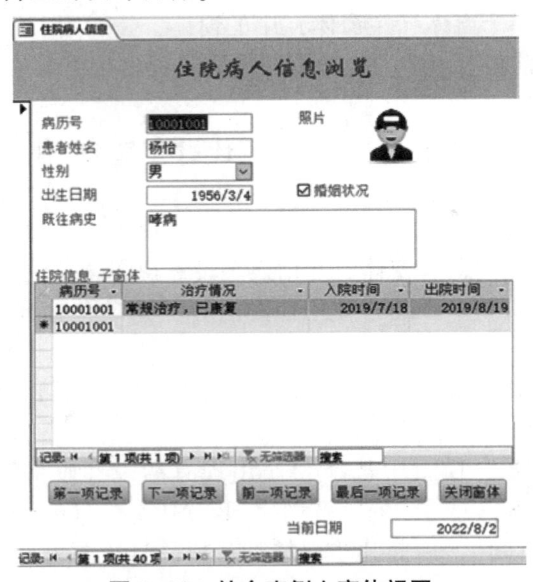

图 5-22　综合实例之窗体视图

5.3.4　窗体优化设置

一个良好的窗体设计，除了需要考虑窗体的基本功能外，还需要考虑窗体的实用性和整体美观，下面将介绍如何通过一些特殊设置来提高窗体的实用性，以及如何通过窗体设计工具来实现窗体内容的合理布局及窗体外观的美化。

1. 实用功能设置

在窗体设计中，如果增加一些特殊设置（比如：输入密码时隐藏所输入的字符，或者提供键盘快速切换选择等），可以在一定程度上提高窗体的实用性。下面通过例子分别介绍窗体设计中的两种实用功能设置方法。

【例 5-15】 在“医务管理系统”数据库中，创建如图 5-23 所示的登录窗体，要求输入密码时隐藏输入字符（即输入字符均以“ * ”显示），窗体命名为“登录窗体”。

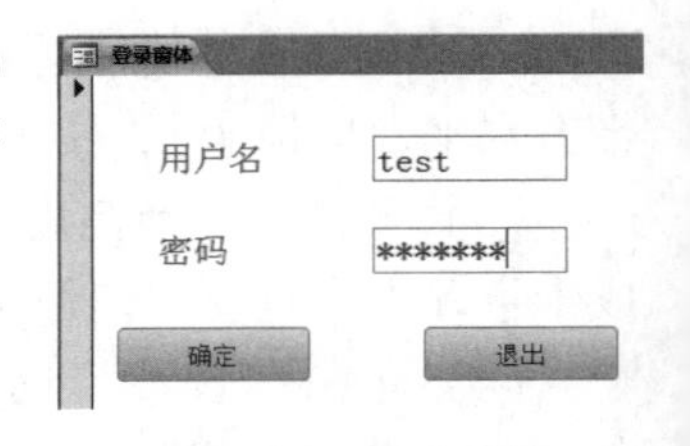

图 5-23　登录窗体

操作步骤如下：

（1）在数据库窗口，依次单击“创建”→“窗体设计”，创建一个无控件的空白窗体。

（2）单击“设计”选项卡中的“使用控件向导”选项，关闭向导模式（此时选项的图标为非高亮显示状态）。

（3）单击“设计”选项卡中的“文本框”按钮，在窗体主体节合适位置再次单击，生成一个文本框控件和一个附加标签；重复上述动作，生成第二个文本框控件及其附加标签。

（4）单击“设计”选项卡中的“按钮”按钮，在窗体主体节合适位置再次单击，生成一个按钮控件；重复上述动作，生成第二个按钮控件。

（5）双击第二个文本框控件，打开“属性表”窗格，选择“数据”组，单击“输入掩码”右侧的“…”按钮，打开“输入掩码向导”窗口，选择列表中的“密码”选项，单击“完成”按钮。（注：“密码”选项表示当窗体运行时，用户在这个文本框中输入的每个字符都会以“*”来代替）

（6）分别修改两个附加标签的“标题”属性值为“用户名”和“密码”。

（7）分别修改两个按钮控件的“标题”属性值为“确定”和“退出”。

（8）依次单击“文件”→“保存”，输入名称“登录窗体”，单击“确定”保存窗体。

实例小结：隐藏字符设置可以防止用户在输入数据时机密数据（如密码）的无意泄露，即可以在一定程度上提高数据的安全性。

【例5-16】设置“登录窗体”中控件的Tab键次序，要求窗体运行时，按下“Tab”键的焦点次序为：用户名文本框→密码文本框→确定按钮→退出按钮。

操作步骤如下：

（1）打开“登录窗体”窗体，并切换至设计视图。

（2）为了便于标识不同控件，分别修改两个文本框的“名称”属性为“用户名”和“密码”，两个按钮的“名称”属性为“确定”和“退出”。

（3）单击“设计”选项卡中的“Tab键次序”按钮，打开如图5-24所示的“Tab键次序”窗口，按照题目要求在窗口中调整控件的排列次序。

（4）单击“保存”按钮，保存窗体。

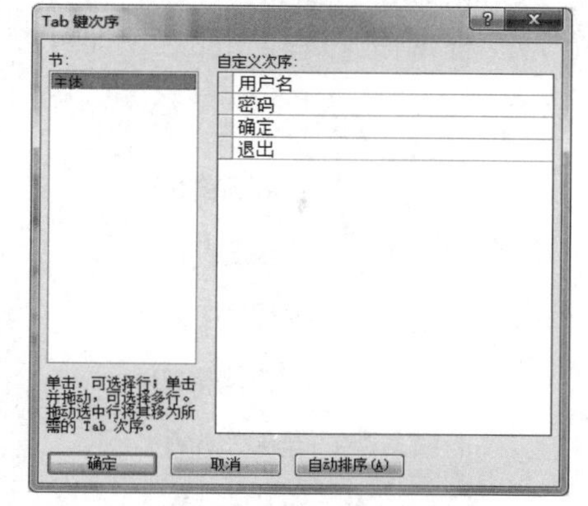

图5-24 “Tab键次序”窗口

实例小结：设置控件的“Tab”键次序，相当于给用户增加了一种操作方式，即当窗体运行时，用户除了可以使用鼠标选择外，还可以通过按下键盘上的“Tab”键来依次切换选择窗体中的对象。此外，除了以上介绍的方法外，还可以通过设置控件的“Tab键索引”属性值来改变控件的次序，当修改某个控件的“Tab键索引”属性值时，其他控件的“Tab键索引”属性值会自动调整。

2. 调整窗体布局

为了使窗体更整齐、美观，需要对窗体进行整体排列布局，也就是对窗体中包含的控件进行大小、位置、排列方式等方面的调整。

（1）调整控件大小。

1）通过鼠标（适合于进行控件大小的粗略设置）。

操作方法：选中需要调整的控件，将鼠标指针移至矩形控制柄上，当指针变成双向箭头时按下鼠标左键拖动鼠标至控件达到合适大小松手。需要说明的是，当选中的是多个控件时，会同时调整多个控件的大小。

2）通过设置属性值（适合于进行控件大小的精确设置）。

操作方法：选中需要调整的控件，打开“属性表”窗格，设置“宽度”或“高度”属性值。

3）通过“窗体设计工具”（适合于进行多个控件大小的智能统一设置）。

操作方法：选中需要调整的控件，依次单击“窗体设计工具”→“排列”→“大小/空格”，会弹出设置列表，其中“大小”组给出了多个大小设置选项，见图 5-25，根据需要选择相应选项即可。

（2）对齐控件。

可以使用鼠标或键盘，通过移动控件的方式来实现控件的对齐，但这种操作方法效率比较低，建议使用“窗体设计工具”来快速实现控件的对齐。

操作方法：选中需要对齐的控件，依次单击“窗体设计工具”→“排列”→“对齐”，会弹出如图 5-26 所示的对齐方式列表，根据需要从列表中选择相应选项即可。

（3）自动调整控件间距。

通过“窗体设计工具”，可以快速实现多个控件水平/垂直间距的自动调整。

操作方法：选中需要设置间距的控件，依次单击“窗体设计工具”→“排列”→“大小/空格”，会弹出设置列表，其中“间距”组给出了多个间距设置选项（见图 5-27），根据需要选择相应选项即可。

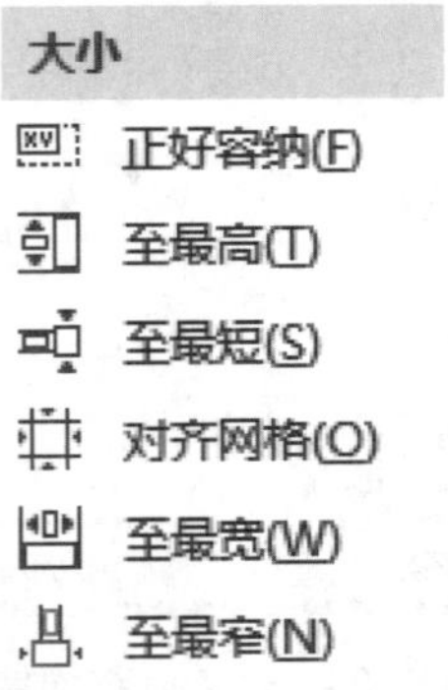

大小

正好容纳(F)
至最高(T)
至最短(S)
对齐网格(O)
至最宽(W)
至最窄(N)

图 5-25　调整大小

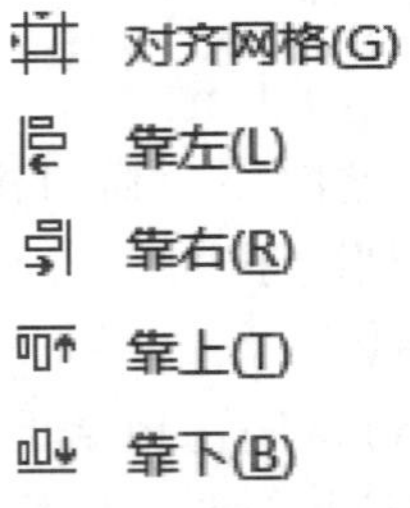

对齐网格(G)
靠左(L)
靠右(R)
靠上(T)
靠下(B)

图 5-26　对齐方式

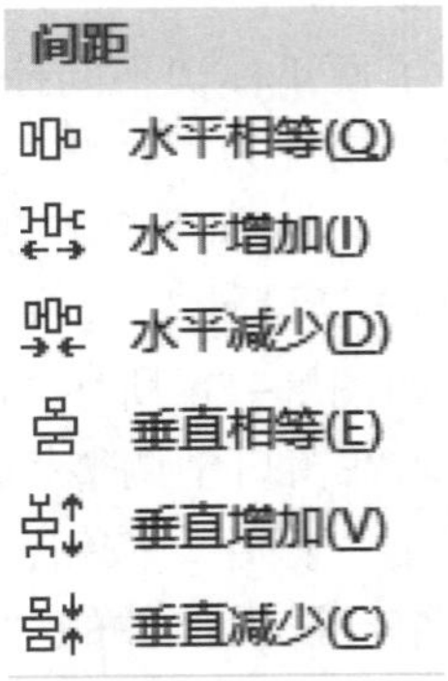

间距

水平相等(Q)
水平增加(I)
水平减少(D)
垂直相等(E)
垂直增加(V)
垂直减少(C)

图 5-27　自动调整间距

（4）自动排列布局。

除了以上介绍的几种方式外，还可以通过将窗体中的控件组合为布局的方式来实现控件的自动排列。Access 2016 为用户提供了堆积和表格两种自动排列布局方式。其中，堆积布局类似于纵栏式窗体的排列方式，标签和字段均在主体节，且字段位于对应标签的右侧，如图 5-28 所示；表格布局类似于表格式窗体的排列方式，标签位于窗体页眉节，字段位于主体节，且与对应标签垂直对齐，如图 5-29 所示。

套用自动布局的操作方法：选中需要设置自动排列布局的控件，依次单击“窗体设计工具”→“排列”，然后在“表”组中选择“堆积”或“表格”。

一个布局相当于一个表格，组合为布局方式的控件位于表格的单元格中。如果不需要布局，可以选择“删除布局”来删除已套用的布局。

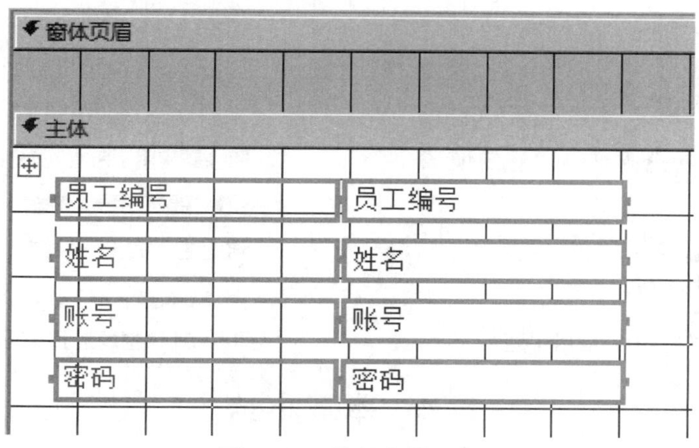

图 5-28 堆积布局示意

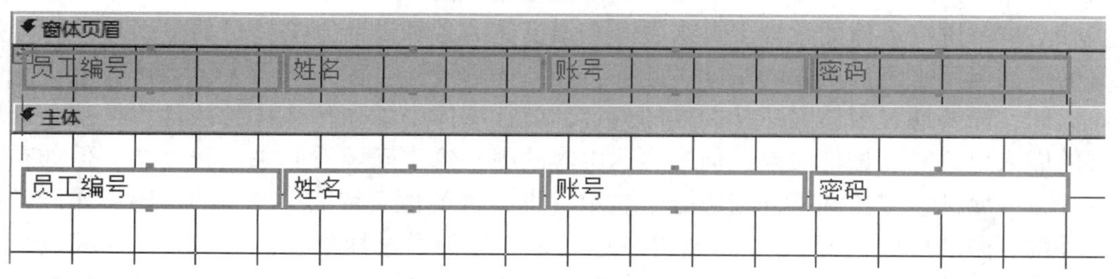

图 5-29 表格布局示意

3. 美化窗体外观

窗体的外观既可以通过添加直线、矩形、图像等控件来修饰，也可以通过设置“格式”类属性，甚至直接套用 Access 提供的某个主题来达到快速美化的效果。

（1）通过“格式”类属性。

1）设置窗体中控件的“颜色”“字体”“字号”等属性。

2）设置窗体的“图片”属性，指定某个图像文件作为窗体的背景图案。

3）设置窗体的“窗体标题”“关闭按钮”“记录选择器”“分隔线”“导航按钮”“水平滚动条”等属性。

（2）通过主题。

“主题”是 Access 2016 提供的一套统一的设计元素和配色方案，相当于之前版本的自动套用格式，可以通过应用主题来实现窗体统一效果的快速设置。操作方法：单击“设计”选项卡中的“主题”图标，然后在出现的列表（见图 5-30）中选择主题即可。

需要说明的是：如果直接单击某个主题，所选主题将应用于整个数据库；如果不想应用于整个数据库，则需要右击选择主题，然后在弹出的快捷菜单（见图 5-31）中选择需要设置主题的应用范围。

在此数据库中
Office
浏览主题(B)...
保存当前主题(A)...

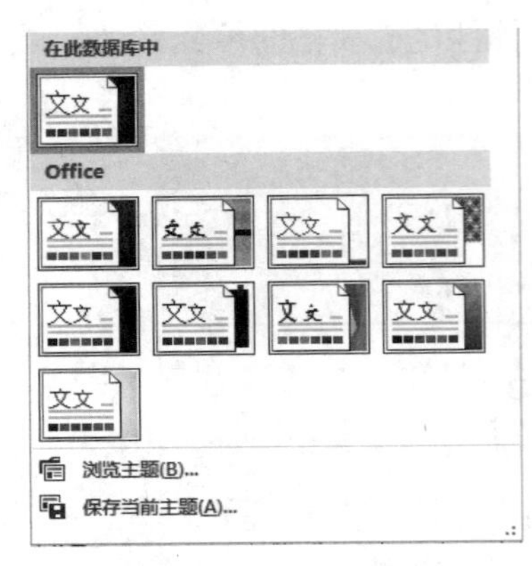

图 5-30　应用主题

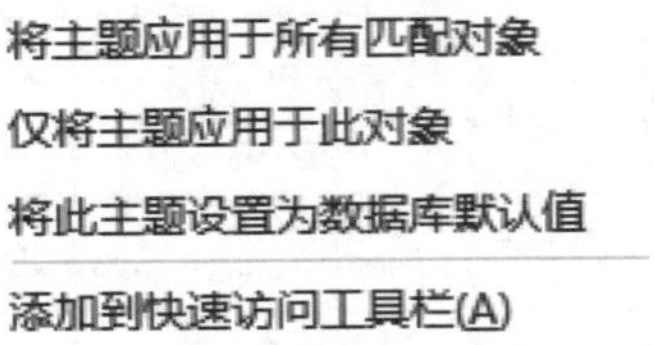

将主题应用于所有匹配对象
仅将主题应用于此对象
将此主题设置为数据库默认值
添加到快速访问工具栏(A)

图 5-31　主题应用范围选项

5.4　本章小结

窗体是用户进行数据库操作的主要界面，也是数据库应用系统开发过程中很重要的一个步骤。本章围绕具体的设计工具来展开介绍窗体的各种设计方法，目的是引导读者通过工具的灵活运用来降低操作的难度。此外，在窗体的设计过程中运用了很多计算思维的方法。比如，需要通过窗体表达什么样的内容，就往窗体中添加什么样的控件，这就是计算思维的嵌入思想。而控件又是如何来表达内容的呢？这个问题看起来比较复杂，但如果把控件分解成属性、方法和事件三部分来表示（即控件的性质特征、控件的行为动作以及控件对外部刺激的反应），问题立马变得简单起来。这种通过抽象和分解的方法来控制复杂任务的设计，就是运用了计算思维的关注点分离方法。建议读者从计算思维的角度来理解和学习窗体的设计方法，这样可以更好地培养自身利用计算机求解问题的思维方法。

第6章　报表

本章导读

本章介绍了报表的基础知识、报表的创建方式和报表的一些基本应用。考虑到报表的特点，建议在学习中多进行实际操作以熟练掌握报表在 Access 数据库中的应用。掌握报表的几种创建方法，有助于根据不同要求创建不同的报表，实现数据的显示和统计功能。

【知识结构】

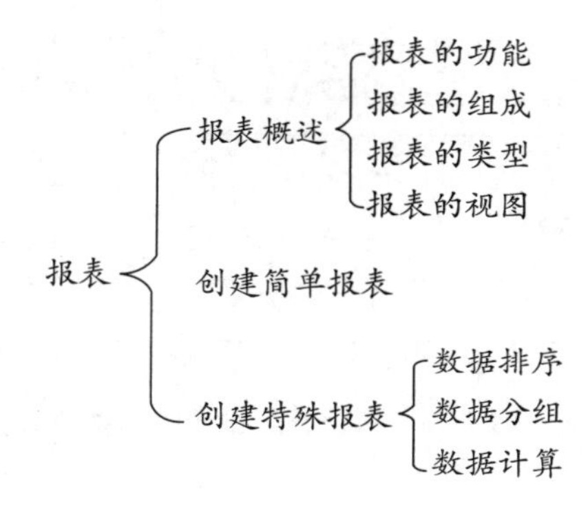

【学习重点】

报表的基本概念、创建报表和应用报表等。

【学习难点】

报表的操作、设计汇总和分组报表。

6.1　报表概述

报表是 Access 的数据库对象之一。用户在使用数据库的过程中，通常需要将特定的格式化数据展现出来以供浏览，而报表的作用就是根据用户所选定的数据信息以打印输出格式来显示数据库对象。第5章我们学习了 Access 数据库的窗体，报表和窗体一样，都可以用于显示数据。与窗体不同的是，报表只能打印数据，并不能像窗体一样具备与用户进行信息交互的功能；窗体中的数据既可浏览也可修改，而报表中的数据只能浏览，无法修改。本节将从报表的功能、组成、类型和视图分别进行讲解。

6.1.1　报表的功能

报表的功能着重于数据的打印，因此报表的功能将会围绕着数据打印来实现。报表主要有以下功能：

（1）用户可以通过报表进行数据浏览或者打印。

（2）对数据进行分析：通过报表可以对数据进行排序、分组、计算和汇总等操作，实现用户对数据的分析。

（3）呈现数据的样式：可以使用多种多样的报表样式将数据呈现给用户，如生成清单、标签、表格、发票、订单和信封等。

（4）美化：可以使用报表对数据嵌入进行美化，使数据浏览或者打印更加美观。

（5）增加数据的可读性：为了使用户在浏览数据时更加直观了解数据的含义，可创建数据透视图或者数据透视表的报表辅助用户浏览数据。

6.1.2 报表的组成

在 Access 数据库中，报表的组成结构是在报表的设计视图中编辑的。报表由报表页眉、页面页眉、主体、页面页脚、报表页脚 5 个基本部分组成，每一个区域在报表中我们通常称为“节”，如图 6-1 所示。下面将逐一介绍报表各个节在报表中的位置及其功能和作用。

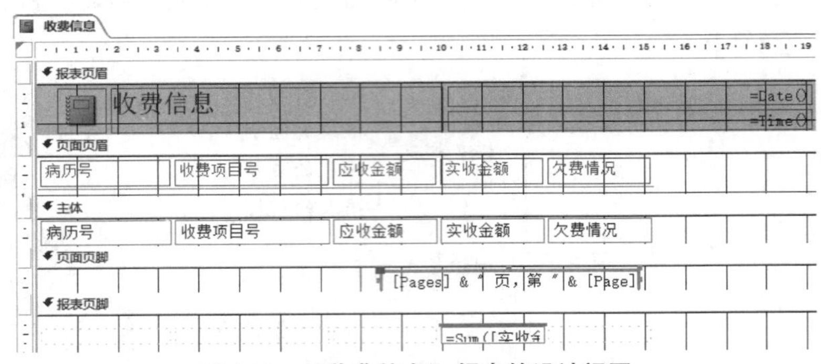

图 6-1 “收费信息”报表的设计视图

1. 报表页眉

报表页眉的位置在报表的开始处，其主要的作用是用来显示该报表的标题、打印日期、报表数据说明性的文字等，在整个报表中只在报表的顶端显示一次。正因为其在整个报表中只显示一次，所以一般用于报表的封面。

2. 页面页眉

页面页眉一般位于数据库报表的每一页顶端，其主要的作用是用来显示字段标题信息，还可包含标题、日期或者页码等。与报表页眉不同之处在于，页面页眉是在每一页都会显示一次，例如将报表的标题放在页面页眉中，则报表的标题将会在报表的每一页都显示一次，而不会像在报表页眉中一样，只会在报表开始处显示一次。如果报表页眉与页面页眉处于报表同一页时，将会先显示报表页眉，再显示页面页眉。

3. 主体

主体是报表数据显示最重要的区域，所绑定的数据源中的每一条记录都会在主体中显示。而报表将会依据主体中数据的显示位置进行分类，具体报表的类型将会在下一个小节中详细介绍。

4. 页面页脚

页面页脚位于数据库报表的每一页底部，且只在每一页底部显示一次，其主要的作用是显示页码、本页的汇总说明等信息。

5. 报表页脚

报表页脚位于整个报表的最后，在主体所有记录输出完毕之后。与报表页眉一样，整个报表只显示一次报表页脚，其主要作用是用于显示整个报表数据的汇总和统计等信息。

6. 组页眉和组页脚

组页眉和组页脚并不是数据库报表的基本组成部分，若在数据库中对报表进行了分组，则数据库在创建报表时就可添加组页眉和组页脚这两个节，用户可通过在“排序与分组”对话框中的“组属性”上设置“组页眉或者组页脚”区域。组页眉位于每组的开头，其作用在于显示分组字段标题信息。而当组页眉与页面页眉同时存在时，则先显示页面页眉，再显示组页眉。组页脚位于每组的末尾，其作用在于显示汇总或者统计组数据信息。

6.1.3　报表的类型

在 Access 数据库中，报表主要依照数据的布局格式进行分类，有 4 种常用的报表类型：纵栏式报表、表格式报表、图表报表和标签报表。下面将对这 4 种常用的报表分别进行说明。

1. 纵栏式报表

纵栏式报表通常以垂直方式显示，在一页中的主体节区域内可以显示一条或者多条字段标题信息以及该字段标题信息中所记录的数据，而用户可以根据需要调整所要显示记录的字段标题信息，如图 6-2 所示。

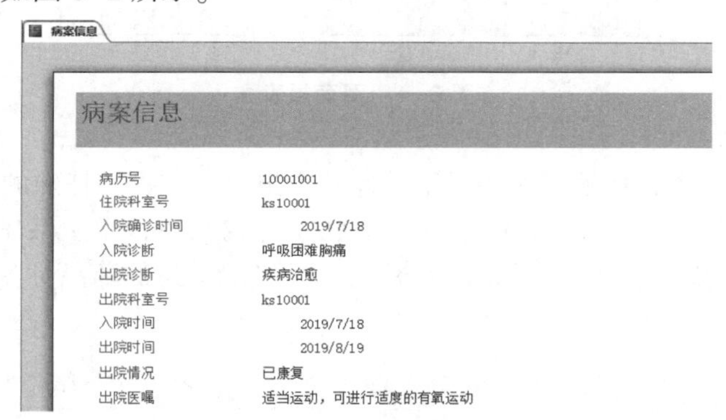

图 6-2　纵栏式报表

2. 表格式报表

表格式报表在 Access 数据库中以行和列的格式来显示数据库中记录的数据，一般的形式是一行显示一条记录数据，而一页中可显示多条记录数据。表格式报表可让用户在一页中浏览尽可能多的数据，具体形式如图 6-3 所示。表格式报表与纵栏式报表均为文字型报表，二者又存在着一定的区别，表格式报表与纵栏式报表最大的不同在于表格式报表的字段标题信息在页面的页眉上显示，而纵栏式报表的字段标题信息在页面的主体节区域内显示。

3. 图表报表

在 Access 数据库中，用户可以通过报表设计视图中的图表控件建立图表对象的方式创建图表报表。通过图表报表，用户可以更加清晰、直观地了解数据之间的关系，如图6-4 所示。

病案信息

病历号	住院科室	入院诊断	出院诊断	出院科室号	出院情况	出院医嘱
10001001	ks10001	呼吸困难胸痛，心血管内科	疾病治愈	ks10001	已康复	适当运动，可进行适度的有氧运动
10001002	ks10001	心悸晕厥，心血管内科	疾病治愈	ks10001	已康复	保持心情开朗，少生气，少动怒
10001003	ks10001	发绀水肿，心血管内科		ks10001		
10001004	ks10001	咯血咳嗽，心血管内科		ks10001		
10001005	ks10001	胸痛水肿，心血管内科		ks10001		
10002001	ks10002	消化不良腹胀，消化内科	疾病治愈	ks10002	已康复	饮食均衡，多吃水果蔬菜
10002002	ks10002	腹痛腹泻，消化内科		ks10002		
10002003	ks10002	恶心呕吐，消化内科		ks10002		
10002004	ks10002	消化不良，消化内科		ks10002		

图 6-3　表格式报表

医生信息

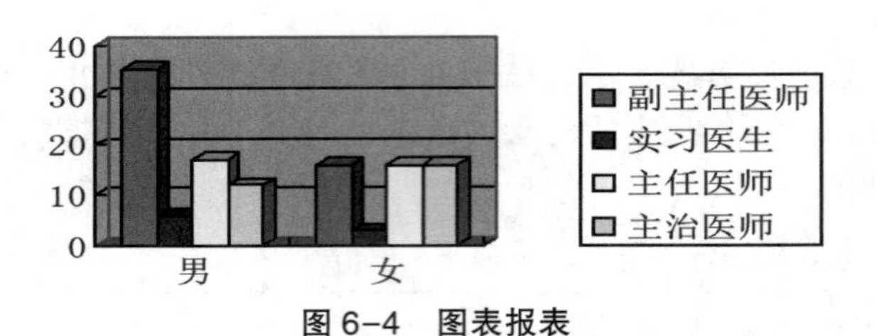

图 6-4　图表报表

4. 标签报表

在 Access 数据库中，标签报表相对于其他几个报表，是一种特殊的报表。它的特殊之处在于，它是一种大小、样式一致的卡片，也就是与我们在日常生活中见到的标签一样，常用于显示标识类的数据信息，例如物品标签、医院常用到的药品标签和病历卡标签等，如图 6-5 所示。

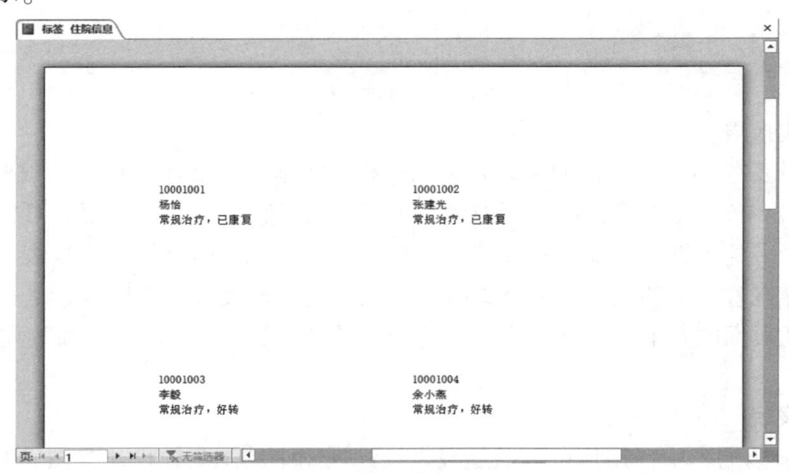

图 6-5　标签报表

6.1.4　报表的视图

在 Access 数据库中，用户在对报表进行操作时有 4 种视图：报表视图、打印预览视图、布局视图和设计视图。在这 4 种视图中，打印预览视图和设计视图是每个报表都具备的视图方式，而报表视图和布局视图可以依据用户的设置进行隐藏，用户只需要在报表的属性中对应设置“允许报表视图”和“允许布局视图”这两个属性即可。用户可以在

“报表”选项卡处单击右键对4种视图进行切换，也可以在Access数据库窗口右下角状态栏中小图标处对4种视图进行切换，或者在Access数据库窗口左上角“视图”下拉菜单中对4种视图进行切换。

1. 报表视图

在报表视图中，数据会按照用户所设计的形式以窗口的方式显示出来，用户可使用报表视图查看报表的设计结果。在该视图状态下，用户只能浏览，并不能修改报表样式。“科室信息”报表的报表视图如图6-6所示。

2. 打印预览视图

打印预览视图主要是为用户提供查看纸张打印页面效果的视图。用户可以分页查看需要打印的全部数据，还可以通过放大或者缩小的操作局部或者整体浏览打印效果。同报表视图一样，在打印预览视图状态下，用户只能浏览，并不能修改报表样式。“科室信息”报表的打印预览视图如图6-7所示。

3. 布局视图

与报表视图一样，在布局视图状态下，用户可以查看数据在报表设计上的打印效果。与报表视图不同的是，在布局视图状态下，用户既可以对报表的设计样式随时进行调整，还可以根据需求插入或者删除字段、控件等，用户在设计的过程中，所有的操作所见即所得。“科室信息”报表的布局视图如图6-8所示。

所有 Access ...
搜索...
表
病案信息
床位信息
管理员信息
患者信息
检查项目信息
科室信息
收费信息
医生信息
住院信息

科室信息

科室号	科室名称	科主任	联系电话
ks10004	呼吸内科	陈丽娜	0898-66276687
ks10005	血液内科	杨丽	0898-66276687
ks10006	风湿内科	李天	0898-66276687
ks10007	神经内科	杨浩	0898-66276687
ks20001	普通外科	李亚光	0898-66276687
ks20002	胃肠外科	杨毅	0898-66276687
ks20003	肝胆外科	赵毅	0898-66276687

图6-6 “科室信息”报表的报表视图

所有 Access ...
搜索...
表
病案信息
床位信息
管理员信息
患者信息
检查项目信息
科室信息
收费信息
医生信息
住院信息
窗体
管理员信息1
管理员信息2
管理员信息3
管理员信息4
宏调用
收费信息 子窗体
住院病人信息
住院信息
住院信息 子窗体
报表
标签 住院信息
标签 住院信息1
病案信息
医生信息
医生信息 子报表
医生信息1
宏
RunMacro宏示例

科室信息

科室号	科室名称	科主任	联系电话
ks10001	心血管内科	张力	0898-32876599
ks10002	消化内科	杨飞	0898-23866661
ks10003	肾内科	刘震	0898-28832829
ks10004	呼吸内科	陈丽娜	0898-66276687
ks10005	血液内科	杨丽	0898-66276687
ks10006	风湿内科	李天	0898-66276687
ks10007	神经内科	杨浩	0898-66276687
ks20001	普通外科	李亚光	0898-66276687
ks20002	胃肠外科	杨毅	0898-66276687
ks20003	肝胆外科	赵毅	0898-66276687
ks20004	甲状腺外科	刘晨阳	0898-62922314
ks20005	乳腺外科	文峰	0898-62922314
ks20006	泌尿外科	刘晓琪	0898-62922314
ks20007	器官移植中心	李牧	0898-88262607
ks20008	碎石中心	杨华	0898-88262607
ks20009	心脏血管外科	王泽容	0898-88262607
ks20010	心胸外科	黄晓	0898-88262607
ks20011	骨科	王占林	0898-88262607
ks20012	骨关节外科	杜小虎	0898-88262607
ks20013	整形美容激光中心	孟博伟	0898-88262607
ks20014	神经外科	蒙毅	0898-63399977
ks30001	妇科	周东芳	0898-63399977
ks30002	产科	石　峰	0898-63399977
ks30003	胎儿医学科	冯小刚	0898-63399977
ks30004	生殖医学科	杨震	0898-63399977
ks30005	妇产教育门诊	杜同	0898-63399977
ks40001	儿科	钱幼琼	0898-26671018
ks40002	新生儿科	姚裕家	0898-26671018
ks50001	肿瘤科	廖清奎	0898-26671018
ks50002	综合科	林木	0898-26671018
ks50003	麻醉科	张吉娜	0898-26671018

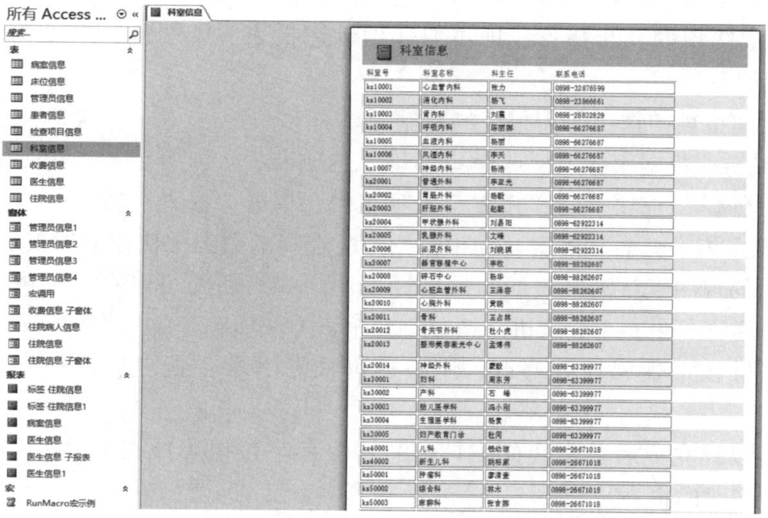

图6-7 “科室信息”报表的打印预览视图

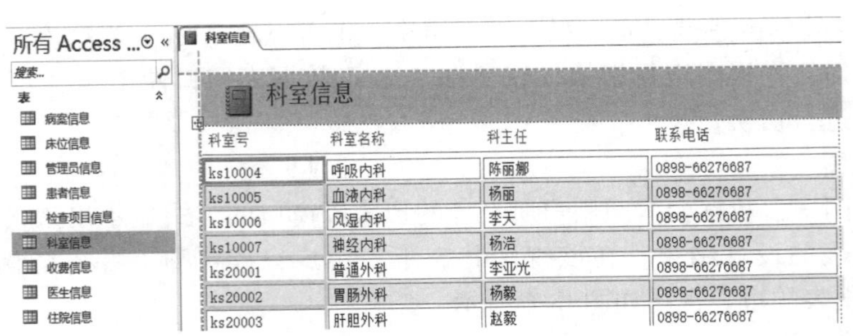

图 6-8 “科室信息”报表的布局视图

4. 设计视图

设计视图主要用于创建和编辑报表的组成结构，即对报表的报表页眉、页面页眉、主体、页面页脚和报表页脚等进行设计编辑。“科室信息”报表的设计视图如图 6-9 所示。

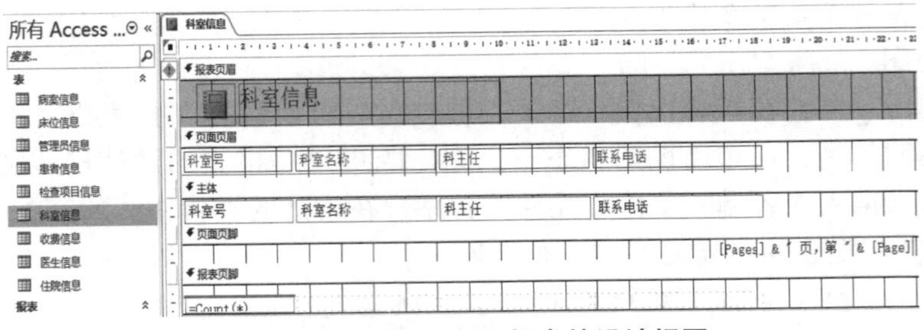

图 6-9 “科室信息”报表的设计视图

6.2 创建简单报表

Access 数据库为用户提供了多种创建报表的方法，主要的方法有 4 种：快速创建报表、创建标签报表、利用报表向导创建报表和使用设计视图创建报表。接下来将逐一介绍如何使用这 4 种方法创建简单报表。

6.2.1 快速创建报表

Access 数据库为了提高与用户之间的交互性，为用户提供了简单快捷地创建报表的方法，用户只需要简单的几步操作，即可快速地创建报表，所创建的报表类型为表格式报表。具体步骤如下：

（1）在创建报表前选定所需报表的数据源。

（2）在 Access 数据库选项栏选择“创建”选项卡。

（3）在“创建”选项卡的“报表”选项组中，单击“报表”按钮。

（4）单击后 Access 数据库会自动根据用户所选择的数据源快速创建报表。

（5）报表的视图默认为报表的布局视图，用户如有需要可以在“视图”下拉菜单中切换成报表的其他视图。一般来讲，快速创建报表方法所创建的报表的名称与数据源名一致，如需修改可在报表属性处修改，用户还可根据需求在报表属性栏修改报表的其他参数。

（6）报表设计完成后单击快捷工具中的“保存”按钮（或按下“Ctrl”+“S”键），即可保存快速创建的报表。

【例 6-1】 使用快速创建报表的方法，以“医务管理系统”数据库中的“患者信息”

表为数据源，创建报表。

具体步骤如下：

（1）在“医务管理系统”数据库中选择“患者信息”表作为数据源。

（2）在 Access 数据库选项卡上选择“创建”选项卡，单击“报表”图标按钮，即可创建“患者信息”报表，如图 6-10 所示。

（3）在“患者信息”报表布局视图上对报表进行进一步设计，在属性处对报表相关参数进行修改。

（4）单击快捷工具中的“保存”按钮（或按下“Ctrl”+“S”键），保存“患者信息”报表。

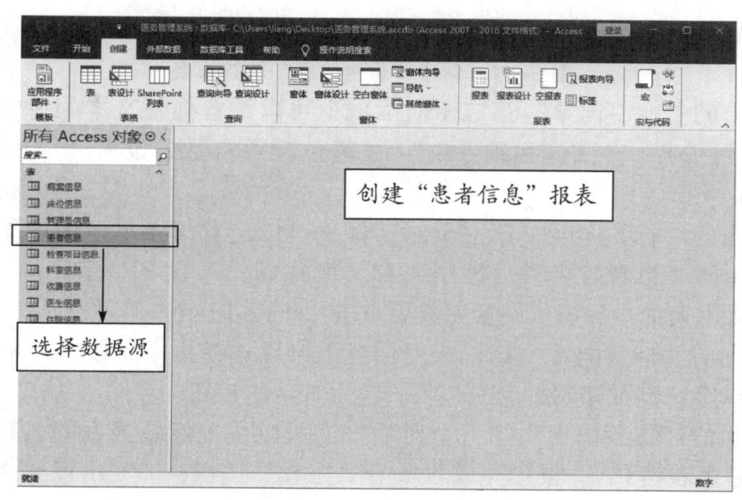

图 6-10　创建“患者信息”报表

6.2.2　创建标签报表

标签报表在 Access 数据库中是一种特殊的报表，其特殊性主要体现在报表的格式上，它的数据是以标签的形式呈现出来的。用户如需要创建标签报表，则可以通过标签向导的方法进行。

【例 6-2】使用标签向导的方法为“医务管理系统”数据库中的“患者信息”表创建标签报表，要求包含患者姓名、性别和既往病史的信息。

具体步骤如下：

（1）在“医务管理系统”数据库中选择“患者信息”表作为数据源，然后在 Access 数据库选项卡上选择“创建”选项卡，单击“标签”图标按钮，弹出“标签向导”对话框。

（2）在弹出的“标签向导”第一个对话框上可以选择标签型号。选择“型号：C2166”、“尺寸：52 mm×70 mm”（每个标签占用的大小）、“横标签号：2”（代表每行打印 2 个标签）。设置完成后点击“下一步（N）”按钮。

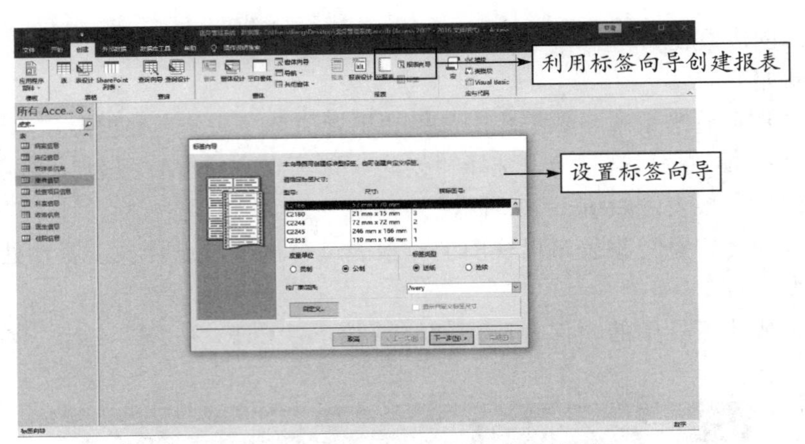

图 6-11　创建“患者信息”标签报表

（3）在弹出的“标签向导”第二个对话框上可以设置标签文本的字体和颜色。选择“宋体”“字号：20”“字体粗细：细”“黑色”等参数。设置完成后点击“下一步（N）”按钮。

（4）在弹出的“标签向导”第三个对话框上可以设置标签显示内容。依照题目要求在可用字段中选择“患者姓名”“性别”和“既往病史”这 3 个字段加入“原型标签”下，每个字段将用大括号标识。设置完成后点击“下一步（N）”按钮。

（5）在弹出的“标签向导”第四个对话框上可以选择排序字段。这里选择“患者姓名”字段进行排序，设置完成后点击“下一步（N）”按钮。

（6）在弹出的“标签向导”第五个对话框上可以设置标签报表的名称。这里为该报表命名：“标签 患者信息”。设置完成后点击“完成”按钮，即刻出现“患者信息”报表的打印预览视图，“患者信息”标签报表创建完成，如图 6-12 所示。

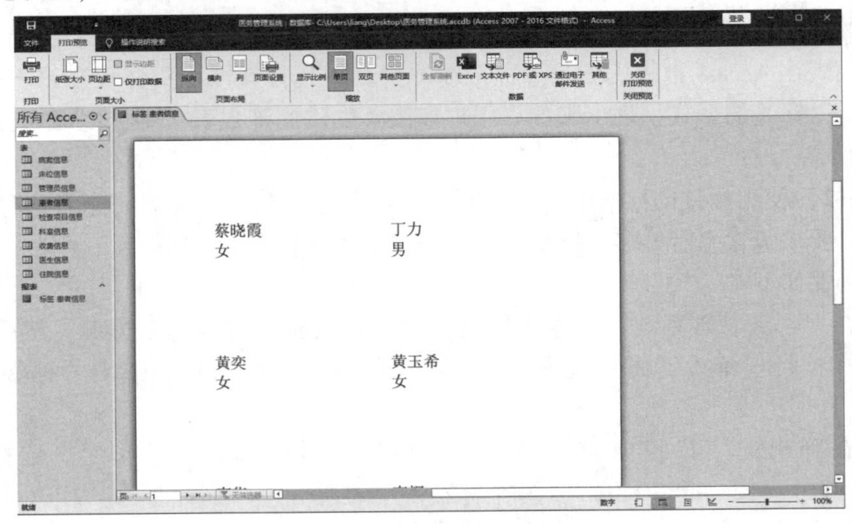

图 6-12　标签报表效果图

6.2.3　利用报表向导创建报表

在 Access 数据库中，还可以利用报表向导的方法创建报表。该方法相对于快速创建报表的方法复杂，这是因为利用报表向导的方法创建报表属于自定义创建报表的方式，用户在创建报表的过程中就需要进行许多的参数选择和报表的设计。该方法除了可以创建表格式报表外，还可以创建纵栏式报表。而利用报表向导的方法创建报表相对于完全自定义的空报表创建报表的方法又简单许多。Access 数据库在“报表向导”中，提供了大量的交互式设计，用户在创建报表时只需要根据向导提示就可以完成大部分报表设计时需要设置的基本操作，其中包含了数据源的选择、字段的选择、布局的选择和报表类型的选择等步骤，大大提高了创建报表的效率。

【例 6-3】使用报表向导的方法为“医务管理系统”数据库中的“患者信息”表创建报表。

具体步骤如下：

（1）在 Access 数据库选项卡上选择“创建”选项卡，单击“报表向导”图标按钮，弹出“报表向导”对话框，如图 6-13 所示。

（2）在弹出的“报表向导”第一个对话框上可以设置报表数据源和报表字段。依据题目要求，选择“表：患者信息”作为该报表数据源，将“可用字段”中病历号、患者姓名、性别、婚姻状况、既往病史分别选入“选定字段”。设置完成后点击“下一步（N）”按钮。

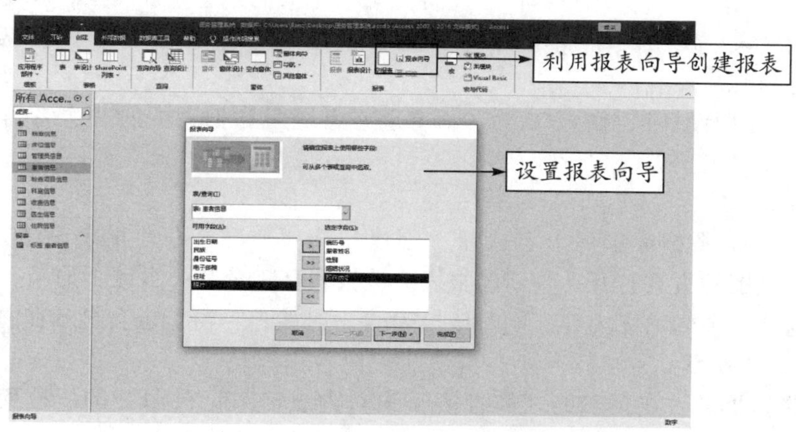

图 6-13　利用报表向导创建“患者信息”报表

（3）在弹出的“报表向导”第二个对话框上可以设置是否添加分组。这里将“性别”作为分组级别。设置完成后点击“下一步（N）”按钮。

（4）在弹出的“报表向导”第三个对话框上可以设置数据排序。这里将依照“病历号”进行排序。设置完成后点击“下一步（N）”按钮。

（5）在弹出的“报表向导”第四个对话框上可以设置报表的布局方式。这里将选择默认的布局方式。设置完成后点击“下一步（N）”按钮。

（6）在弹出的“报表向导”第五个对话框上可以设置报表的标题。这里将报表的标题命名为：“患者信息”。设置完成后点击“完成”按钮，即刻出现“患者信息”报表的打印浏览视图，利用报表向导创建的“患者信息”报表创建完成，如图 6-14 所示。

图 6-14 “患者信息”报表效果图

6.2.4 使用设计视图创建报表

在 Access 数据库中，为用户提供了一种完全自定义的创建报表方法，就是在设计视图中创建一个新报表。使用设计视图的方法不仅可以创建一个新的报表，还可以对已经创建好的报表进行修改。

【例 6-4】使用设计视图的方法为“医务管理系统”数据库中的“患者信息”表创建报表。

具体步骤如下：

（1）在 Access 数据库选项卡上选择“创建”选项卡，单击“报表设计”图标按钮，这时会以设计视图的方式打开一个新的报表。该报表有 3 个节：页面页眉节、主体节和页面页脚节。这 3 个节内均无内容，同时该报表的“属性表”窗口也会显示在右侧。设计视图窗口如图 6-15 所示。

（2）选择数据源：在报表的“属性表”窗口内点击“记录源”的下拉列表，为报表选择数据源，本例记录源选择为“患者信息”。

（3）选择“设计”选项卡，单击“添加现有字段”图标按钮，打开该报表的“字段列表”窗口，窗口显示已选定为记录源的所有字段。本例记录源为“患者信息”表中的所有字段。

（4）选择字段：从可用于此视图的字段中将报表所需要的字段加入主体节中，本例选择将“患者姓名”“性别”“出生日期”和“既往病史”这 4 个字段加入该报表的主体节中。选择字段窗口如图 6-16 所示。

图 6-15　设计视图窗口

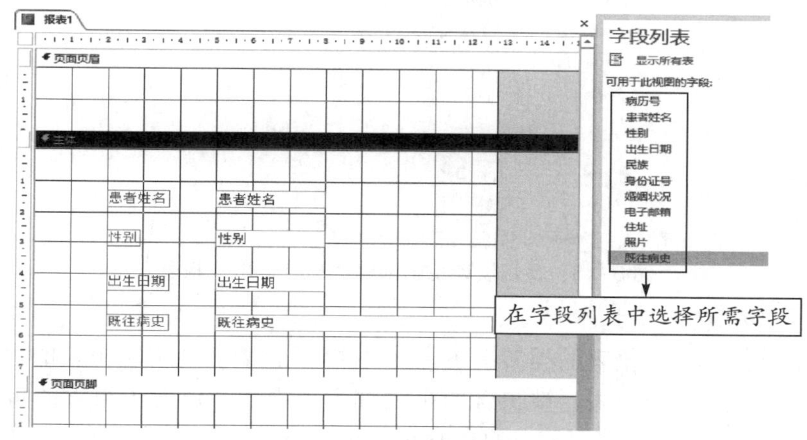

图 6-16　选择字段窗口

（5）设置报表标题：在“设计”选项卡下的“控件组”中选择“标签”控件，加入“页面页眉节”中，为报表设置一个标题。本例标题设置为“患者信息”。设置报表页码：在“设计”选项卡下单击“页码”按钮，弹出“页码”对话框，将页码位置选择在“页面页脚节”中，设置完成后单击“确定”按钮。设置报表标题、报表页码窗口如图 6-17 所示。

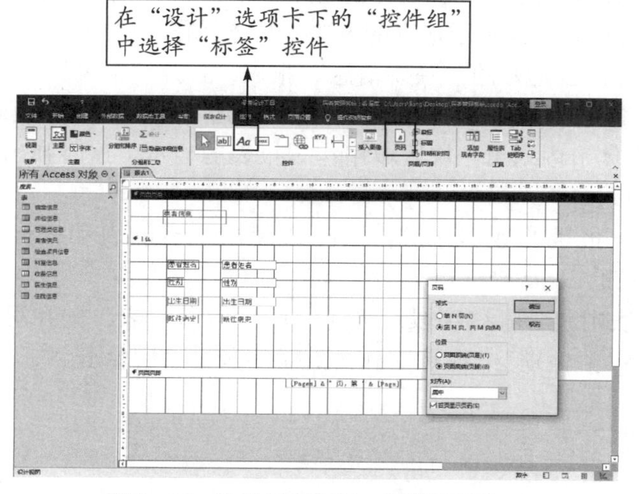

图 6-17　设置报表标题、报表页码窗口

（6）保存报表：切换到报表视图查看报表设计效果，若满足设计要求，则在 Access 数据库的快速工具栏上，单击“保存”图标按钮。在弹出的对话框里设置报表名称，设置完成后单击“确定”即完成该报表的创建。该报表的设计效果如图 6-18 所示。

该例题所创建的报表内容较为简单、样式较为单一，用户还可以利用“控件”组中的控件对该报表进行进一步的设计。使用设计视图的方法创建报表虽然较为复杂，但是用户可以自定义设置所需要的报表样式。当用户使用其他的方式创建报表时，也可将报表的视图切换成设计视图来对报表进行进一步设计与修改。

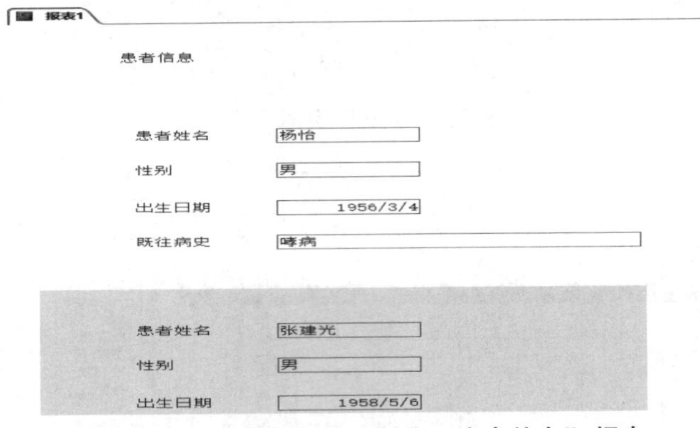

图 6-18　使用设计视图创建“患者信息”报表

6.2.5　设计主/子报表

在 Access 数据库中，报表的类型中还有一种主/子报表。该类型报表的表现形式为在一个报表中存在另外一个报表，被包含的报表称为子报表，包含子报表的报表称为主报表。该类型的报表主要是用来显示和打印存在一对多关系的表之间的联系，主报表是用来显示一对多关系中“一”的表记录，子报表是用来显示一对多关系中“多”的表记录。创建主/子报表的方法有两种：一种为在主报表中创建子报表，另一种为将某个现有的报表作为子报表添加到另外一个现有的报表中。这两种方法的前提是主报表与子报表间已经建立了一对多的表间关系。

【例 6-5】 在“住院信息”报表中，创建并添加“医生信息”子报表。

本例题使用在主报表中创建子报表的方法，具体操作步骤如下：

（1）打开已经提前创建好的“住院信息”报表，打开该报表的设计视图。

（2）在“设计”选项卡下的“控件”组中单击“子窗体/子报表”控件，然后在“住院信息”报表主体节内划出一块区域用作子报表的显示，这时弹出“子报表向导”对话框，如图 6-19 所示。

（3）选择用于子报表的数据来源：选择“使用现有的表和查询（I）”，然后单击“下一步（N）”按钮。

（4）确定子报表中包含哪些字段：选择“医生信息”表，并在可用字段中选择“员工编号”“医生姓名”“性别”“职称”作为选定字段，然后单击“下一步（N）”按钮。

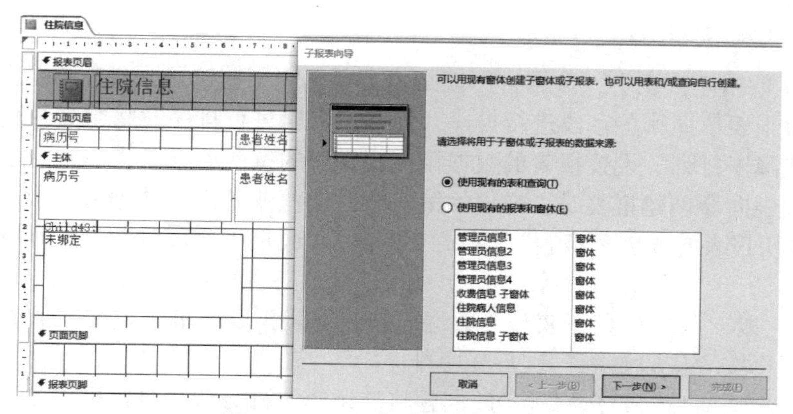

图 6-19　“子报表向导”对话框

（5）确定主报表与子报表所相关联的字段：本例选择“对住院信息中每个记录用员工编号显示医生信息”，然后单击“下一步（N）”按钮。

（6）确定子报表名称：本例题子报表命名为“医生信息 子报表”。然后单击“完成”按钮。最终设计结果如图 6-20 所示。

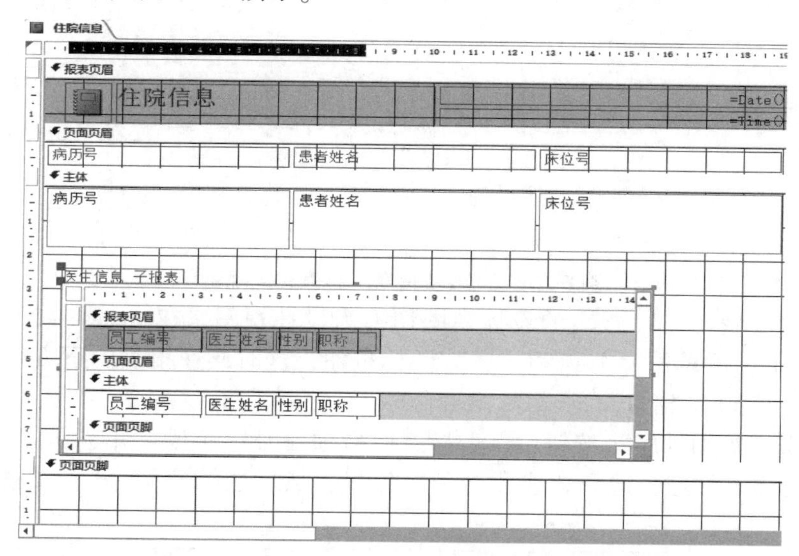

图 6-20　“住院信息”/“医生信息”的主/子报表

另一种创建主/子报表的方法与本例题所使用的方法基本相同，唯一不同的是该子报表必须为已经创建完成的报表，省去了使用“子报表向导”创建子报表的步骤（【例 6-5】中的步骤（2）至（4））。

6.3　创建特殊报表

使用 Access 数据库创建简单报表通常都能够满足用户基本的操作需求，但是在实际的应用中，用户除了一些基本的操作外，还需要经常对数据进行排序、分组和计算操作。这时就需要用户在创建报表的过程中添加这些设计，从而满足自身的实际需求。下面的内容将会逐一介绍如何创建这些特殊报表。

6.3.1 数据排序

在 Access 数据库报表中，数据排序就是依据数据中某些字段来进行排序。用户可以根据需求，设置报表依照哪些字段进行排序，当多个字段进行排序时将会遵循优先级次序依次进行升序或降序排列。设置报表的数据排序，常用的有两种方法：一种方法是前面介绍过的在使用报表向导创建报表时，弹出的第三个对话框就是进行数据排序，具体可详见本章 6.2.3“利用报表向导创建报表”小节；另一种方法是用户可以在设计视图下自定义设置数据排序。

【例 6-6】 以“收费信息”表作为数据源创建报表，要求报表先按“收费项目号”进行升序排序，再按“应收金额”进行降序排序。

因第一种方法前面已经介绍过，此例题将介绍第二种方法，具体操作步骤如下：

（1）利用快速创建报表的方法（该方法在本章 6.2.1“快速创建报表”小节已详细介绍）创建“收费信息”报表，此时默认为报表的布局视图，且未按要求进行数据排序，如图 6-21 所示。

收费信息

收费信息　　2021年2 23

病历号	收费项目号	应收金额	实收金额
10001001	36	¥80.00	¥80.00
10001002	44	¥274.00	¥274.00
10001003	44	¥274.00	¥274.00
10001004	44	¥274.00	¥0.00
10001005	44	¥274.00	¥274.00
10002001	30	¥28.00	¥28.00
10002002	30	¥28.00	¥28.00
10002003	30	¥28.00	¥28.00
10002004	30	¥28.00	¥28.00
10002005	30	¥28.00	¥0.00
20002001	30	¥28.00	¥28.00
20002002	30	¥28.00	¥28.00
20002003	30	¥28.00	¥0.00

图 6-21　“收费信息”报表布局视图

（2）将“收费信息”报表的设计视图切换为设计视图，在 Access 数据库窗口选择“设计”选项卡，再单击“分组和排序”图标按钮，这时候在报表的下方就会自动弹出“分组、排序和汇总”窗口。

（3）单击“添加排序”按钮后，选择“收费项目号”字段，并选择“升序”。后再单击“添加排序”按钮，选择“应收金额”字段，然后选择“降序”。设置完成后如图 6-22 所示。

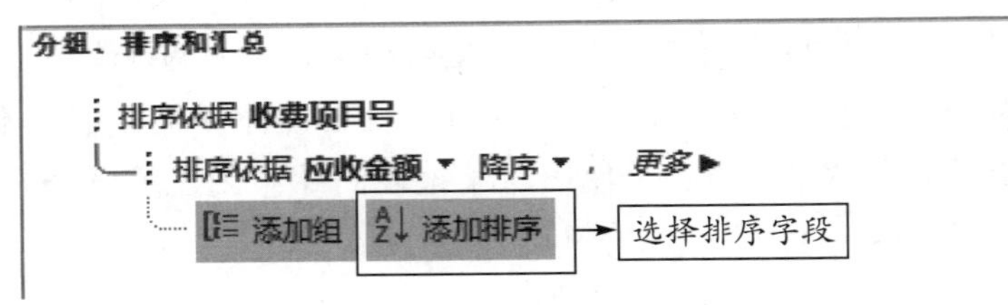

图 6-22　“分组、排序和汇总”窗口

（4）将“收费信息”报表的设计视图切换为报表视图，此时的“收费信息”报表是按照例题的排序要求所创建完成的报表，显示效果如图 6-23 所示。

通过**【例 6-6】**可以看出，在设置数据排序时，除去一些常用的设置外，还可以进行添加数据分组等操作，点击“更多”按钮还可以设置页面页眉节、页面页脚节的有无等操作。

收费信息

收费信息

病历号	收费项目号	应收金额
10001004	10	¥68.00
10001003	10	¥68.00
10001005	11	¥88.00
10001001	11	¥88.00
10002004	13	¥12.00
10002005	13	¥12.00
10002005	16	¥5.00
10002003	16	¥5.00
10002002	16	¥5.00
10002001	16	¥5.00
40001001	30	¥28.00
40001005	30	¥28.00
40001004	30	¥28.00
40001002	30	¥28.00

图 6-23　“收费信息”报表（数据排序）

6.3.2　数据分组

在 Access 数据库中，数据分组就是依据数据中某些字段来进行分组。用户可以根据需求，设置报表依照哪些字段进行分组，当多个字段进行分组时将会遵循优先级次序依次进行分组。设置报表的数据分组，常用的有两种方法：一种方法是前面介绍过的在使用报表向导创建报表时，弹出的第二个对话框就是进行数据分组，具体可详见本章 6.2.3“利用报表向导创建报表”小节；另外一种方法是用户需要通过设计视图自定义设置数据分组。

【例 6-7】以“收费信息”表作为数据源创建报表，要求报表按“收费项目号”进行分组。

因第一种方法前面已经介绍过，此例题将介绍第二种方法，具体操作步骤如下：

（1）利用快速创建报表的方法（该方法在本章 6.2.1“快速创建报表”小节已详细介绍）创建“收费信息”报表，此时默认为报表的布局视图，且未按要求进行数据分组。“收费信息”报表如图 6-24 所示。

收费信息

收费信息　2021年2,　23:

病历号	收费项目号	应收金额	实收金额
10001001	36	¥80.00	¥80.00
10001002	44	¥274.00	¥274.00
10001003	44	¥274.00	¥274.00
10001004	44	¥274.00	¥0.00
10001005	44	¥274.00	¥274.00
10002001	30	¥28.00	¥28.00
10002002	30	¥28.00	¥28.00
10002003	30	¥28.00	¥28.00
10002004	30	¥28.00	¥28.00
10002005	30	¥28.00	¥0.00
20002001	30	¥28.00	¥28.00
20002002	30	¥28.00	¥28.00
20002003	30	¥28.00	¥0.00

图 6-24　“收费信息”报表

（2）将“收费信息”报表的视图切换为设计视图，在 Access 数据库窗口选择“设计”选项卡，再单击“分组和排序”图标按钮，这时候在报表的下方就会自动弹出“分组、排序和汇总”窗口。

（3）单击“添加组”按钮后，选择“收费项目号”字段。设置完成后如图 6-25

所示。

(4) 将“收费信息”报表的设计视图切换为报表视图，此时的“收费信息”报表是按照例题的分组要求所创建完成的报表，显示效果如图 6-26 所示。

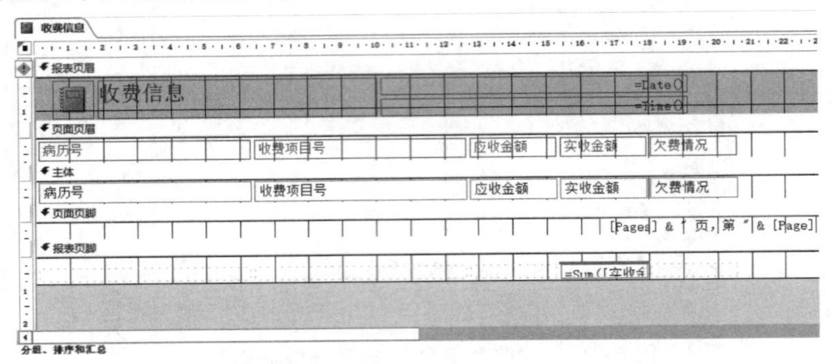

分组、排序和汇总

排序依据 收费项目号

排序依据 应收金额 ▼ 降序 ▼ ， 更多 ▶

选择分组字段 添加组 添加排序

图 6-25 “分组、排序和汇总”窗口

收费信息

病历号	收费项目号	应收金额	实收金额	欠费情况
10001004	10	¥68.00	¥68.00	¥0.00
10001003	10	¥68.00	¥0.00	¥-68.00
10001005	11	¥88.00	¥88.00	¥0.00
10001001	11	¥88.00	¥88.00	¥0.00

图 6-26 “收费信息”报表（数据分组）

与设置数据排序操作一样，通过【例 6-7】可以看出，在设置数据分组时，除去一些常用的设置外，还可以进行添加数据排序等操作；点击“更多”按钮还可以设置组页眉节、组页脚节的有无等操作；还可以将数据计算等操作放在组页脚节中。

6.3.3 数据计算

除了数据排序和数据分组外，数据库报表在实际的应用中，还需要完成数据计算。数据的计算主要是用户通过调用计算控件中相应的函数进行的，常用的计算如汇总、计数、求平均值、求最大值、求最小值等操作。

【例 6-8】创建“患者信息”报表，计算住院病人的年龄，并用“年龄”替换“出生日期”字段。

具体操作步骤如下：

(1) 利用快速创建报表的方法（该方法在本章 6.2.1“快速创建报表”小节已详细介绍）创建“患者信息”报表，创建完成后将报表视图切换为设计视图。

(2) 在报表的页面页眉节中找到“出生日期”字段，将“出生日期”标签修改为“年龄”。

（3）在主体节中找到“出生日期”文本框控件，将该控件删除。然后在“控件”组中选择“文本框”控件，添加在删除的“出生日期”文本框控件处，并将该控件的标签部分删除。

（4）选中这个新添加的控件，在该控件的属性表中找到“控件来源”，在该参数属性中输入“=Year（Date（））-Year（［出生日期］）”，如图6-27所示。

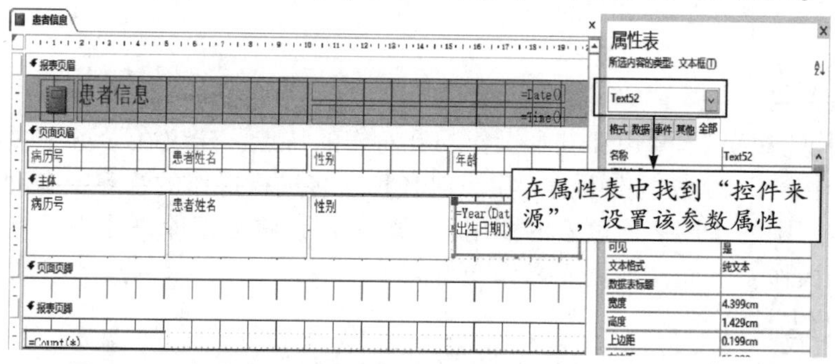

图6-27　创建含“年龄”的“患者信息”报表（设计视图）

（5）将报表的设计视图切换成报表视图，查看报表结果，如图6-28所示。保存创建好的“患者信息”报表。

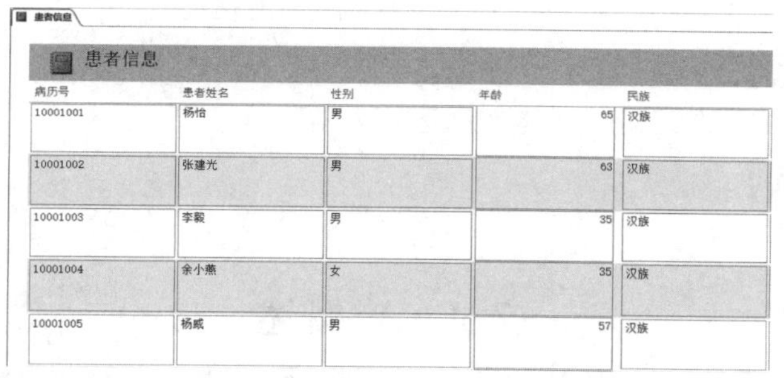

图6-28　创建含“年龄”的“患者信息”报表（报表视图）

6.4　本章小结

本章主要介绍报表的相关概念、报表的组成、创建报表、编辑报表、报表控件的使用、报表分组、报表页面的设置和打印等内容。通过本章的学习，能够帮助读者进行数据的打印，使读者更加了解数据库的基本功能，可以培养读者认真负责、严谨细致、勇于探索的进取精神。

第 7 章　宏

本章导读

本章介绍了宏的基本知识和基本操作。针对宏的特点，建议在学习中多通过实际操作来熟练掌握宏在 Access 数据库中的运用。对各种宏多进行操作的练习，有助于用户深入了解宏在实际应用中的作用；通过宏的使用，可以使用户将数据库操作中重复和经常使用的操作变成自动操作，从而使数据库操作变得简单。

【知识结构】

- 宏
  - 宏概述
    - 宏的分类
    - 常用的宏操作
  - 操作宏
    - 创建宏
    - 宏的运行与调试

【学习重点】

宏的基本概念、宏的类型、创建宏和运行宏等。

【学习难点】

宏的创建和宏的运行。

7.1　宏概述

在计算机中，宏是一个或者多个操作命令所组成的集合。Access 数据库中为计算机用户提供了大量的宏操作，每项宏操作都可以完成一个特定的 Access 数据库操作。用户在操作的过程中，只需要调用宏的对象名称就能按顺序依次执行宏所定义的各项 Access 数据库操作。计算机用户还可以将多项存在相互关联的宏操作定义在一个宏操作中，用于完成某一项特定的功能。

7.1.1　宏的分类

宏有很多分类的方法，主要分为 3 种：按保存方式分为独立宏和嵌入宏、按功能分为用户界面宏和数据宏、按其他方式分为条件宏和宏组。以下将逐一介绍各种类型的宏。

1. 按保存方式

独立宏：是以独立形式保存的宏。其独立于窗体、报表等对象之外，与数据表、查询、窗体和报表等对象一样，拥有自身独立的宏名。其在数据库的导航栏中是可见的，显示在“宏”对象栏目下。在“宏”对象栏双击宏名可以运行宏，在“宏”对象栏右击宏名，使用快捷菜单可以打开宏的设计视图。

嵌入宏：嵌入宏与独立宏相反，嵌入宏没有独立的宏名，嵌入在报表、窗体或者控件对象的事件属性中，作为一个属性依附在对象中保存。其在数据库的导航栏中是不可见的。

2. 按功能

用户界面宏：是附加到用户界面的按钮、文本框等对象上的宏，以实现它们的操作功能。

数据宏：是附加到数据表中的宏，常用于表中事件，如数据表添加、删除或者更改数据等。数据宏又分为两种类型：一种为由表事件触发（驱动）的数据宏；另一种是已经命名的数据宏，其是按名称调用而运行的数据宏。数据宏既可以用来检查数据表中所输入的数据是否合理正确，也可以用来更新表中的数据（如添加、删除和修改操作）。

3. 按其他方式

条件宏：是含有“IF”等存在条件的操作流程的宏。在宏的执行过程中，根据条件表达式中的条件判断，只有满足相应的条件时，才能执行相应的宏操作，这样在操作时能有效地控制相应条件的宏运行。例如，通常在输入数据格式不正确时，就可以根据条件宏给予用户相应的提示信息。

宏组：是存储在一个宏对象名称下的一个或者多个宏的集合。用户在使用宏的操作时，如果需要创建多个宏，可将相关的宏操作放在一个宏集合中，即为一个宏组；在使用宏组时用“宏组名. 宏名”的格式来调用。

7.1.2 常用的宏操作

Access 数据库为用户提供了大量常用的宏操作，大致分为以下 7 组，分别为“记录操作”“对象操作”“数据导入/导出”“数据传递”“代码执行”“发出警告”和“其他”。用户可以直接调用相应的宏操作完成应用程序的功能设计。具体如下：

1. 常用的“记录操作”组宏操作（见表 7-1）

表 7-1 常用“记录操作”组宏操作

宏操作	作用
GoToRecord	在打开的表、窗体或者查询中重新定位记录，使指定的记录成为当前记录
FindRecord	查找与指定的数据相匹配的第一条记录
FindNextRecord	查找与指定的数据相匹配的下一条记录

2. 常用的“对象操作”组宏操作（见表 7-2）

表 7-2 常用“对象操作”组宏操作

宏操作	作用
OpenForm	打开一个窗体
OpenModule	打开特定 VBA 模块
OpenQuery	打开指定的查询
OpenReport	打开指定的报表
OpenTable	打开指定的数据表
Rename	重命名指定的数据库对象
RepaintObject	对挂起的数据库对象更新
SelectObject	选择指定的数据库对象，使其成为当前数据库对象

续表7-2

宏操作	作用
CloseWindow	关闭指定窗口，若无指定窗口，则关闭当前活动窗口
DeleteObject	删除指定的数据库对象
CopyObject	将指定数据库对象复制到另一个数据库中，或以新名字复制到同一个数据库中
DeleteRecord	删除当前记录
SaveRecord	保存当前记录

3. 常用的“数据导入/导出”组宏操作（见表 7-3）

表 7-3　常用“数据导入/导出”组宏操作

宏操作	作用
TransferDatabase	与其他数据库之间导入或者导出数据
TransferSpreadsheet	在当前数据库和电子表格文件之间导入或者导出数据
TransferText	在当前数据库与文本文件之间导入或者导出数据

4. 常用的“数据传递”组宏操作（见表 7-4）

表 7-4　常用“数据传递”组宏操作

宏操作	作用
Requery	刷新数据源数据
SendKeys	把按键直接传送到 Access 或者其他 Windows 应用程序
SetValue	对窗体和报表上的字段、控件或属性进行设置

5. 常用的“代码执行”组宏操作（见表 7-5）

表 7-5　常用“代码执行”组宏操作

宏操作	作用
RunAPP	运行一个 Windows 或者 MS-DOS 应用程序
RunCode	调用 VB 的函数过程
RunMacro	运行一个宏
RunDataMacro	运行数据宏
RunSQL	对运行 Access 的动作查询

6. 常用的“发出警告”组宏操作（见表 7-6）

表 7-6　常用“发出警告”组宏操作

宏操作	作用
Beep	使计算机发出嘟嘟声响，无任何操作参数
Echo	是否打开回响
MsgBox	包含警告信息或者其他信息的消息框
MessageBox	显示含有警告或者提示消息的消息框

7. 常用的“其他”组宏操作（见表 7-7）

表 7-7 常用“其他”组宏操作

宏操作	作用
Hourglass	使鼠标指针在宏执行时变成沙漏形状或者其他选择图标
GoToControl	把焦点移动到打开的窗体及特定的字段或者控件上
ShowToolbat	显示或者隐藏内置工具栏、自定义工具栏
Quit	退出 Access
CancelEvent	中止一个事件
MaximizeWindow	最大化活动窗口
MinimizeWindow	最小化活动窗口
Restore	最大化或者最小化窗口恢复为原有窗口大小

7.2 操作宏

Access 数据库操作宏主要包括创建宏以及宏的运行与调试。下面将分别介绍 Access 数据库如何创建宏以及如何进行宏的运行与调试。

7.2.1 创建宏

1. 创建单个宏

相对于报表创建而言，宏的创建方法相对单一，在 Access 中创建宏是在宏设计视图中进行的。创建一个宏只需要在宏设计视图完成宏名、宏操作、宏操作参数等相关内容的设置，并不需要用户编写相关代码。操作的步骤如下：

（1）打开宏设计视图窗口：打开“医务管理系统”数据库，然后单击“创建”选项下的“宏”按钮，这时候 Access 数据库会自动创建一个宏设计视图的窗口，如图 7-1 所示。

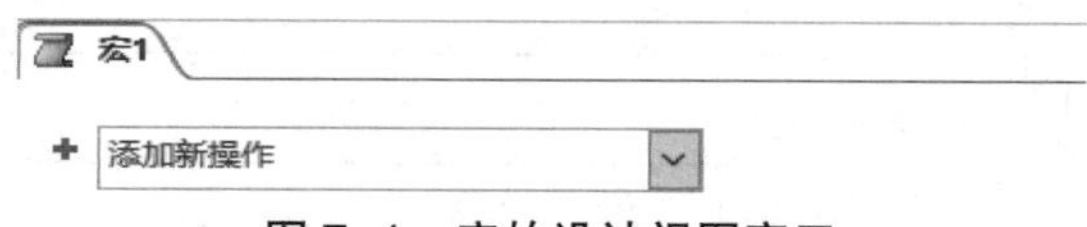

图 7-1 宏的设计视图窗口

（2）设置宏操作参数：用户在宏的设计视图窗口中选择需要完成的宏操作，并设置相应的宏操作参数。

在宏设计视图窗口中，有一个“添加新操作”的下拉列表框，点击右侧向下箭头就会显示该宏可完成的宏操作列表，用户只需要从宏操作列表中选择需要完成的操作即可。在这些宏操作中有部分是含参数的，有部分是不含参数的，用户若选择含有参数的宏操作，还需要设置相应的宏操作参数。

（3）设置多个宏操作：用户如果在宏的使用过程中需要使用多个宏操作，可在添加完一个宏操作后，继续在“添加新操作”下拉列表框中重复上文（2）的操作。如果需要对所设计的宏操作的顺序进行调整，只需要单击宏操作后面的按钮将相应的宏操作“上移”或者“下移”即可。

（4）保存宏：将相应的宏操作参数填写完毕后，单击“保存”按钮保存宏设计结果，保存后即可以调用运行该宏了。

(5) 修改宏：对已经创建完成的宏，如果需要进行修改，则需要在数据库的“导航窗格”中选中该宏并单击右键，弹出相应的快捷菜单后，选择“设计视图”命令，这样该宏将会在宏设计视图窗口打开，然后同创建宏一样，对该宏可以进行相应的设计，设计完成后点击“保存”即可完成对该宏的修改。

【例 7-1】创建一个宏，其功能是打开“住院病人信息”窗体，并将其最大化，设计结果如图 7-2 所示。

图 7-2　宏设计视图窗口

具体操作步骤如下：

(1) 打开“医务管理系统”数据库。

(2) 单击“创建”选项卡的“宏与代码”组中的“宏”按钮，打开宏的设计视图窗口。

(3) 在宏设计视图窗口的“添加新操作”组合框的下拉列表中选择“OpenForm 操作”，在“窗体名称”下拉列表中选择“住院病人信息”，设置“数据模式”为“只读”。

(4) 在宏设计视图窗口的“添加新操作”的下拉列表中选择“MaximizeWindow 操作”，如图 7-3 所示。

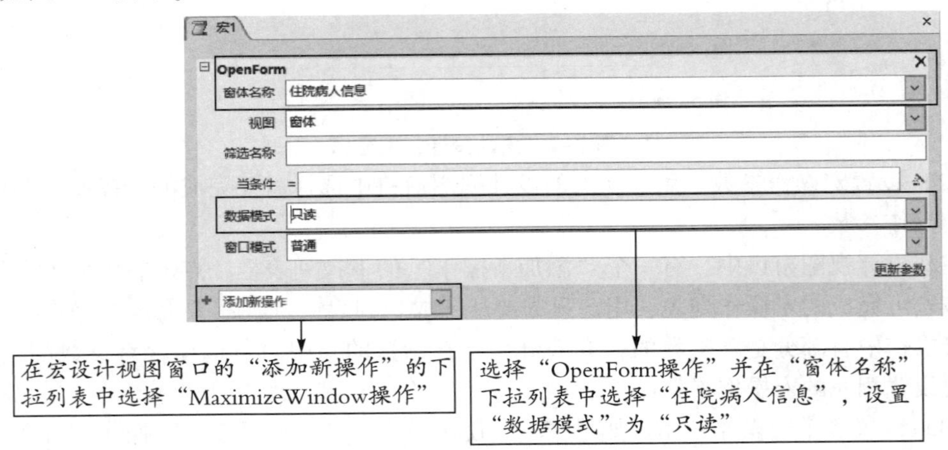

图 7-3　宏设计视图窗口的“添加新操作”

(5) 单击“保存”按钮，输入宏名称为“创建宏”，保存宏的设计结果。

(6) 在宏设计视图下，单击“设计”选项卡的“工具栏”组中的“!”运行按钮可以直接运行该宏，查看该宏的运行结果。

2. 创建子宏

子宏是宏的集合。为了用户更方便地实施对数据库的管理和维护，通常会将多个相关的宏组织在一起构成子宏。

子宏的创建方法与宏的创建方法类似。具体操作步骤如下：

（1）打开宏设计窗口。

（2）在“操作目录”窗格中把“程序流程”中的子宏 Submacro 拖到宏设计窗口，在显示的“子宏”行后面的文本框中输入子宏的名称。

（3）在“添加新操作”组合框的下拉列表中选择所需的宏操作，并设置其下方的操作参数。

（4）重复（2）~（3）步骤，在宏设计视图窗口中继续添加其他子宏。

（5）输入完毕，保存子宏设计的结果。

【例 7-2】 创建一个名为“创建子宏”的宏，该宏由两个子宏构成，设计结果如图 7-4 所示。

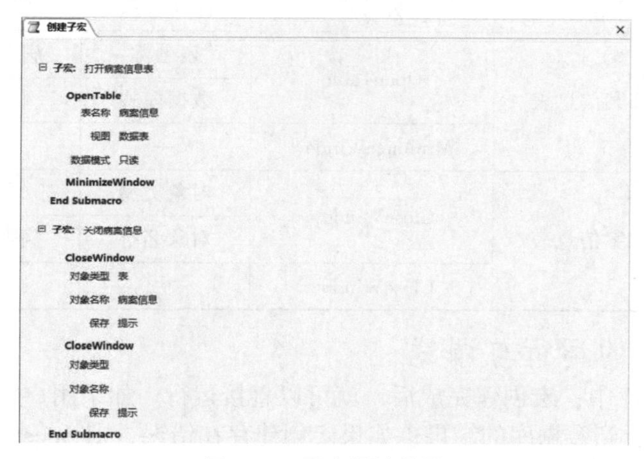

图 7-4　子宏设计结果

操作步骤如下：

（1）打开“医务管理系统”数据库。

（2）单击“创建”选项卡的“宏与代码”组中的“宏”按钮，打开宏的设计窗口。

（3）在“操作目录”窗格中把“程序流程”中的子宏 Submacro 拖到宏设计窗口，在显示的“子宏”行后面的文本框中输入子宏的名称“打开病案信息表”。

（4）在“打开病案信息表”子宏的“添加新操作”组合框的下拉列表中选择 OpenTable 操作，按照表 7-8 进行参数设置，设置“表名称”为“病案信息”、“数据模式”为“只读”。继续“添加新操作”组合框中选择 MinimizeWindow 操作，如图 7-5 所示。

（5）在宏的设计窗口重复（3）~（4）步骤，完成“关闭病案信息表”子宏的设计。

（6）单击“保存”按钮，在弹出的“另存为”对话框中输入子宏名称为“创建子宏”，然后单击“确定”按钮，用户即可在“导航窗格”中看到一个新添加的“创建子宏”宏对象。

（7）单击宏工具“设计”选项卡的“工具”组中的“！”运行按钮，可以查看该宏的运行结果。

（8）关闭宏设计窗口。

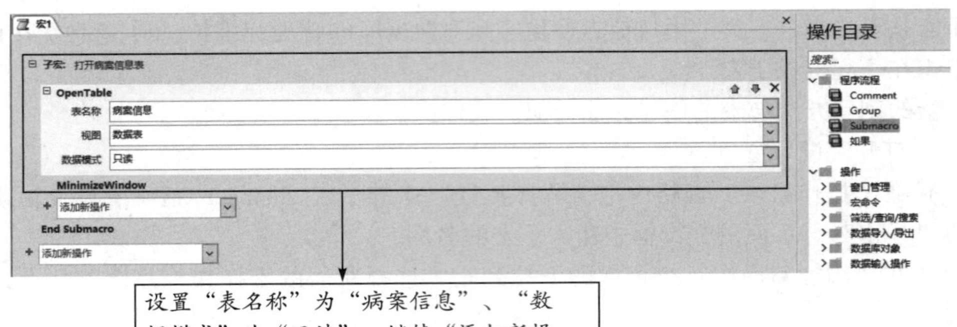

图 7-5　子宏设计窗口的“添加新操作”

表 7-8　“创建子宏”的参数设置

宏名	宏操作	操作参数	参数值
打开病案信息表	OpenTable	表名称	病案信息
		数据模式	只读
	MinimizeWindow	—	—
关闭病案信息表	CloseWindow	对象类型	表
		对象名称	病案信息
	CloseWindow	—	—

7.2.2　宏的运行与调试

在 Access 数据库中，宏创建完成后，就可以直接运行。如果用户所创建的宏的参数无误，运行宏后就会看到数据库的结果；如果宏创建存在错误，则 Access 数据库就会将相应的错误信息提示给用户，待用户修改正确后再运行。与创建宏单一的方法不同，宏的运行方式有多种。

1. 直接运行创建好的宏

通过以下任何一种方法都直接运行已经创建的宏。

（1）当宏处在设计视图时：单击“设计”选项卡的“工具”组中的“!”运行按钮可以直接运行该宏。具体如图 7-6 所示。

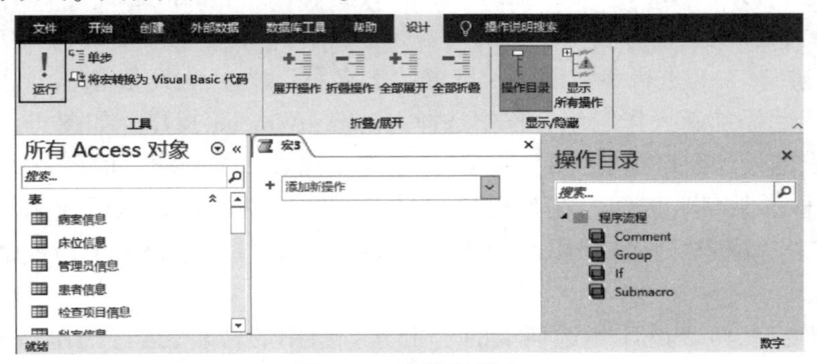

图 7-6　直接运行宏

（2）当宏设计视图处于关闭状态时，可在数据库的“导航窗格”中右击要运行的宏，然后在弹出来的对话框中选择“！”运行命令。

（3）在Access数据库菜单栏上单击“数据库工具”选项卡，然后单击“运行宏”按钮，在弹出来的“执行宏”对话框中选择要执行的宏的名称，选中后再单击“确定”按钮。具体如图7-7所示。

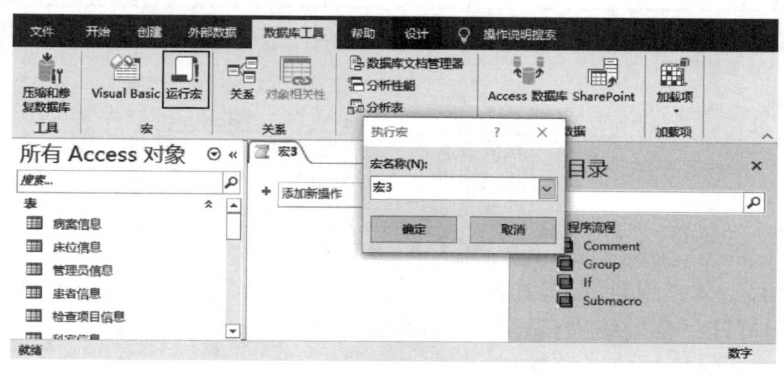

图7-7　“运行宏”窗口

2. 通过对象事件调用宏

直接运行创建好的宏的方法，通常适用于对宏设计的测试。而宏的使用方法实则是在窗体、报表或者控件上为了响应某些事件而运行宏。这就需要用户通过在窗体、报表或者控件的事件上设置相应的宏的调用，从而使用户在操作时实现相应的宏的运行。具体操作如下：

（1）在Access数据库设计视图中打开需要操作的窗体或者报表。

（2）在窗体、报表或者控件中相对应的事件的属性栏中的值设置为所需要运行的宏的名称。

（3）当窗体或者报表在运行时，一旦触发窗体、报表或者控件中相应的事件，就会运行相关的宏操作。这样的宏操作就是因事件的调用而运行的。

【例7-3】创建一个包含一个命令按钮的“宏调用”的窗体，单击按钮时将打开“住院病人信息”窗体并最大化。

操作步骤如下：

（1）创建“宏调用”窗体，在窗体上添加一个命令按钮，设置其标题为“住院病人信息”。

（2）在窗体的设计视图下，双击标题为“住院病人信息”的命令按钮，打开“属性表”窗口，在“事件”选项卡中找到“单击”事件，在其对应的下拉列表下选择“创建宏”。

（3）保存对窗体设计的修改，切换到窗体视图，查看运行效果。

运行后，单击标题为“住院病人信息”的按钮时，将执行“创建宏”中定义的操作——打开“住院病人信息”窗体并最大化。

3. 在一个宏中运行另外一个宏

在宏对象操作列选择“RunMacro”命令，并将“宏名称”参数设置为要运行的宏的名称，即可实现在该宏中又调用另一个宏的操作。

【例7-4】使用RunMacro宏操作调用【例7-1】中的“创建宏”宏的执行。

操作步骤如下：

（1）新建一个宏，单击“保存”按钮将该宏保存为“RunMacro宏示例”。

（2）在宏设计窗口的“添加新操作”的下拉列表中选择“RunMacro 操作”，并设置其“宏名称”为“创建宏”，如图 7-8 所示。

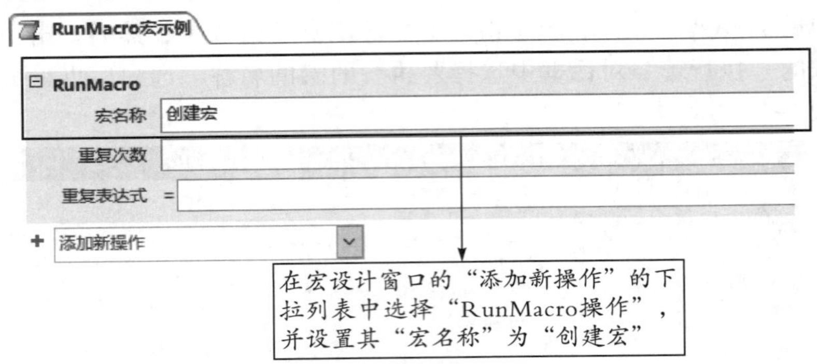

图 7-8 宏设置

（3）单击宏工具“设计”选项卡的“工具”组中的“运行”按钮，执行“RunMacro 宏示例”，则会打开“住院病人信息”窗体并最大化。

4. 数据库启动时候自动运行宏

在 Access 2016 中若要求在启动数据库的同时自动运行某个宏，则只需要将该宏的名称命名为“AutoExec”。AutoExec 是一个特殊的宏，在启动数据库时它会自动运行。

7.3 本章小结

本章介绍了宏的基础知识和基本操作，包括宏的概念、宏的分类和常见操作，并结合实例重点讲解了创建宏的方式以及宏的运行与调试。通过本章的学习，可以使用户将数据库操作中重复和经常使用的操作变成自动操作，从而使数据库操作变得简单；使读者对数据库的知识有了进一步了解，有利于其更加深入地探索知识。

第 8 章　模块与 VBA 程序设计

本章导读

本章主要介绍 VBA 的基本知识及其编程环境、VBA 编程的基本语法、基本程序结构、过程调用和参数传递、面向对象程序设计的基本概念、VBA 数据库访问技术基础，以及程序的调试。

【知识结构】

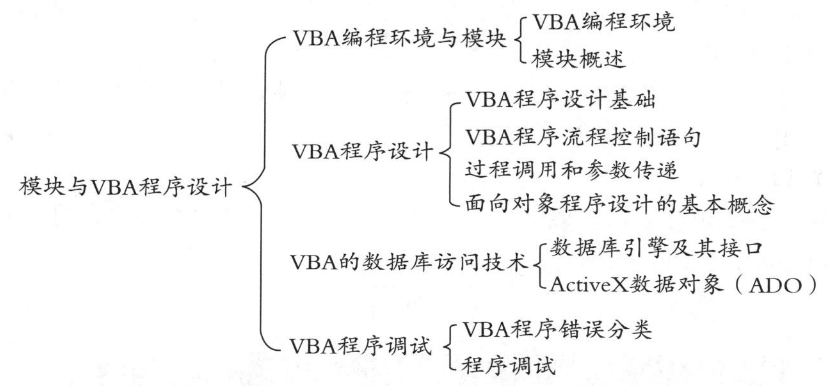

【学习重点】

VBA 的编程环境、VBA 程序设计基础、面向对象程序设计的基本概念、VBA 数据库编程技术基础、VBA 程序的调试。

【学习难点】

VBA 程序设计基础、面向对象程序设计的基本概念、VBA 数据库访问技术基础。

8.1　VBA 的编程

在前面章节中介绍了使用宏对象来响应和处理 Access 中的事件，使用宏对象可以完成很多任务，但是宏对象的功能是有限的，如不能处理复杂的分支和循环结构，另外，如果用户要创建一个完整的功能强大的应用数据库系统，其中很多功能是宏无法实现的，而且宏的运行速度相对较慢。鉴于宏的局限性，在 Access 中，一般使用 VBA（Visual Basic for Application）编写程序模块来满足特定的需求。

8.1.1　VBA 简介

VBA 是 Microsoft Office 内置的语言，是广泛流行的可视化应用程序开发语言 VB（Visual Basic）的子集。VB 语言开发系统是独立运行的开发环境，它创建的应用程序可以独立运行在 Windows 平台上，它有自己完全独立的工作环境和编译、链接系统，不需要依附于任何其他应用程序。而 VBA 的编程环境和 VBA 程序都必须依赖 Office 应用程序（如 Access、

Word、Excel 等)。由于 VBA 与主应用程序的这种依赖关系，使得它与主程序之间的通信变得简单而高效。VBA 语法与 VB 语言兼容，VBA 不但继承了 VB 的开发机制，而且还具有与 VB 相似的语言结构。在 Access 中，可以通过 VBA 编写模块来满足特定的需求。VBA 提供了面向对象的程序设计方法，提供了相当完整的程序设计语言。在 VBA 中，编写程序是以子程序和函数为单位，在 Access 中以模块形式出现。

8.1.2 VBA 的编程环境

在 Access 中，编辑和调试程序的环境称为 VBE（Visual Basic Editor)，它为 VBA 程序的开发提供了完整的开发环境和调试工具。

1. VBE 窗口的打开

在 Access 2016 中，打开 VBE 窗口主要有如下 4 种方法：

方法一：选择“数据库工具”选项卡，然后在“宏”组中单击“Visual Basic”按钮。

方法二：选择“创建”选项卡，然后在“宏与代码”组中单击“Visual Basic”按钮。

方法三：按快捷键“Alt+F11”。

方法四：进入窗体或者报表的设计状态，选择“窗体设计工具”“设计”选项卡，再单击“工具”组中的“查看代码”按钮。

2. VBE 窗口

VBE 主窗口主要由标题栏、菜单栏、工具栏、工程资源管理窗口、属性窗口、代码窗口和立即窗口组成，如图 8-1 所示。

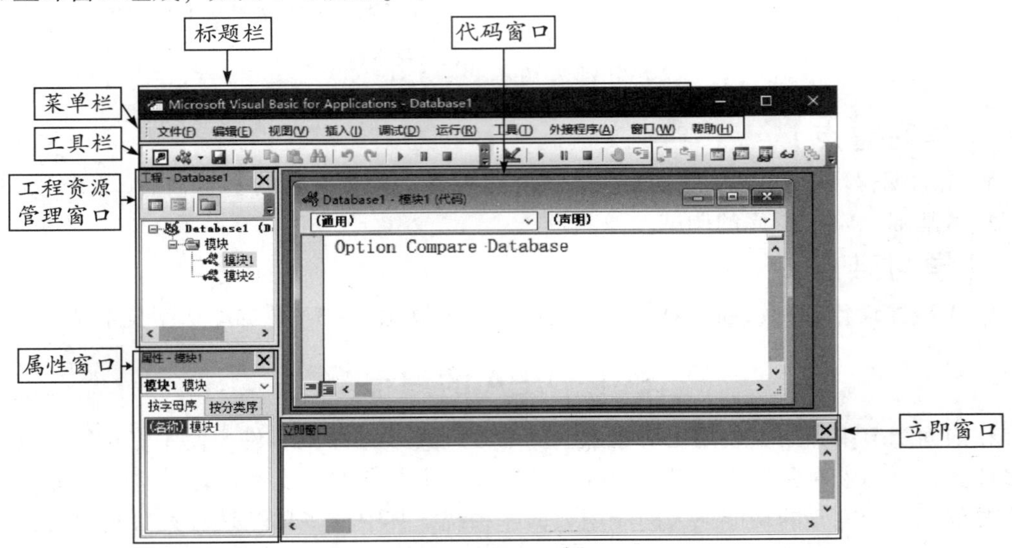

图 8-1 VBE 主窗口

(1) 标题栏。标题栏位于 VBE 窗口的最上方，标题栏左侧显示当前应用程序名称和数据库名称。

(2) 菜单栏。菜单栏在标题栏的下方，由文件、编辑和视图等 10 个菜单命令组成，包含了 VBE 中所有工具命令。

(3) 工具栏。默认情况下，工具栏位于菜单栏的下面，工具栏中包含各种快捷工具按钮，使用工具栏可提高编辑和调试代码的效率。工具栏中部分按钮的功能如表 8-1 所示，

可通过“视图”中“工具栏”显示或隐藏某些工具栏。

表 8-1　VBE 工具栏部分按钮的名称与功能

按钮	名称	功能
	视图 Microsoft Access	切换 VBE 窗口到 Access 数据库窗口
	插入模块	插入新的模块或过程
	运行子过程/用户窗体	运行模块中的程序
	中断	暂停正在运行的程序
	重新设置	结束正在运行的程序
	设计模式	进入或退出设计模式
	工程资源管理	打开工程资源管理窗口
	属性窗口	打开属性窗口
	对象浏览器	打开对象浏览器窗口

（4）工程资源管理窗口。该窗口以树形结构列出了应用程序中的所有模块，使用该窗口，可以快速浏览当前数据库的各个模块对象。双击模块对象可快速打开模块进行编辑，也可以右键单击模块对象名，在弹出的快捷菜单中选择“查看代码”命令来编辑模块代码。

（5）属性窗口。该窗口列出了所选对象的所有属性，可以直接在属性窗口中对这些属性进行编辑，也可以在代码窗口中用 VBA 语句设置对象的属性，有“按字母序”和“按分类序”两种排序方式显示对象属性。若选择多个对象，则属性窗口中显示的是所有对象的共同属性。

（6）代码窗口。代码窗口用于显示、输入和编辑 VBA 代码，主要由对象下拉列表框、过程/事件下拉列表框、代码编辑区和视图切换按钮组成，如图 8-2 所示。对象下拉列表框可查看和选择当前窗体或报表模块中的对象；过程/事件下拉列表框可查看和选择当前模块或标准模块的过程。在对象下拉列表框选择一个对象后，过程/事件下拉列表框中将列出该对象所有的事件。

如果需要同时查看多个模块，可以同时打开多个代码窗口，查看不同模块的代码，也可以方便地对各模块的代码进行复制和粘贴。在输入代码时，VBA 具有自动提示功能，可以只输入关键字、函数或过程参数等的前几位字符，就可以在列表中进行选择了，这样既可以提高代码输入效率，也可以减少代码出错。

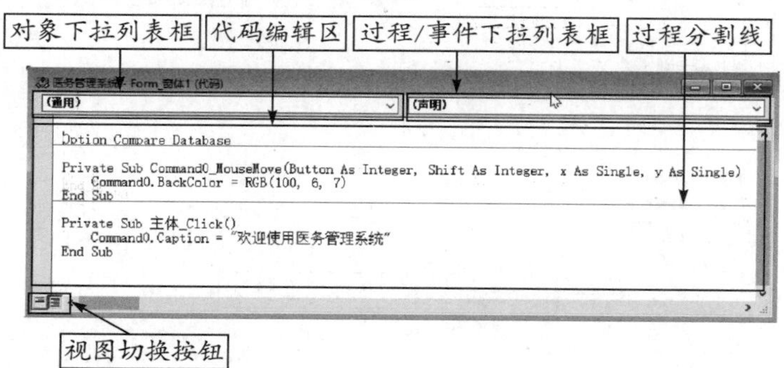

图 8-2　代码窗口

（7）立即窗口。在默认情况下，立即窗口是不显示的，可通过单击“视图”菜单，选择“立即窗口”菜单命令显示立即窗口。

立即窗口有两个功能：一是用于程序调试期间输出中间结果和帮助用户在中断模式下测试表达式的值；另一个是进行快速表达式计算，如在立即窗口输入命令：“? 10 * 20”或者“print 10 * 20”，按下“Enter”键，就会在下一行显示命令的执行结果，如图 8-3 所示。

单击立即窗口标题右侧的关闭按钮，可对其隐藏。

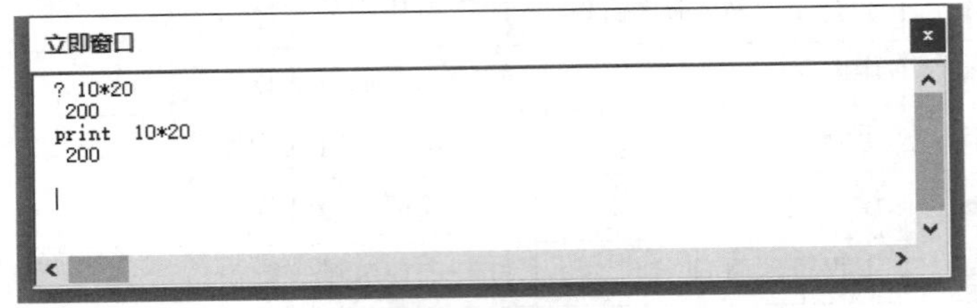

图 8-3　立即窗口

8.2　模块概述

模块是 Access 数据库主要对象之一，模块和宏的使用有相似之处。宏是由系统自动生成的程序模块，而模块中的代码使用 VBA 语言编写，是用来保存 VBA 程序代码的容器，其内部可包含一个或多个过程，每个过程作为一个独立的程序段，以实现某个特定的功能。

8.2.1　模块的类型

在 Access 中，模块有标准模块和类模块两种类型。

1. 标准模块

标准模块包含与其他任何 Access 对象都无关的常规过程，是可供整个数据库使用的公共过程，标准模块中的过程可以在数据库任何位置使用，通过标准模块可以实现代码的重用。

VBA 标准模块的名称是唯一的，在 Access 数据库窗口左侧导航窗格的“模块”对象列表框，可以查看标准模块，如图 8-4 所示。双击模块名称，可以打开 VBE 编辑器，编辑模块代码，同时，在 VBE 左侧的工程资源管理窗口也可以查看标准模块。

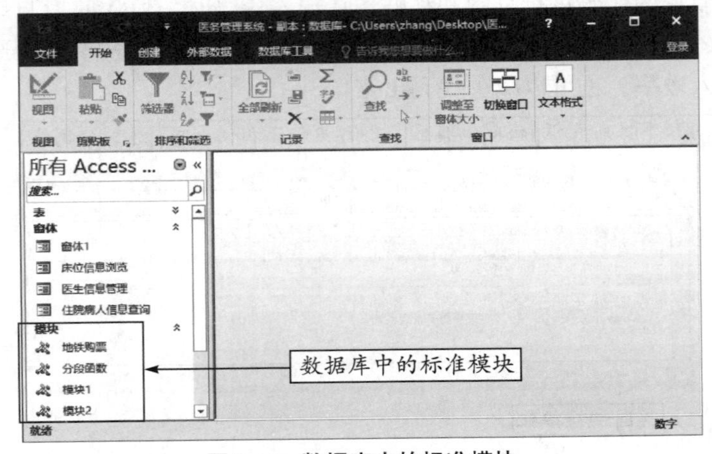

图 8-4　数据库中的标准模块

2. 类模块

类模块包括窗体模块和报表模块，是分别嵌入窗体和报表里的模块。类模块只能在窗体或报表中使用；窗体模块和报表模块通常都含有事件过程，用于响应对应控件的触发事件。窗体模块和报表模块的作用范围局限于所属窗体或报表内部。

在窗体和报表的设计视图中，有以下 3 种方法进入相应的类模块代码编辑状态。

方法一：选择“窗体设计工具”中“设计”选项卡，单击“工具”组中“查看代码”按钮，打开如图 8-5 所示窗体模块代码设计窗口。

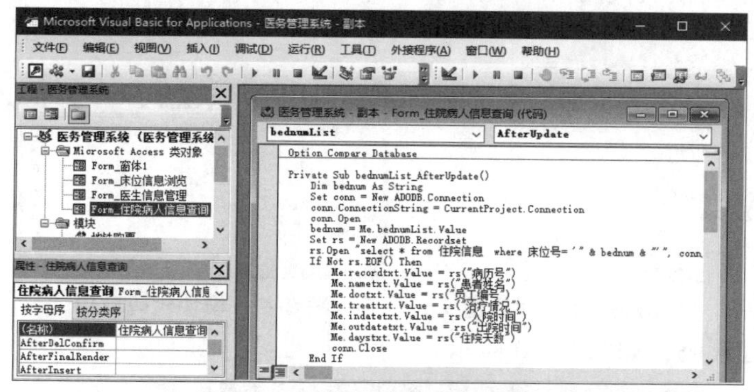

图 8-5　窗体模块代码设计窗口

方法二：选择要创建事件的控件，在“属性表”窗口中，选择“事件”选项卡，再选择对应的事件，如选择“单击”事件，点击“事件过程”后面的按钮▣，如图 8-6 所示，或者单击鼠标右键，从快捷菜单中选择“生成器”选项，如图 8-7 所示，然后在打开的“选择生成器”对话框中选择“代码生成器”选项。

图 8-6　“事件过程”生成器按钮

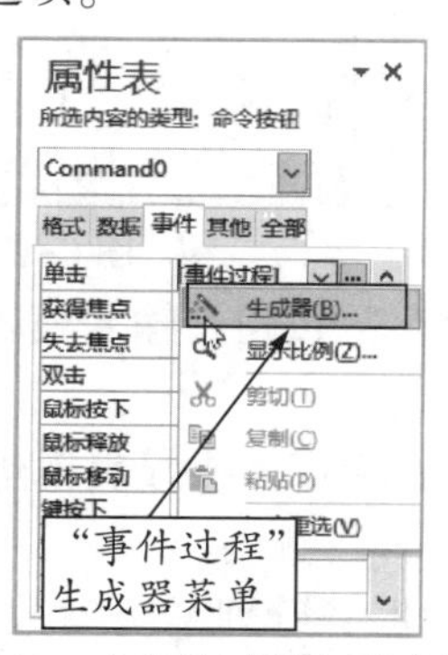

图 8-7　“事件过程”生成器菜单

方法三：在窗体设计视图中，选定控件，单击鼠标右键，从快捷菜单中选择“事件生成器”选项，打开窗体模块代码设计窗口，进入类模块代码编辑状态。

8.2.2　模块的创建

模块使用 VBA 语言编写，一个模块由一个或多个过程组成，过程有子过程（Sub 过程）和函数过程（Function 过程）两种类型。

1. 创建标准模块

通过案例来演示标准模块的创建过程。

【例 8-1】 建立一个标准模块，包含一个子过程和一个函数过程。子过程运行时显示欢迎使用医务管理系统！”，函数过程用来求一个数的绝对值。

操作步骤如下：

（1）在 Access 数据库窗口中，选择“创建”选项卡，然后单击“宏与代码”组中的“模块”按钮，打开 VBE。

（2）在 VBE 窗口中，单击“插入”菜单，选择“过程”命令，打开“添加过程”对话框，如图 8-8 所示。在该对话框中，输入过程的名称，选择过程的类型和范围，这里分别添加一个名为“welcome”的子过程和一个名为 myabs 的函数过程，范围均为“公共的”，添加完成以后的模块代码窗口如图 8-9 所示。

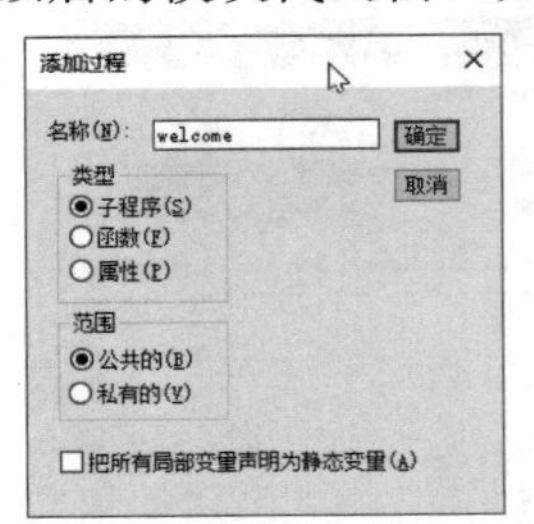

图 8-8　“添加过程”对话框

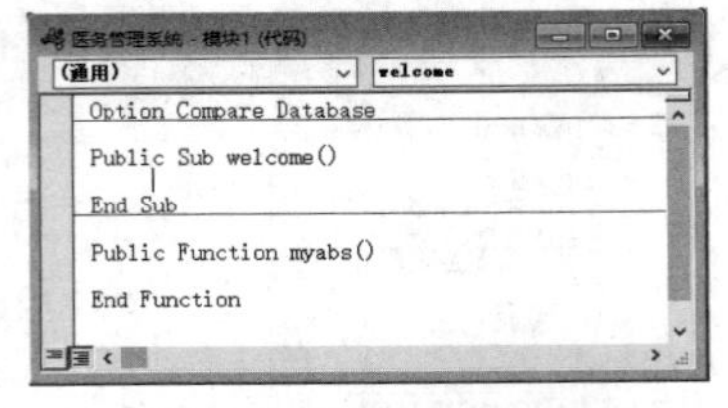

图 8-9　模块代码窗口

（3）输入过程代码，如图 8-10 所示。

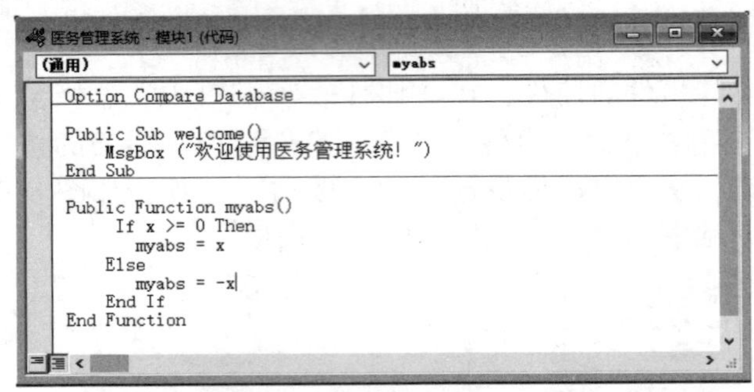

图 8-10　模块过程代码示例

（4）单击“保存”按钮，输入模块名称，保存模块。

2. 创建类模块

在 Access 中，在为窗体或报表创建事件过程时会自动创建类模块，这里以窗体模块为例来创建类模块。

【例 8-2】在“医务管理系统”数据库中创建一个窗体，窗体中包含一个命令按钮，单击该按钮时显示相应的文本信息。

操作步骤如下：

（1）在 Access 数据库窗口中，新建一个窗体，并在窗体上添加一个按钮，将按钮“标题”属性修改为“为什么学 VBA?”。

（2）选定按钮控件，在“属性表”窗口中，选择“事件”选项卡，点击“单击”事件后面的按钮…，打开窗体模块代码设计窗口。

（3）在模块代码设计窗口输入事件代码“MsgBox"学好 VBA，让工作更高效!"”，如图 8-11 所示。

（4）在窗体视图中，单击“为什么学 VBA?”按钮，弹出窗口，显示代码中的相应文本信息，效果如图 8-12 所示。

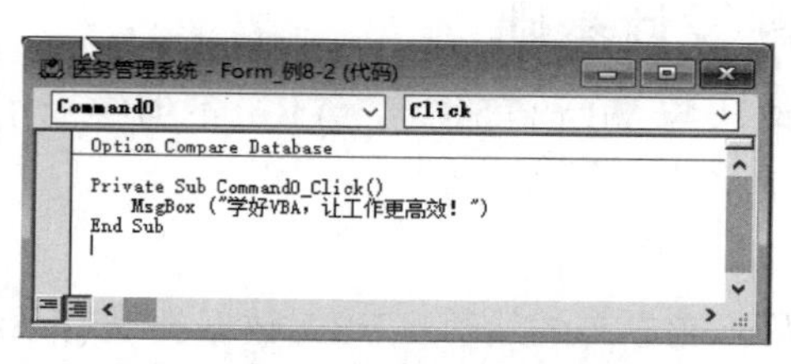

图 8-11　创建类模块代码窗口

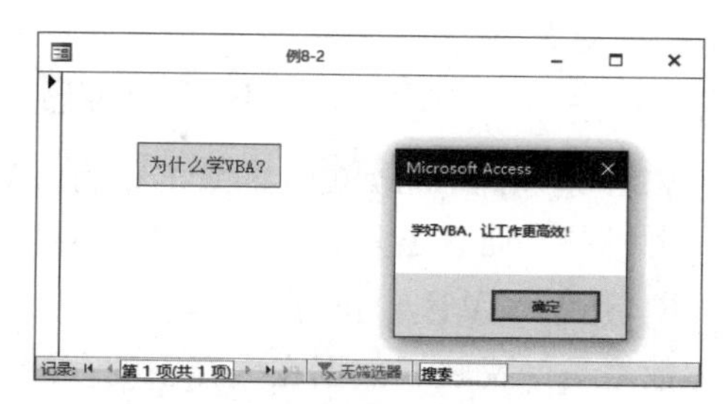

图 8-12　窗体运行效果

8.2.3　模块的组成

模块由声明区域和过程区域两部分组成，如图 8-13 所示。过程是组成模块的单元，由一系列计算语句和执行语句的代码组成，用于实现特定的功能。过程有子过程（Sub 过程）和函数过程（Function 过程）两种类型。

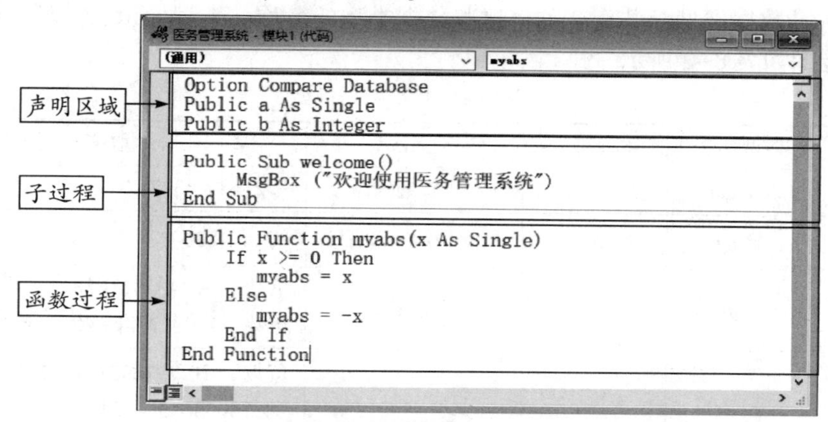

图 8-13　模块的组成

（1）声明区域。

声明区域用来声明模块使用的变量等内容，如声明常数、变量或过程，并且指定其特性，比如数据类型。

（2）子过程。

子过程又称为 Sub 过程，可以执行一系列操作，无返回值。定义格式如下：

```
Sub 过程名
        [程序代码]
End Sub
```

可通过引用子过程名来调用该子过程，在过程名前加上关键字 Call，可以显式调用一个子过程。

（3）函数过程。

函数过程又称为 Funtion 过程，可以执行一系列操作，有返回值。定义格式如下：

```
Function 过程名
        [程序代码]
End Function
```

调用函数过程时，需要直接引用函数过程的名称，而不能使用 Call 来调用执行。

8.3 VBA 程序设计基础

VBA 是 Microsoft Office 内置的语言。VBA 语法与 VB 语言兼容，VBA 不但继承了 VB 的开发机制，而且还具有与 VB 相似的语言结构。

8.3.1 VBA 的数据类型

数据类型反映了数据在内存中的存储形式及所能参与的运算。VBA 数据类型有系统定义好的标准数据类型和用户自定义数据类型两种，不同类型的数据有不同的存储形式和取值范围。

VBA 既可以使用“类型说明字符”来定义数据类型，也可以使用“类型说明标点符号”来定义数据类型。

1. 标准数据类型

VBA 标准数据类型一共有 9 种，这些数据类型的名称、类型标识、类型符号、字段类型及取值范围如表 8-2 所示。

表 8-2 标准数据类型

数据类型	类型标识	类型符号	字段类型	取值范围
整数	Integer	%	字节/整数	-32768 ～ 32767
长整数	Long	&	长整数/自动编号	-2147483648 ～ 2147483647
单精度数	Single	!	单精度数	负数 -3. 402823E38 ～ -1. 401298E-45 正数 1. 401298E-45 ～ 3. 402823E38
双精度数	Double	#	双精度数	负数 -1. 79769313486232E308 ～ -4. 94065645841247E-324 正数 4. 94065645841247E-324 ～ 1. 79769313486232E308
货币	Currency	@	货币	-922337203685477. 5808 ～ 922337203685477. 5807
字符串	String	$	文本	0 ～ 65500 字符
布尔型	Boolean	—	逻辑值，是/否	True 或 False
日期型	Date	—	日期/时间	100 年 1 月 1 日 ～9999 年 12 月 31 日
变体类型	Variant	—	任何	Januaryl/10000（日期）数字和双精度数同文本和字符串同

数据类型使用说明如下：

（1）字符串数据（String）。字符串常量需用英文双引号（" "）括起来，如"VBA"、"Visual Basic" 等。字符串的长度是该字符串包含的字符个数，如"Visual Basic"长度是 12。需要注意的是，空格也算有效字符，一个空格为 1 个字符。

（2）布尔型数据（Boolean）。布尔型数据只有两个值：True 和 False。布尔型数据转换为其他类型数据时，True 转换为-1，False 转换为 0；其他类型数据转换为布尔型数据时，0 转换为 False，其他值转换为 True。

（3）日期型数据（Date）。任何可以识别的文本形式的日期数据都可以赋给日期变量，日期型数据前后必须用“#”号括起来，例如，#2022/06/17#。

（4）变体类型数据（Variant）。VBA中规定，如果没有显式声明或使用符号来声明变量的数据类型，默认为变体类型数据。变体类型数据是一种特殊的数据类型，除了字符串类型及用户自定义类型外，可以是任何种类的数据。变体类型数据还可以包含Empty、Error、Nothing和Null特殊值。

2. 用户自定义数据类型

在标准数据类型的基础上，用户可以自定义包含一个或多个VBA标准数据类型的数据类型，用来满足用户自己的需求，这就是用户自定义数据类型。它不仅包含VBA标准数据类型，还包含其他用户自定义数据类型。用户自定义数据类型可以在Type和EndType关键字间定义，定义格式如下：

```
Type　[数据类型名]
<域名> As <数据类型>
<域名> As <数据类型>
    ……
EndType
```

用户自定义数据类型可以像标准数据类型一样使用，给用户自定义数据类型变量赋值时，语法格式是：

变量名元素名=变量值

【例8-3】定义一个名为Student的自定义数据类型。

```
Type Student
    StudentID As String * 8
    Name As String
    Sex As String
    Age As Integer
End Type
```

当需要用一个变量保存包含不同数据类型的多个数据时，就可以使用用户自定义数据类型。

8.3.2　常量与变量

1. 常量

常量是指在程序运行过程中固定不变的数据。VBA中的常量有直接常量、符号常量和系统常量3种类型。

（1）直接常量。

直接常量是在代码中直接书写的量。直接常量也有数据类型的区别，如字符型常量"abcd"、整数型常量345、日期型常量#1949/10/1#。

（2）符号常量。

符号常量是使用标志符号来表示的常量，需定义后才能使用。

定义格式为：

```
Const 常量名=表达式[,常量名=表达式]...
```

注意：自定义的符号常量不能使用与系统符号常量相同的名称。

例如：

Const　PI=3.141592653585

程序运行中所有的3.141592653585，均可用PI代替。如果在程序中需要反复使用同一个数，可以将其定义为符号常量，其值在程序运行过程中不能被修改，这样可以通过标识符代替冗长的常数，不仅简化输入，而且便于维护。

（3）系统常量。

VBA系统内部提供的各种不同用途的符号常量，往往与应用程序的对象、方法或属性相结合使用，有确定的标识符和值。

系统常量是VBA系统内部已经定义好的常量，也称为系统符号常量，用户可以直接使用。在VBA中，系统符号常量的标识符一般采用大小写字母混合的格式，前缀表示常量所在的对象库，如来自Access类库的系统常量以ac开头，如acSaveNo，此外还有True、False和Null等。

要查看VBA的系统常量，可以在VBA窗口中，单击“视图”→“对象浏览器”菜单，打开“对象浏览器”对话框，在左侧列表中选择系统常量所在的类，如选择“VbMsgBoxResult”，再在右边列表框中，选择所需的系统常量，如选择“vbOK”，在对话框下方区域会显示该常量的值和功能，如图8-14所示。

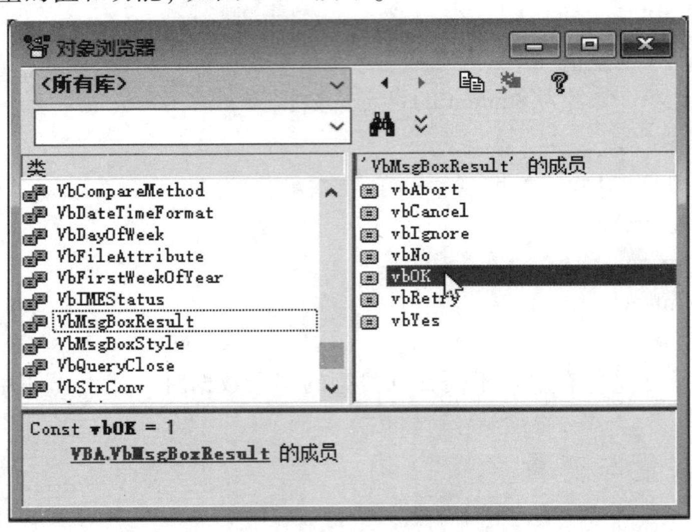

图8-14　“对象浏览器”对话框

2. 变量

变量是计算机内存中的命名存储单元。变量在内存中创建，主要包含变量名、变量的数据类型和变量的值三要素，可以通过变量名来访问相应内存单元中的数据。变量在程序运行过程中其值可以发生改变。

（1）变量的命名规则。

变量用来存储数据，为了区分存储着不同数据的变量，需要对变量命名。VBA变量的命名遵循标识符的命名规则。为了增加程序的可读性和可维护性，可以在命名变量时使用前缀的约定，这样通过变量名就可以知道变量的数据类型。变量的命名规则如下：

1）以字母开始，可以包含数字、字母和下划线。

2）不能多于 255 个字符。

3）不能使用系统保留的关键字，例如 Const、Sub、Function、Dim 等。

4）不区分英文字母大小写，如 StuID、stutid 和 stuID 表示同一个变量。

（2）变量的声明。

在使用变量前，需说明变量的名称和其存储的值的数据类型，这就是变量的声明。VBA 有显式声明和隐式声明两种声明变量的方式。

1）显示声明变量。

显示声明变量可以使用 Dim、Static、Public、Private 语句，通常使用 Dim 语句。Dim 语句的格式为：

Dim 变量名 [As 数据类型] [，变量名 [As 数据类型]]

其中，As 子句指定变量的数据类型，若省略 As 子句，则默认变量的数据类型为变体数据类型 Variant。若同时声明多个变量，变量之间用“，”隔开。使用 Static、Public、Private 语句声明变量的语法与 Dim 语句相同。

例如：

```
Dim stuname As String
'声明变量 stuname，为 String（字符）类型
Dim sex As String, birth As Date
'声明变量 sex，为 String（字符）类型；声明变量 birth，为 Date （日期）类型
Dim Chinese, Maths As Integer
'声明变量 Chinese，Maths，为 Integer （整数）类型
Dim filetype
'声明变量 filetype，默认为 Variant （变体）类型
```

此外，也可以用数据类型的类型符来声明变量，使用类型符来声明变量的语句的格式为：

Dim 变量名 [类型符]

例如：

```
Dim age%               '声明变量 age，为整数类型
Dim tel $ , height!    '声明变量 tel，为字符串型；声明变量 height，为单精度数型
```

使用 Dim 声明的变量，只在其所在的过程执行时存在，过程结束，变量的值也就消失了。变量声明的位置和方式不同，其作用的范围也有所不同。程序能够访问变量的范围，称为变量的作用域，作用域之外不能访问变量。根据变量作用域不同，可以将变量分为局部变量、模块变量和全部变量 3 类。

局部变量在过程内部声明，也只能在该过程内部使用，使用 Dim 或者 Static 关键字来声明。使用 Static 声明的变量称为静态变量，变量的值在整个程序运行期间都存在，且过程结束后这个变量所占有的内存不会被回收。使用 Static 声明局部静态变量如图 8-15 中代码所示。

模块变量只能在其所在的模块中使用，在其他模块不可用。模块变量在模块顶部，也就是声明区域，使用 Dim 或者 Private 关键字进行声明。模块变量的声明位置如图 8-15 中

代码所示。使用 Private 和 Dim 声明模块变量没有区别，但推荐使用 Private 进行声明，这样可以与全局变量区分开来。

全局变量是整个 VBA 的所有过程都能使用的变量，在标准模块的所有过程之外的声明区域，使用 Public 关键字进行声明。全局变量的声明位置如图 8-15 中代码所示。

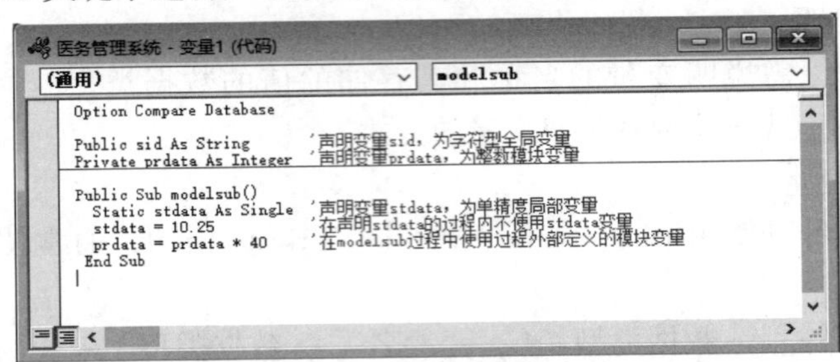

图 8-15　不同作用域变量的声明位置示意

8.3.3　数组使用

数组是一组具有相同数据类型的数据所组成的序列，并用统一的名称作为标识的数据类型，该名称就是数组名，其中单个的数据称为数组元素，数组元素通过数组名和下标的组合进行引用，下标是指默认从 0 开始的整数，下标指出了该数组元素在数组变量中的位置。

数组必须先显式声明后使用，数组声明需定义数组名、数据类型、大小。根据数组元素下标的个数，数组分为一维数组、二维数组和多维数组，这里介绍一维数组和二维数组的声明与使用。

1. 一维数组

声明格式：Dim 数组名（［下标下限 To］下标上限）［As 数据类型］

数组元素使用格式：数组名（下标）

例如：

```
Dim a (3) As Integer
a (0) =5
a (1) =10
a (2) =12
a (3) =18
```

该段代码的第一条语句声明了名为 a 的一维数组，数据类型为整数类型；共有 4 个元素，下标范围为 0～3；a 数组的各元素是 a（0）、a（1）、a（2）、a（3），a（i）表示由下标 i 的值决定是哪一个元素；接下来的 4 行语句分别表示给数组中的 4 个元素赋值。a 数组的内存分配如下：

a（0）	a（1）	a（2）	a（3）
5	10	12	18

每个数组元素有一个唯一的顺序号，下标不能超出数组声明时的上、下界范围，否则会显示“下标越界”的错误提示。默认情况下，如果没有指明数组的下界，则默认为 0，也可以对下标进行显式声明。

例如：

```
Dim b (2 To 4) As Single
b (2) = 1.5
b (3) = 2.3
b (4) = 3
```

该段代码的第一条语句声明一维数组 b，包括 3 个 Single 数据类型的数组元素 b（2）、b（3）、b（4），接下来的 3 行语句分别给 3 个元素赋值。b 数组的内存分配如下：

b（2）	b（3）	b（4）
1.5	2.3	3

需要注意的是，这里不能出现 b（1）的元素，因为其超过了下界，如果使用就会出现“下标越界”的错误提示。

2. 二维数组

声明格式：Dim 数组名（[下标下限 To] 下标上限，[下标下限 To] 下标上限）[As 数据类型]

数组元素使用格式：数组名（下标 1，下标 2）

例如：

```
Dim c (2, 2) As Integer
c (0, 1) = 5
c (1, 1) = 9
c (1, 2) = 7
```

该段代码的第一条语句声明二维数组 b，包括 3 行 3 列共 9 个元素，接下来的 3 行语句分别给其中的 3 个元素赋值。c 数组内存分配如下：

	第 0 列	第 1 列	第 2 列
第 0 行	c（0，0）	c（0，1）=5	c（0，2）
第 1 行	c（1，0）	c（1，1）=9	c（1，2）=7
第 2 行	c（2，0）	c（2，1）	c（2，2）

以上二维数组声明的时候下标采用的默认值为 0，也可以对下标进行显示声明。

例如：

```
Dim d (1 To 3, 1 To 3) As Integer
```

以上代码同样声明了一个 3 行 3 列矩阵，但是下标都是从 1 开始，其使用方式与一维数组下标使用类似。

8.3.4　VBA 语句概念以及书写规则

VBA 程序由若干条功能不同的 VBA 语句组成，每条语句是能够完成某个特定的操作的命令。它可以是关键字、运算符、常量、变量、函数和表达式等，每条语句行以回车键结束。

1. 语句分类

在 VBA 程序中，根据语句功能的不同，将程序语句分为声明语句、赋值语句、注释语句、执行语句和输入输出语句等多个类别。

（1）声明语句。

声明语句用于定义变量、常量或者过程。

例如：

```
Public Data As Integer
```

（2）赋值语句。

赋值语句用于给变量赋值。赋值语句的格式如下：

变量名 = 表达式

例如：

```
    Data = 15 * 2
```

赋值语句中的“=”称为赋值符号，作用是将右边的数据或者表达式的结果赋值给左边的变量，要注意的是：赋值符号两边的数据类型要一致。

（3）注释语句。

注释语句用于对程序或程序中的语句进行说明或者备注，程序运行时注释语句不会被执行，主要用于增加程序的可读性，其语句的格式如下：

方法一：'注释内容

方法二：Rem 注释内容

注释内容默认以绿色文本显示，使用 Rem 引导的注释语句，若放在其他语句之后，需要使用“:”隔开。

例如：

```
    Dim name  As String                '定义变量 name 为 String（字符）类型
    name = "张三"    :           Rem 将“张三”字符串赋值给变量 name
```

（4）执行语句。

执行语句用于执行过程调用和实现各种流程控制，过程调用和流程控制结构将在后面的小节介绍。

（5）输入语句。

在 VBA 中，使用 InputBox 函数可以弹出一个对话框。该对话框中有一个文本框和提示信息，等待用户在文本框中输入数据，并按下“确定”按钮，然后返回包含文本框中内容的数据信息。InputBox 函数语句格式如下：

InputBox（提示信息 [，对话框标题] [，文本框默认输入数据]）

例如：

```
    name = InputBox（"今天你学习了吗?"，"输入"）
```

该 InputBox 函数弹出的对话框如图 8-16 所示，该语句通过对话框中的文本框接收一个数据，并将该数据赋值给 name 变量。需要注意，在默认情况下，返回的值是一个字符串，若输入一个数值型数据时，需要使用 Val 函数将其转换为数值类型数据。

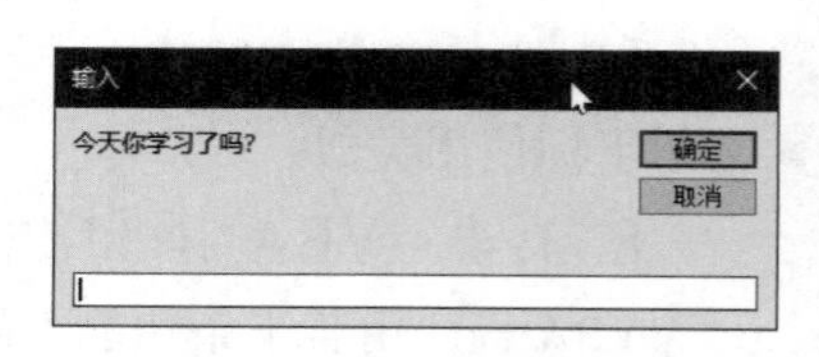

图 8-16　InputBox 函数弹出窗口

（6）输出语句。

在 VBA 中，使用 Print 方法在立即窗口中输出程序运行的中间结果，其语法格式如下：

Debug. Print [表达式列表 [, | ;]]

例如：

Debug. Print 25 * 4, "张三"

(7) 弹出消息语句。

VBA 中使用 MsgBox 函数或 MsgBox 语句产生一个弹出消息框，用户根据提示信息进行选择操作。弹出消息框由标题栏、提示信息、一个图标和一个或多个命令按钮 4 个部分组成，其函数和语句的语法格式分别如下：

MsgBox 函数：变量名=MsgBox（提示 [，按钮图标] [，标题]）

MsgBox 语句：MsgBox 提示 [，按钮图标] [，标题]

使用 MsgBox 函数会产生一个返回值，需要将返回值赋值给一个变量，而使用 MsgBox 语句没有返回值，一般用来显示信息。其中图标的形式及按钮的个数可以由用户设置，设置的表示方式如表 8-3 所示，可以使用系统常量表示，也可使用数值表示。

表 8-3　MsgBox 按钮类型和图标样式

类型	系统常量	数值	作用
按钮类型	vbokonly	0	只显示“确定”按钮
	vbokcancel	1	显示“确定”及“取消”按钮
	vbabortretryignore	2	显示“终止”“重试”及“忽略”按钮
	vbyesnocancel	3	显示“是”“否”及“取消”按钮
	vbyesno	4	显示“是”“否”按钮
	vbretrycancel	5	显示“重试”及“取消”按钮
图标样式	vbcritical	16	显示系统叉号图标（×）
	vbquestion	32	显示系统问号图标（?）
	vbexclamation	48	显示系统感叹号图标（!）
	vbinformation	64	显示系统信息图标（i）

例如：

n=MsgBox ("确定要删除吗?", vbYesNoCancel + vbQuestion, "提示")

MsgBox"今天是你的生日!", 64 + 16, "提示"

弹出窗口的效果分别如图 8-17、图 8-18 所示。

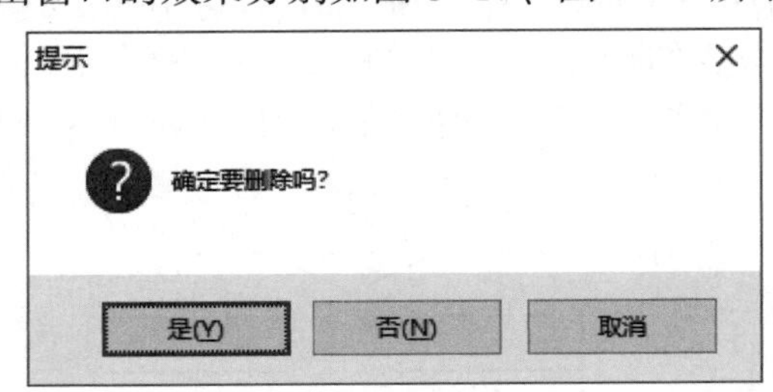

图 8-17　弹出消息框（1）

图 8-18　弹出消息框（2）

2. 语句书写规范

在代码窗口输入语句时，系统会自动进行语法检查。当输入一行语句，按回车键后，如果该语句中有语法错误，则此行代码以红色文本显示，并显示错误信息。因此在书写代码时，必须严格按照代码书写规范来输入，主要有以下几条规则：

（1）通常一条语句写在一行，若语句较长，可使用续行符“_ ”将语句写在下一行，但是在续行前须加一个空格。

（2）一行可以书写多条语句，各语句之间以冒号“:”分隔。

（3）不区分字母的大小写，对于语句中的关键字、函数名，VBA 自动将其首字母转换为大写。

8.4 VBA 程序流程控制语句

流程控制语句用来控制各类操作语句的执行顺序。同一操作语句序列，按照不同的顺序执行，会得到不同的结果。语句的执行方式根据流程控制的不同分为顺序结构、选择结构和循环结构 3 种基本控制结构。

8.4.1 顺序结构

顺序结构是计算机按照语句的排列顺序，从上而下依次执行每一条语句的结构，是程序设计中最简单的基本结构。顺序结构的流程如图8-19 所示。

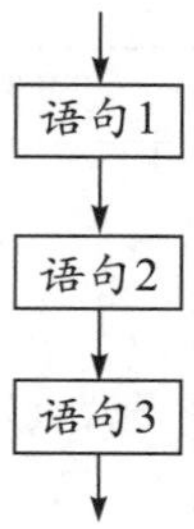

语句1

语句2

语句3

图 8-19 顺序结构流程

【例 8-4】某单位需购买 n 套办公桌椅，已知每套单价 2000 元，另加总价的 4.5%的送货费，请计算该单位应付款是多少？

在 VBA 模块中实现上述功能的程序如下：

```
Public Sub sxprice ()
  Dim n As Integer
  Dim a As Single
  Dim sum As Single
  n=InputBox ("请输入您购买桌椅的套数:", "输入")
  a=2000
  sum=n * 2000 + n * 2000 * 0.045
  MsgBox "你需要付款" + Str (sum), 64 + 16, "提示"
  End Sub
```

8.4.2 选择结构

选择结构也叫分支结构，是根据条件的成立与否选择程序运行的分支语句的结构。如果条件成立，则执行相应的分支语句序列，否则执行其他分支语句序列，或者什么也不做。选择结构可分为单分支结构、双分支结构和多分支结构，其流程分别如图 8-20、图 8-21、图 8-22 所示。实现选择结构的方式主要有 2 种：If 语句和 Select Case 语句。

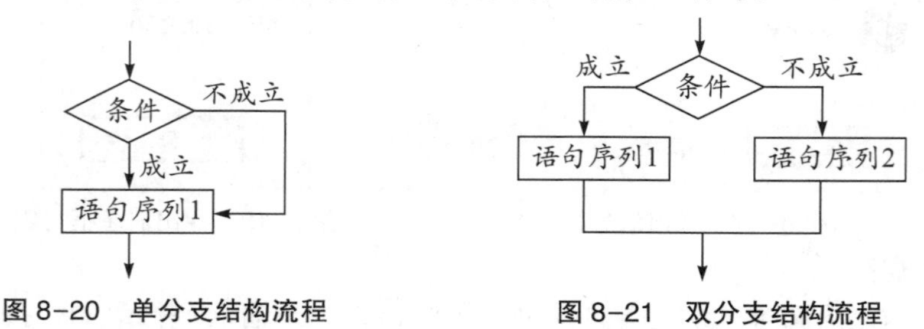

图 8-20 单分支结构流程　　图 8-21 双分支结构流程

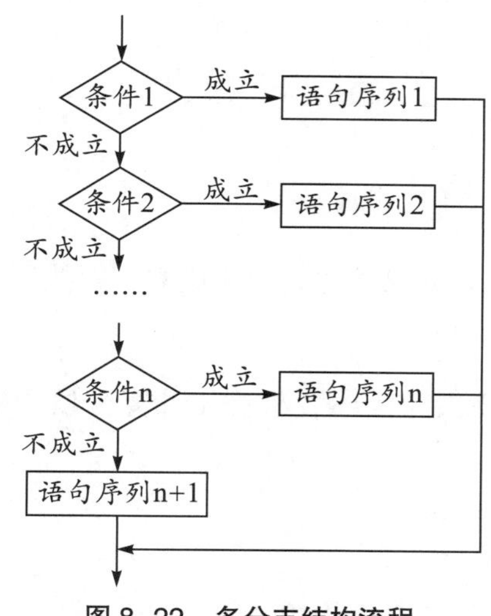

图 8-22　多分支结构流程

1. If 语句

使用 If 语句的选择结构，在使用时根据分支数分 3 种情况：单分支结构、双分支结构、多分支结构。此外还有单行 If 语句，就是将 If 语句写在同一行。

（1）单分支 If 语句。

单分支 If 语句的语法格式如下：

```
If 条件表达式 Then
    语句序列 1
End If
```

单分支 If 语句的执行过程：如果条件表达式成立，则执行 Then 后面的语句序列 1；如果条件表达式不成立，则程序将跳过语句序列 1 而直接执行 End If 后面的语句。

【例 8-5】 任意输入两个不同的整数，输出其中较大的一个。

程序代码如下：

```
Public Sub maxnum ( )
  Dim num1 As Integer
  Dim num2 As Integer
  Dim maxnum As Integer
  num1 = InputBox ("请输入第一个整数", "提示")
  num2 = InputBox ("请输入第二个整数", "提示")
  maxnum = num1
  If data2 > maxnum Then
    maxnum = num2
  End If
  Debug. Print maxnum
End Sub
```

（2）双分支 If 语句。

双分支 If 语句的语法格式如下：

```
If 条件表达式 Then
    语句序列 1
Else
    语句序列 2
End If
```

双分支 If 语句的执行过程：如果条件表达式成立，则执行语句序列 1；如果条件表达式不成立，执行语句序列 2。

【例 8-6】 任意输入一个数赋值给 x，根据 x 计算分段函数 $y=\begin{cases}x^2+6x+7 & x<0\\ 10^x & x\geqslant 0\end{cases}$ 的值，并显示结果。

程序代码如下：

```
Public Sub Piefunction ( )
  Dim x As Single
  x=InputBox ("请输入 x:", "提示")
  If x < 0 Then
    y=x ^ 2 + 6 * x + 7
  Else
    y=10 ^ x
  End If
  Debug. Print y
End Sub
```

（3）多分支 If 语句。

多分支 If 语句的语法格式如下：

```
If 条件表达式 1 Then
  语句序列 1
ElseIf 条件表达式 2  Then
  语句序列 2
  ……
[ElseIf 条件表达式 n Then
  语句序列 n]
[Else
  语句序列 n+1]
End If
```

多分支 If 语句的执行过程：依次判断条件，如果找到一个满足的条件，则执行其下面的语句序列，然后执行 End If 后面的程序，也就是说，不管条件有几个分支，程序执行一个分支后，其余的分支不再执行。如果所列的条件都不满足，则执行 Else 语句后面的语句序列；如果所列出的条件都不满足，又没有 Else 子句，则直接跳过 End If，去执行后面的语句块。

【例 8-7】 模拟地铁自助购票系统，其付款规则为：乘 3 公里（含）内 2 元每位；3～

6公里（含）3元每位；6～12公里（含）4元每位；12～22公里（含）5元每位；22～32公里（含）6元每位；32公里以上7元每位。根据输入的人数、公里数，求出应付金额。

程序代码如下：

```
Public Sub BuyTickets1 ( )
  Dim person As Integer
  Dim s As Single
  Dim pay As Single
  person=InputBox ("请输入乘客人数:", " " )
  s=InputBox ("请输入行程距离:", " " )
  If s < 0 Then
      Debug. Print"行程距离为无效数据"
    ElseIf s <= 3 Then
      pay=person * 2
    ElseIf s <= 6 Then
      pay=person * 3
    ElseIf s <= 12 Then
      pay=person * 4
    ElseIf s <= 22 Then
      pay=person * 5
    ElseIf s <= 32 Then
      pay=person * 6
    Else
      pay=person * 7
  End If
  Debug. Print "您应付金额为:", pay
End Sub
```

（4）单行If语句。

单行If语句的语法格式如下：

If 条件表达式1 Then　语句序列1［Else 语句序列2］

无Else子句是单分支结构，其执行过程是，如果条件表达式成立，则执行语句序列1，否则执行单行If语句行的下一行。

有Else子句是双分支结构，其执行过程是，如果条件表达式成立，则执行语句序列1，否则执行语句序列2。

【例8-8】输入学生的一科成绩（百分制），若成绩大于等于60分，则显示“及格”。

程序代码如下：

```
Public Sub Aptest1 ( )
    Dim score As Single
    score=InputBox ("请输入考试成绩:", "输入成绩")
```

```
        If score >= 60 Then MsgBox ("及格")
    End Sub
```

【例 8-9】输入学生的一科成绩（百分制），若成绩大于等于 60 分，则显示“及格”，否则显示“不及格”。

程序代码如下：

```
    Public Sub Aptest2 ()
        Dim score As Single
        score=InputBox ("请输入考试成绩:", "输入成绩")
        If score >= 60 Then MsgBox "及格", 0 + 64, "提示" Else MsgBox "不及格", 0 + 64, "提示"
    End Sub
```

2. Select Case 语句

Select Case 语句是多分支语句，根据测试变量或表达式的值来决定执行多个语句序列中的哪一个。当把一个变量或表达式的不同取值情况作为分支条件时，使用 Select Case 语句比 If 语句更方便。

Select Case 多分支语句的语法格式如下：

```
  Select Case 测试变量或者表达式
     Case 表达式 1
          语句序列 1
     Case 表达式 2
          语句序列 2
     ……
     Case 表达式 n
          语句序列 n
    [Case Else
          语句序列 n+1]
End Select
```

说明：Case 后面的表达式可以是下列 4 种格式之一：

（1）单一数值，如 Case 2。

（2）多个数值，数值之间用逗号隔开，如 Case 5，6，7。

（3）用关键字 To 来指定某一个取值范围，如 Case 1 to 10、Case 'a' to 'z'，这里要注意必须把较小的值写在前面，较大的值写在后面。

（4）用关键字 Is 来指定条件，连接关系运算符，如 =、<>、<、<=、>、>=，后面跟变量或具体的值，如 Is>=15。

多分支 Select Case 语句的执行过程：首先计算测试变量或表达式的值，然后按顺序与 Case 子句中表达式的值进行匹配，如果匹配成功，则执行相应的语句序列，然后执行 End Select 后面的语句；若与当前 Case 子句后面表达式的值不匹配，则进行下一个 Case 语句的判断；如果所有 Case 后面表达式的值都不匹配，则执行 Case Else 后面的语句序列 n+1；如果所有 Case 后面表达式的值都不匹配，且没有 Case Else 语句，则执行 End Select 后面

的语句。

Select Case 语句和多分支 If 语句一样，一旦选择执行满足条件的某一分支，就不再考虑其他分支，满足条件的分支执行完成后，直接执行 End Select 语句后面的内容。

【例8-10】 使用 Select Case 语句实现计算 **【例8-7】** 中地铁自助购票的应付金额。

```
Public Sub BuyTickets2 ( )
    Dim person As Integer
    Dim s As Single
    Dim pay As Single
    person=InputBox ("请输入乘客人数:", " ")
    s=InputBox ("请输入行程距离:", " ")
    Select Case s
    Case Is < 3
      pay=person * 2
    Case Is <= 6
        pay=person * 3
    Case Is <= 12
        pay=person * 4
    Case Is <= 22
        pay=person * 5
    Case Is <= 32
        pay=person * 6
    Case Else
        pay=person * 7
    End Select
    Debug. Print"您应付金额为:", pay
End Sub
```

8.4.3　循环结构

在程序中，若需要重复执行相同的操作，可以使用循环结构。循环结构是除顺序结构和选择结构之外的另一种基本程序结构。循环结构是在满足条件的前提下重复执行一行或多行程序代码，当条件不满足时，就自动退出循环。

在 VBA 中，有计数循环和条件循环两类，计数循环使用 For...Next 语句，条件循环使用 Do...Loop 语句或者 While...Wend 语句。

1. For...Next 循环语句

For...Next 循环语句用于循环次数已知的情况，也称之为计数循环。该循环需要用到一个变量来记录循环的次数，这个变量被称为循环变量。For...Next 循环语句流程如图 8-23 所示。

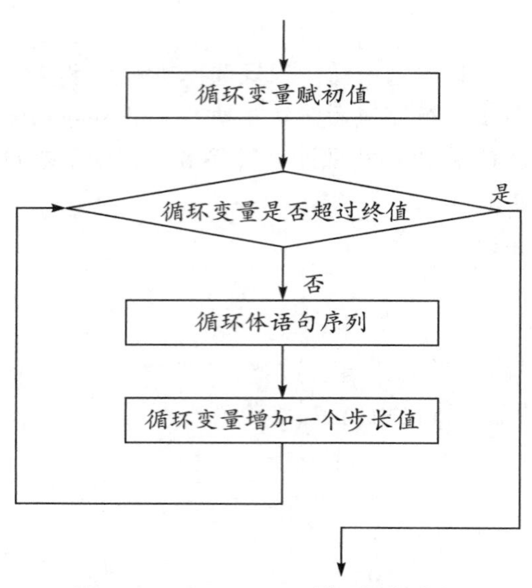

图 8-23　For...Next 循环语句流程

For...Next 计数循环语句的语法格式如下：

For 循环变量=初值　To　终值　［Step 步长］
　　循环体语句序列
　　［IF 条件表达式 then
　　　　语句序列
　　Exit For
　　结束条件语句序列］
Next　［循环变量］

格式中各项说明如下：

（1）循环变量为数值型变量，用于统计循环次数；循环变量可以从初值变化到终值。初值和终值都是数值型数据，可以是数值表达式；每次变化的差值由步长决定。如果步长为 1，Step 1 可以省略；当循环变量的取值超出终值时，循环结束。

（2）循环体语句序列是在循环过程中被重复执行的语句序列。

（3）Exit For 语句一般与条件表达式结合使用，用来设置当满足某条件时跳出循环，也就是循环变量未达到终值时结束循环。

（4）Next 语句后面的循环变量与 For 语句的循环变量必须相同，也可以省略不写。

For...Next 循环语句的执行过程如下：

（1）循环开始，将初值赋值给循环变量。

（2）循环变量与终值比较，若没有超过终值，则执行一次循环体语句序列；若超过终值，则结束循环，执行 Next 后面的语句。

（3）执行 Next 语句，循环变量值增加一个步长，即循环变量=循环变量+步长，程序跳转步骤（2）。

【例 8-11】 使用 For...Next 计数循环计算 1～100 自然数之和。

```
Public Sub sum100for ( )
    Dim s As Integer
```

```
    Dim i As Integer
    s=0                 's 作为累加器，初值为 0
    For i=1 To 100      'i 作为循环变量，初值为 0，步长默认为 1
      s=s + i
    Next i              '循环变量自动增加一个步长，并且程序跳转到 For 语句处
    Debug. Print "1 ～ 100 自然数之和为：" ; s
End Sub
```

程序执行完成后，s 的值为 5050，i 的值为 101。

【例 8-12】 有 300 个鸡蛋，如果全部用 15 个一盒和 20 个一盒两种盒子来装，刚好装满，共有几种组合方式？

```
Public Sub egg ( )
   Dim i As Integer, j As Integer, n As Integer
   n=0
   For i=0 To 300 \ 15
      For j=0 To 300 \ 20
      If (i * 15 + j * 20) = 300 Then
         n=1 + n
         Debug. Print"15 个一盒" & i &"个" & "      "; "20 个一盒" & j & "个"
      End If
      Next j
   Next i
   Debug. Print "一共有" & n & "方式"
End Sub
```

2. While...Wend 循环语句

前面介绍了使用 For...Next 计数循环来解决重复计算的问题，For...Next 循环主要用于循环次数已知的情况，但是很多的时候，循环次数是未知的，需要根据给定的条件来控制循环是否执行，这种循环称之为“条件循环”。While...Wend 语句根据给定条件来控制循环，而不是根据循环的次数来控制循环。While...Wend 循环语句流程如图 8-24 所示。

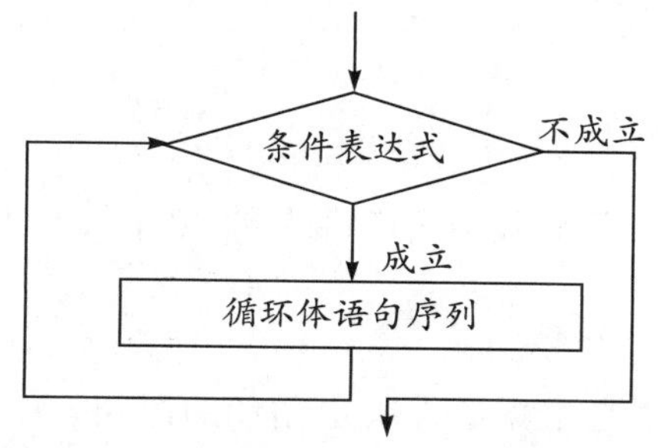

图 8-24 While...Wend 循环语句流程

While...Wend 条件循环语句的语法格式如下：

While 条件表达式

循环体语句序列

Wend

While…Wend 循环语句的执行过程是，分段先判断条件表达式，如果成立，则执行循环体语句序列，接着程序返回到 While 语句，继续判断条件表达式；若不成立，则跳出循环执行 Wend 的下一条语句。

使用 While…Wend 循环语句需要注意的是，因 While…Wend 循环不能自动修改循环条件，也没有循环变量自动变化的功能，所以需要在循环体内增加相应语句，使得循环能趋于结束，避免出现循环不能结束，也就是出现死循环的情况。

【例 8-13】 使用 While…Wend 计数循环计算 1~100 自然数之和。

```
Public Sub sum100while ( )
  Dim s As Integer
  Dim i As Integer
  s=0 's 作为累加器，初值为 0
  i=0  '作为循环变量，初值为 0
  While i <= 100
    s=s + i
    i=i + 1      '循环变量增加 1
  Wend                    '程序跳转到 For 语句处
  Debug. Print "1~100 自然数之和为:" ; s
End Sub
```

程序执行完成后，s 的值为 5050，i 的值为 101。

【例 8-14】 假设我国现在的人口为 14 亿，若年增长率 r=1.5%，试计算多少年后我国人口增加到 20 亿。

```
Public Sub population1 ( )
  Dim pop As Single, r As Single, i As Integer
  pop=14                        'pop 为今年人口
  r=0.015                       'r 为年人口增长率
  i=0                           'i 为循环变量
  While pop < 20
      pop=pop * (1 + r)
      i=i + 1
  Wend
  MsgBox"预测" & i & "年后我国人口将达到" & pop & "亿"
End Sub
```

3. Do…Loop 循环语句

由 Do…Loop 循环语句也是根据条件决定循环的语句。相比 While…Wend 循环语句，Do…Loop 循环语句有更灵活的构造形式，既能够指定循环进行的条件，也能指定循环结束的条件；既可以先判断条件，再执行循环体语句序列，也可以先执行循环体语句序列，再判断条件。

Do…Loop 循环语句构成的 4 种循环的语句格式、流程图及其执行过程如表 8-4 所示。

表8-4　Do...Loop循环语句构成的4种循环

语句格式	流程图	执行过程
Do While 条件表达式循环体语句序列 Loop	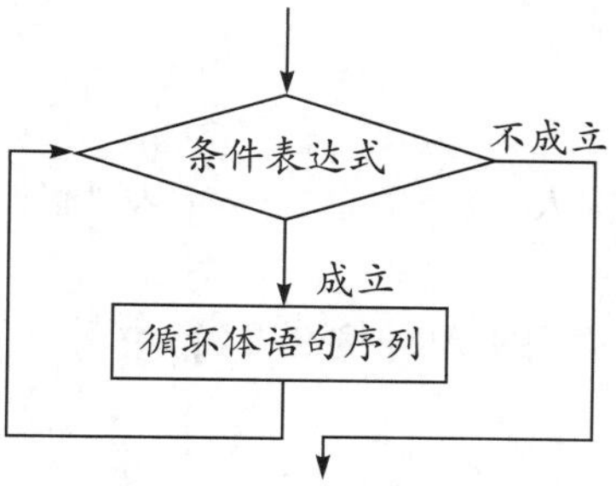 条件表达式 不成立 成立 循环体语句序列	若“条件表达式”成立，则执行 Do While 和 Loop 之间的“循环体语句序列”，直到“条件表达式”不成立时，结束循环，执行 Loop 后面的语句
Do Until 条件表达式循环体语句序列 Loop	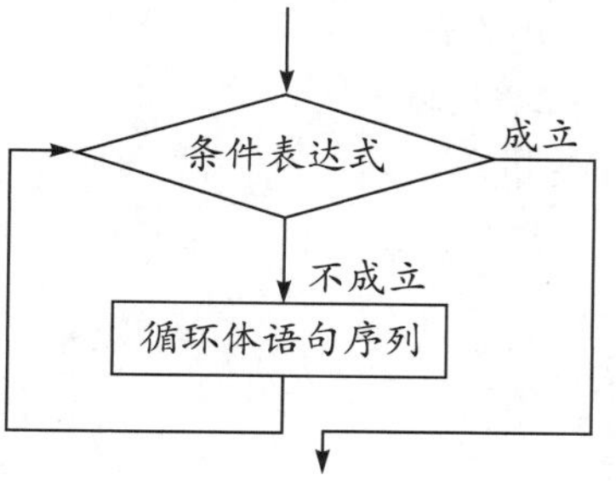 条件表达式 成立 不成立 循环体语句序列	若“条件表达式”不成立，则执行 Do Until 和 Loop 之间的“循环体语句序列”，直到“条件表达式”成立，结束循环，执行 Loop 后面的语句
Do 循环体语句序列 Loop While 条件表达式	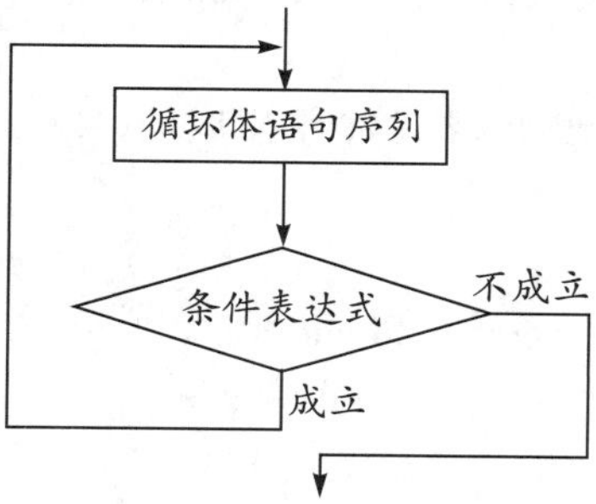 循环体语句序列 条件表达式 不成立 成立	语句执行时，首先执行一次“循环体语句序列”，执行到 Loop While 时判断“条件表达式”，若成立，则继续执行 Do 和 Loop While 之间的“循环体语句序列”，否则，结束循环，执行 Loop While 后面的语句
Do 循环体语句序列 Loop Until 条件表达式	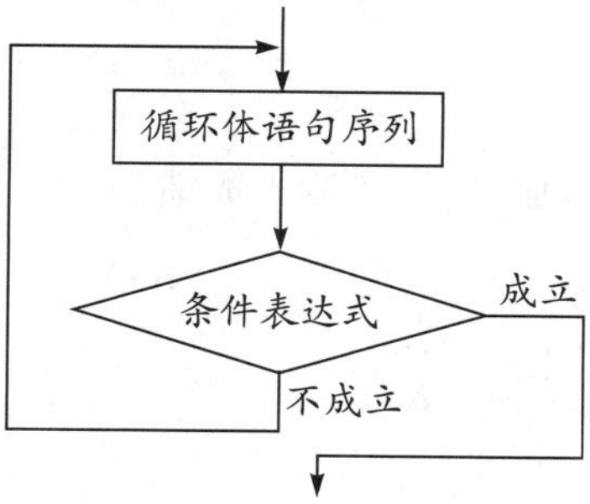 循环体语句序列 条件表达式 成立 不成立	语句执行时，首先执行一次“循环体语句序列”，执行到 Loop Until 时判断“条件表达式”，若不成立，继续执行 Do 和 Loop Until 之间的“循环体语句序列”，否则，结束循环，执行 Loop Until 后面的语句

【例 8-15】 使用 Do While ...Loop 循环语句实现 **【例 8-14】** 中人口的预测。

```
Public Sub population2 ( )
  Dim pop As Single, r As Single, i As Integer
  pop=14          'pop 为今年人口
  r=0.015         'r 为年人口增长率
```

```
  i=0              'i 为循环变量
  Do While pop < 20
    pop=pop * (1 + r)
    i=i + 1
  Loop
  MsgBox "预测"& i & "年后我国人口将达到" & pop & "亿"
End Sub
```

【例 8-16】使用 Do Until...Loop 语句实现【例 8-14】中人口的预测。

```
Public Sub population3 ( )
  Dim pop As Single, r As Single, i As Integer
  pop=14                 'pop 为今年人口
  r=0.015                'r 为年人口增长率
  i=0                    'i 为循环变量
  Do Until pop >= 20
    pop=pop * (1 + r)
    i=i + 1
  Loop
  MsgBox "预测"& i & "年后我国人口将达到"& pop & "亿"
End Sub
```

【例 8-17】用 Do...Loop Until 实现输入若干个学生成绩，以-1 为结束标志，求这些成绩的平均值。

```
Public Sub average1 ( )
  Dim n As Integer, avg As Single, score As Single
  n=0
  sum=0
  Do
     sum=sum + score
     n=n + 1
     score=InputBox ("请输入考试成绩:", "输入成绩")
  Loop Until score=-1
  avg=sum / (n-1)
  MsgBox n-1 & "个学生的平均成绩为:"& avg
End Sub
```

8.4.4 辅助控制

1. GoTo 控制语句

使用 GoTo 控制语句可以无条件地转移到过程中指定的行，从而改变程序的顺序，跳过程序的某一部分去执行另一部分，其语法格式如下：

GoTo 行号 | 标号

“标号”是一个以冒号结尾的标识符；“行号”是一个整数，它不以冒号结尾。

【例 8-18】 计算 1！+2！+3！+…+n!，当 n 为多少时，其结果大于 2000。

```
Public Sub factorialsum ( )
  Dim i As Integer, j As Integer, sum As Single, fac As Single
  sum=0
  fac=1
  i=1
  For i=1 To 100
      fac=fac * i
      sum=fac + sum
      If sum > 10000 Then
         GoTo line1:
      End If
  Next i
  line1:      Debug.Print "当n为"& i & "时1！+2！+3！+…+n！的值大于10000"    '定义标号
End Sub
```

程序运行的结果为：当 n 为 8 时 1！+2！+3！+…+n！的值大于 10000。

上述程序虽然在外层 For 循环语句指定终值是 100，但在循环到 8 次时直接跳出循环，执行循环后面的语句，也就是说循环只执行了 8 次。

2. Exit 语句

Exit 语句用于退出 Do 循环、For 循环、Function 过程、Sub 过程，直接执行循环或者过程后面的语句，它相应地包括 Exit Do、Exit For、Exit Function、Exit Sub 和 Exit Property 几个语句。

8.5　过程调用和参数传递

在编写程序时，经常会有某些程序段需要反复使用，为了提高代码的重用性，通常将这些程序段定义为“过程”，而且为了简化程序，常把一个较大的程序分为若干个较小的程序单元，每个小程序单元完成相对独立的功能，这些小程序单元也就是过程。通过使用过程，可以提高代码的重用性和改善程序结构。

在 VBA 中，过程有 Sub 过程（子过程）和 Function 过程（函数过程）两种，Sub 过程没有返回值，而 Function 过程有一个返回值。

在使用过程时要注意以下两点：

（1）过程名是标识符，命名规则与变量的命名规则相同，同一模块中的过程不能重名，过程名也不能与模块重名，否则调用过程会出现混乱。

（2）过程必须先声明后调用，不同的过程有不同的结构形式和调用格式。

8.5.1　Sub 过程

1. Sub 过程的声明

Sub 过程的声明格式如下：

[Public | Private] Sub 过程名（[形式参数列表]）

```
        [语句序列]
        [Exit Sub]
        [语句序列]
End Sub
```

说明：

（1）Public、Private 用来说明过程的作用域，Public 定义的 Sub 过程为共有过程，可以被所有模块的所有过程调用，即当前数据库中任何模块的任何过程都可以调用该过程；Private 定义的 Sub 过程为模块级过程，只能在其所在模块的其他过程中调用。

（2）形式参数列表用来指定过程中用到的参数，也可以不带参数。定义的 Sub 过程不带参数时，参数名后面的括号不能省略。

（3）"Exit Sub" 表示退出过程。

【例 8-19】定义一个计算阶乘的带参数的 Sub 过程。

```
Public Sub factorial (n)
  Dim i As Integer, fac As Single
  fac = 1
  For i = 1 To n
    fac = fac * i
  Next
  Debug.Print "阶乘为:"; fac
End Sub
```

【例 8-20】定义一个 Sub 过程，输出一行"*"。

```
Public Sub starkey ()
  Debug.Print " ********************** "
End Sub
```

2. 调用 Sub 过程

Sub 过程的调用有两种方式：一种是利用 Call 语句来调用，另一种是把过程名作为一个语句来直接调用。调用的语法格式如下：

方法一：Call Sub 过程名（[实际参数]）

方法二：Sub 过程名 [实际参数]

在调用过程时使用的参数称为实际参数，将实际参数传递给形式参数。

【例 8-21】调用【例 8-19】声明的过程，计算 8 的阶乘。

```
Private Sub main1 ()
  Call factorial (8)
End Sub
```

或者

```
Private Sub main1 ()
  factorial (8)
End Sub
```

【例8-22】 调用【例8-20】声明的过程，输出5行“*”。

```
Private Sub main2 ( )
  Dim i As Integer
  For i=1 To 5
    starkey
  Next i
End Sub
```

需要注意的是：在调用不含参数的Sub过程时，过程名后面不需要括号。

8.5.2　函数过程

1. 函数Function过程的声明

Function过程也称为自定义函数，Function过程有返回值，在声明时要定义返回值的数据类型。Function过程通常在标准模块中定义，声明格式如下：

```
[Public | Private] Function 过程名 (形式参数列表) [As 数据类型]
    [语句序列]
    [函数过程名=表达式]
    [Exit Function]
    [语句序列]
    [函数过程名=表达式]
End Function
```

说明：

（1）Public、Private用来说明过程的作用域，其使用方式与Sub过程相同。

（2）形式参数列表后面的“As 数据类型”用来声明自定义函数返回值的数据类型，若没有给定返回值的数据类型，系统会根据返回值自动给定一个数据类型。

（3）在函数过程中使用“函数过程名=表达式”，将返回值赋值给与函数过程名同名的变量，表示函数要返回的结果，其他过程调用该函数时才能返回表达式的值。

（4）“Exit Function”表示退出过程。

【例8-23】 定义一个Function过程，模拟地铁自助购票系统，其付款规则为：乘3公里（含）内2元每位；3～6公里（含）3元每位；6～12公里（含）4元每位；12～22公里（含）5元每位；22～32公里（含）6元每位；32公里以上7元每位。

```
Public Function pay (n, s) As Single
    If s < 0 Then
      Debug.Print "行程距离为无效数据"
    ElseIf s <= 3 Then
      pay=n * 2
    ElseIf s <= 6 Then
      pay=n * 3
    ElseIf s <= 12 Then
      pay=n * 4
```

```
        ElseIf s <= 22 Then
          pay=n * 5
        ElseIf s <= 32 Then
          pay=n * 6
        Else
          pay=n * 7
        End If
End Function
```

2. 调用 Function 过程

Function 过程使用方法与内置函数相似，但不能作为单独的语句调用，而是作为一个运算量出现在表达式中，调用的语法格式如下：

函数过程名（［实际参数列表］）

【例 8-24】 调用【例 8-23】声明的函数过程，当乘地铁人数为 3 人，行程为 14 公里时应付多少钱。

```
Public Sub main3 ( )
  money=pay (3, 14)
  Debug. Print" 您应付金额为:" , money
End Sub
```

程序运行结果为“您应付金额为：15 元”。

8.5.3 参数传递

在声明 Sub 过程和 Function 过程时，所给出参数为形式参数；在过程被调用时，所给出的参数为实际参数；主程序在调用过程时，要把语句中的实际参数传递给形式参数，这就是参数的传递，参数传递相当于给变量赋值。

在 VBA 中，参数传递有按地址传递和按值传递两种方式，按地址传递是系统默认的方式。

1. 按地址传递

如果参数传递方式为按地址传递，则形式参数与实际参数在内存中占用同一个存储单元，被调用的形式参数的值发生变化时，实际参数也产生同样的变化，调用结束后形式参数将操作结果返回给实际参数。

在形式参数前面加上 ByRef 关键字，表示参数传递是按地址传递方式，若省略不写，默认为按地址传递。

【例 8-25】 定义交换两个变量的值的过程，并使用 ByRef 关键字指定参数传递方式为按地址传递。

```
Public Sub swap1 (ByRef a As Single, ByRef b As Single)'参数定义为按地址传递
  Dim x As Single
  x=a
  a=b
  b=x
```

```
End Sub
Public Sub main4 ()
   Dim data1 As Single
   Dim data2 As Single
   data1=60
   data2=80
   Debug. Print"交换前 data1="; data1; "data2="; data2
   swap1 (data1, data2)                         '调用 swap1 过程交换两个数据的值
   Debug. Print"交换后 data1="; data1; "data2="; data2
End Sub
```

程序运行结果为：

```
交换前 data1= 60 data2= 80
交换后 data1= 80 data2= 60
```

2. 按值传递

如果参数传递方式为按值传递，则形式参数与实际参数在内存中占用不同的存储单元。系统将实际参数的值复制给形式参数，因此形式参数的变化不会影响实际参数的值。按值传递的过程在调用时只能由实际参数将值传递给形式参数，调用结束后操作结果不返回给实际参数。

在形式参数前面加 ByVal 关键字，表示参数传递是按值传递。

【例 8-26】 定义交换两个变量的值的过程，并使用 ByVal 关键字指定参数传递方式为按值传递。

```
Public Sub swap2 (ByVal a As Single, ByVal b As Single)'参数定义为按值传递
  Dim x As Single
    x=a
    a=b
    b=x
End Sub
Public Sub main5 ()
    Dim data1 As Single
    Dim data2 As Single
    data1=60
    data2=80
    Debug. Print"交换前 data1="; data1; "data2="; data2
    swap2 (data1, data2)                         '调用 swap1 过程交换两个数据的值
    Debug. Print"交换后 data1="; data1; "data2="; data2
End Sub
```

程序运行结果为：

```
交换前 data1= 60 data2= 80
交换后 data1= 60 data2= 80
```

8.6 面向对象程序设计的基本概念

VBA 编程语言是 Microsoft Office 内嵌编程语言，程序设计有面向过程和面向对象两种基本思想，VBA 是面向对象程序设计语言，目前主流采用的是面向对象的编程机制和可视化的编程环境。

面向对象程序设计是面向过程程序设计的思想的变革，其模拟人类习惯的思维方式，采用抽象化、模块化的分层结构，是一种系统化的程序设计方法。面向对象程序设计中的概念主要包括对象、类、属性、事件、方法、数据抽象、继承、数据封装、多态性等，通过这些概念，面向对象的思想得到了具体的体现，使得开发应用程序变得更直观容易、效率更高。

在面向对象的程序设计中，首先需要理解对象、类、属性、事件、方法这几个概念。面向对象的程序设计把构成问题的事物看成一个对象，通过对象来描述事物在解决问题过程中的行为，主要通过对象的属性、事件和方法来描述，每个对象都具有属性，以及与之相关的事件和方法，其关系如图8-25 所示。

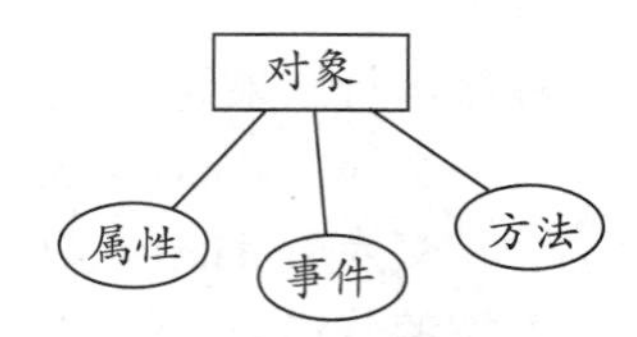

图 8-25 对象与属性、事件和方法的关系示意

8.6.1 类

在现实世界中，类是一组具有共同属性和行为的对象抽象，如李丽、杨帆、刘洋等是不同的医生对象，但他们有共同的特征，如有医生 ID、姓名、科室等属性，有开处方、下诊断等行为，将医生这些共有的属性和行为抽象出来，就构成了一个医生类。

在面向对象的程序设计中，类具有相同属性和方法，如窗体类，窗体有标题（Caption）、宽度（Width）、背景色（BackColor）等属性，有刷新（Refresh）、键盘焦点（SetFocus）等方法。

8.6.2 对象

对象（object）是现实世界的实体，一切事物都可以看作一个对象，实体可以是具体的，如一个医生、一个病人，也可以是抽象的，如一个科室、一次收费。

在面向对象的程序设计中，对象是对现实世界中的对象的模型化，是数据和代码的集合，具有自己特定的状态和行为。对象的状态用属性来描述，对象的行为通过方法来实现。要生成一个对象，需先声明一个类，再由类生成一个具体的对象，类是多个对象进行综合抽象的结果，对象是类的实例。

在 Access 中，数据表、窗体、查询、报表、窗体中的按钮、窗体中的文本都是对象，如窗体 1、button1、label1。此外，Access 中还有一个特殊的对象 DoCmd，它能够调用 Access 内置的方法。

8.6.3 属性

属性（attribute）用来描述对象的状态，也是对象的特征，不同的对象有不同的属性。如医生有医生 ID、姓名、科室等属性，科室有科室编号、科室名称、科室负责人等属性。类的每个实例，也就是对象，都有其特有的属性值，可以通过属性值的设置来改变对象的状态。

属性的引用方式为：对象名. 属性。

设置属性的值的语法格式为：对象名. 属性=属性值

【例 8-27】修改属性值示例。

Me. Caption="医务管理系统"

设置窗体的标题属性的值为“医务管理系统”。

Me. 主体 . BackColor=RGB（150，150，150）

设置窗体的背景色属性的值为“RGB（150，150，150）”。

Label1. Caption="欢迎使用医务管理系统"

设置标签 Label1 的标题属性的值为“欢迎使用医务管理系统”。

Label1. FontSize=32

设置标签 Label1 的字体大小属性的值为“32”。

Command0. Height=250

设置命令按钮 Command0 的高度属性的值为“250”。

Command0. Enabled=f

设置命令按钮 Command0 运行时是否可用的属性为“f”，即不可用。

8.6.4　事件

事件是系统事先定义好的一个动作，如单击鼠标（Click）、移动鼠标（MouseMove）、文本框内容改变（Change）等，对象能够识别事件，并能够对之进行响应。为了使对象能在事件发生时做出相应的反应，则需要编写相应的代码来完成相应的操作，这样的代码过程称为事件过程或者事件代码。控件的事件过程名由对象名、下划线和事件名组成，如 Command0_ Click ( )，其中 Command0 为对象名，Click 为事件名。

当某个对象发生了某个事件，就会执行与这个事件相对应的事件代码，如果对象的事件没有发生，则不会执行事件代码；若没有为事件编写事件代码，那么即使事件发生了，也不会产生任何操作。

不同的对象有不同的事件，表 8-5 列出了 VBA 中常用对象的常用事件。

表 8-5　VBA 中常用对象的常用事件

对象类型	事件名称	事件说明
窗体	Open	打开窗体时触发事件
	Load	窗体加载时触发事件，窗体加载是对对象的属性和窗体内的变量进行初始化
	Unload	窗体卸载时触发事件，窗体卸载指从内存中清除窗体
	Close	关闭窗体时触发事件
	Click	鼠标在窗体上单击时触发事件
	DblClick	鼠标在窗体上双击时触发事件
	MouseMove	鼠标在窗体上移动时触发事件
	MouseDown	鼠标在窗体上按下时触发事件
	KeyDown	当窗体获得焦点时，按下任意键时触发事件
	KeyPress	当窗体获得焦点时，按下或释放键时触发事件

续表8-5

对象类型	事件名称	事件说明
命令按钮	Click	单击命令按钮时触发事件
	DblClick	双击命令按钮时触发事件
	MouseMove	鼠标在命令按钮上移动时触发事件
	KeyDown	当命令按钮获得焦点时，按下任意键时触发事件
	KeyPress	当命令按钮获得焦点时，按下或释放键时触发事件
	GotFocus	当命令按钮获得焦点时触发事件
	LostFocus	当命令按钮失去焦点时触发事件
标签	Click	鼠标在标签上单击时触发事件
	MouseMove	鼠标在标签上移动时触发事件
文本框	Click	鼠标在文本框上单击时触发事件
	Change	当文本框的内容发生改变时触发事件
	BeforeUpdate	当文本框内容更新之前触发事件
	AfterUpdate	当文本框内容更新之后触发事件
	GotFocus	当文本框获得焦点时触发事件
	LostFocus	当文本框失去焦点时触发事件
	KeyPress	当文本框获得焦点时，按下或释放键时触发事件
组合框	Click	鼠标在组合框上单击时触发事件
	Change	当组合框的内容发生改变时触发事件
	GotFocus	当组合框获得焦点时触发事件
	LostFocus	当组合框失去焦点时触发事件
	KeyPress	当组合框获得焦点时，按下或释放键时触发事件
	NotInList	当组合框中的内容不在列表中时触发事件
列表框	Click	鼠标在列表框上单击时触发事件
	KeyPress	当列表框获得焦点时，按下或释放键时触发事件
选项组	Click	鼠标在选项组上单击时触发事件
选项按钮/复选框	Click	鼠标在选项按钮或复选框上单击时触发事件
	KeyPress	当选项按钮或复选框获得焦点时，按下或释放键时触发事件
	GotFocus	当选项按钮或复选框获得焦点时触发事件
	LostFocus	当选项按钮或复选框失去焦点时触发事件

8.6.5 方法

对象有属性，还有方法。方法（method）是对象所能执行的操作，是对象具有的功能，也是系统封装起来的通用过程和函数。相同的类有相同的方法，方法的使用与过程类

似。调用对象方法的格式为：

对象名 . 方法 [参数列表]

方法有的需要参数，有的不需要参数，而参数有的是必选的，有的是可选的，如果省略可选参数，则取默认值。DoCmd 特殊对象能使用内置的方法，实现一些特定的操作，如打开、关闭窗体，打开、关闭报表，窗体最大化、最小化，退出 Access 程序，以及设置对象属性值，等等。

【例 8-28】 对象的方法使用示例。

Me. Refresh

使用当前窗体的 Refresh 方法，刷新界面，该方法没有参数。

DoCmd. OpenForm "主界面"

使用 DoCmd 对象的 OpenForm 方法打开窗体，该方法有一个参数，参数值为窗体名称为"主界面"的窗体。

DoCmd. Close acForm, "主界面"

使用 DoCmd 对象的 Close 方法关闭窗体，该方法有一个参数，参数值为窗体名称为"主界面"的窗体。

DoCmd. Close

使用 DoCmd 对象的 Close 方法关闭当前窗体。

DoCmd. OpenReport "医生信息浏览", acViewPreview

使用 DoCmd 对象的 OpenReport 方法打开报表，该方法有两个参数，第一个为报表名为"医生信息浏览"的报表，第二个是"acViewPreview"，代表以预览的方式打开报表，若省略该参数，则默认为打印输出报表。

DoCmd. Maximize

使用 DoCmd 对象的 Maximize 方法将当前窗体最大化。

DoCmd. Quit

使用 DoCmd 对象退出 Access 应用程序。

8.7　VBA 的数据库访问技术

随着计算机应用的发展，各行各业都开始使用数据库应用系统来对数据进行管理与共享，这样可以避免用户直接操作数据库，从而增强数据库的安全性，更加有效、快速地管理数据。而设计与开发各种数据库系统的时候，需要使用数据库访问技术对数据库进行访问。本节将介绍在 VBA 中如何访问 Access 创建的数据库，以及如何对数据库中的数据进行操作。

8.7.1　数据库引擎及其接口

VBA 使用数据库引擎（Microsoft Jet）工具实现对数据库的访问。数据库引擎是应用程序与数据库之间的中介程序，用来实现对不同类型的物理数据库的一致访问，是一种通用的数据库访问接口。数据库引擎实际上是一组动态链接库（Dyamic Link Library，DLL），将程序运行时连接到应用程序，从而实现对数据库的访问。

VBA 主要提供了 3 种数据库访问接口。

方法一：ODBC（Open Database Connectivity，开放式数据库互联应用程序接口）。

方法二：DAO（Data Access Objects，数据访问对象）。

方法三：ADO（ActiveX Data Objects，ActiveX 数据对象）。

与另外两种数据库访问接口相比，ADO 采用了 ActiveX 技术，与具体的编程语言无关，其对象模型简单易用、访问速度快、资源开销和网络流量小，为应用程序和数据库之间提供了易用、高性能的接口。本书主要介绍使用 ADO 来访问 Access 数据库。

8.7.2 ActiveX 数据对象（ADO）

1. ADO 对象模型介绍

ADO 是 Microsoft 通用的数据库访问技术，ADO 对象模型是一系列对象的集合，用于访问和更新数据源，其对象模型如图 8-26 所示，其中 Connection（连接）、Command（命令）、Recordset（记录集）是 ADO 中的 3 个核心对象，其作用分别如下：

（1）Connection 对象：用来建立应用程序与数据源链接，一般是指与数据库的链接。

（2）Command 对象：用来执行对数据库各种操作的 SQL 命令，包括查询、插入、删除及更新操作，对数据查询返回的结果保存到 Recordset 对象中。

（3）Recordset 对象：用来存储执行查询命令或访问表时返回的记录集，它被缓存在内存中，使用该对象，可以定位记录、移动记录指针、修改记录、添加新的记录和删除特定的记录。

另外，还有 Field（字段）和 Error（错误）两个常用的对象，其作用分别如下：

（1）Field 对象：用来表示 Recordset 对象记录集中的字段，依赖于 Recordset 对象的使用。

（2）Error 对象：用来表示数据提供程序出错时的扩展信息，它依赖于 Connection 对象的使用。

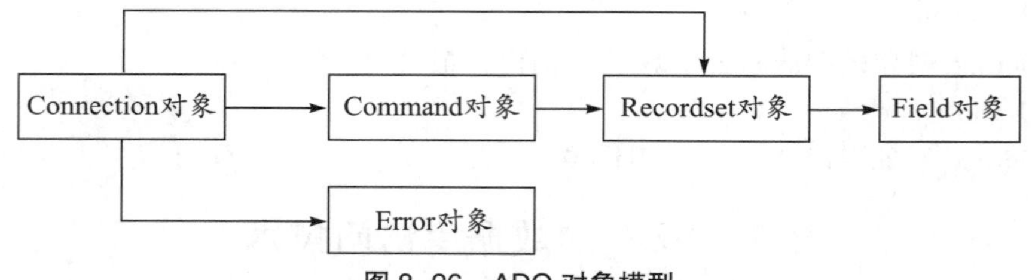

图 8-26 ADO 对象模型

2. 引用 ADO 类库

在 VBA 模块设计时要使用 ADO 对象，首先需要引用 ADO 类库，其操作步骤如下：

（1）打开 VBA 窗口，选择菜单“工具”→“引用”命令，弹出“引用”对话框，如图 8-27 所示。

（2）在“引用”对话框中，从“可使用的引用”列表中选择“Microsoft ActiveX Data Objects 6.1 Library”选项，点击“确定”即可。

若在过程中使用了 ADO 中的对象，但是没有引用 ADO 类库，则程序在运行时会出现“用户定义类型未定义”的编译错误。

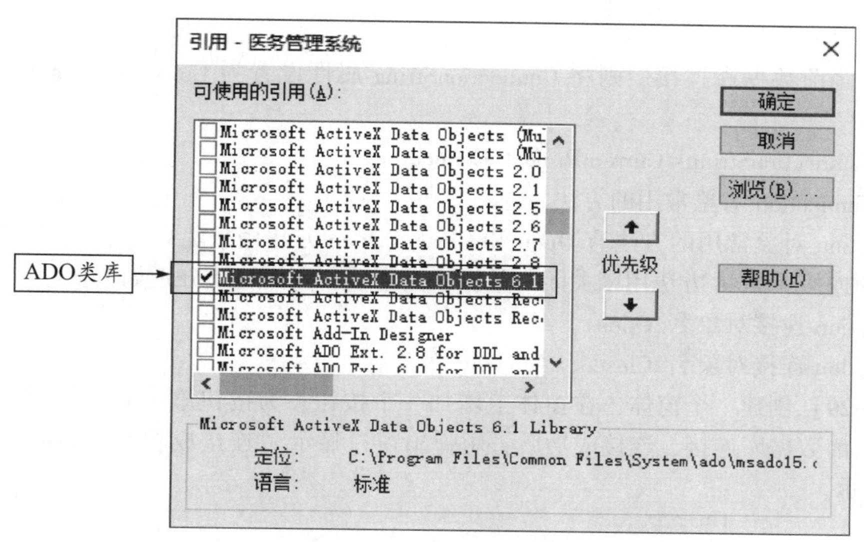

图 8-27　引用 ADO 类库

3. Connection 对象

Connection 连接对象用来建立应用程序与数据库链接，只有连接成功后，才能使用 Command 对象和 Recordset 对象访问数据库。

使用 Connection 对象，首先需声明 Connection 对象，然后设置 Connection 对象的 ConnectionString 属性［ConnectionString 用来设置连接的数据源（数据库）的信息］，最后使用 Connection 对象的 Open 方法打开连接。

（1）创建 Connection 对象。

语句格式如下：

Dim Connection 对象名 As ADODB. Connection

Set Connection 对象名 = new ADODB. Connection

如：

Dim conn As ADODB. Connection

Set conn = new ADODB. Connection

第一个语句使用 ADODB. Connection 数据库连接类声明了一个 Connection 对象，对象的名字为 conn，此时 conn 只是一个占位符，在内存中还不存在。第二个语句的作用是对 conn 对象变量进行初始化，也就是在内存中创建一个 Connection 对象，该对象的名字就是 conn。

（2）Connection 对象常用的属性。

Connection 对象常用的属性是 ConnectionString，为连接字符串属性。该属性用来设置连接的数据源的相关信息，连接的数据源可以是当前数据库，也可以指向其他的数据文件，设置的语法格式如下：

Connection 连接对象名. ConnectionString = "provider = 数据提供程序；data source = 数据库文件名"

如：

conn. ConnectionString = "provider = microsoft. ace. oledb. 12. 0; data source = d：\ 医务

管理系统 . accdb"

若要与当前数据库连接，则将 ConnectionString 属性设置为 CurrentProject. Connection，代码如下：

conn. ConnectionString = CurrentProject. Connection

（3）Connection 对象常用的方法。

Connection 对象常用的方法有 Open 和 Close。Open 方法用来建立与连接字符串中所指定数据库的连接，Close 方法用来关闭与数据库的连接，调用格式分别如下：

Connection 连接对象名. Open

Connection 连接对象名. Close

【例 8-29】 创建一个窗体，在窗体上增加一个按钮，为按钮添加 Click 事件，单击该按钮，与当前数据库连接，连接成功后，用弹出窗口显示“连接成功”，窗体运行效果如图 8-28 所示。

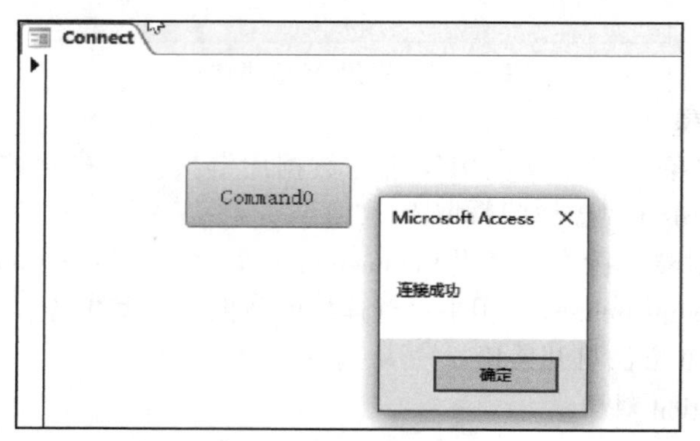

图 8-28　窗体运行效果

按钮的 Click 事件代码如下：

```
Private Sub Command0_ Click ( )
    Dim conn As ADODB. Connection          '声明一个名为 conn 的 Connection 对象
    Set conn = New ADODB. Connection              '初始化 conn 对象
    conn.  ConnectionString = CurrentProject. Connection
    '设置 Connection 对象连接的数据源为当前数据库
    conn. Open                                    '打开与数据库的连接
    MsgBox" 连接成功"
End Sub
```

4. Command 对象

通过 Connection 对象成功连接数据库后，利用 Command 命令对象可以实现对数据源的查询、插入、删除及更新操作，也可以将执行 Command 数据查询命令返回的结果保存到 Recordset 对象中。

（1）创建 Command 对象。

语句格式如下：

Dim Command 对象名 As ADODB. Command

Set Command 对象名 = New ADODB. Command

如：

Dim cmd As ADODB. Command

Set cmd=New ADODB. Command

创建 Command 对象的方式与创建 Connection 对象的方式类似。

（2）Command 对象常用的属性。

Command 对象常用的属性有 ActiveConnection 和 CommandText。

ActiveConnection 属性：获取或设置 Command 命令对象使用的 Connection 对象的名称。

CommandText 属性：获取或设置要对数据源执行的 SQL 语句。

（3）Command 对象常用的方法。

Command 对象常用的方法有 Execute 方法，用来对 Command 命令对象执行 CommandText 属性指定的 SQL 语句，并返回一个 Recordset 对象。

【例 8-30】 创建一个添加床位记录窗体，在窗体上添加 4 个文本框、4 个标签和 1 个按钮控件，通过点击按钮，在床位表中增加一条记录，记录的内容为窗体上文本框中的相关信息。添加完成后，弹出窗口显示“添加床位成功”，窗体运行效果如图 8-29 所示。

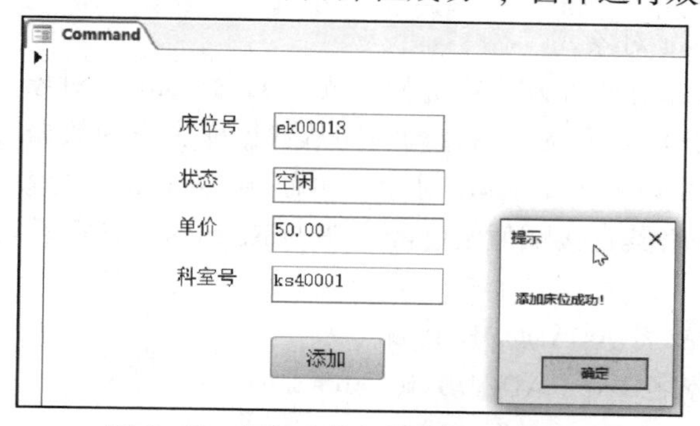

图 8-29　添加床位记录窗体运行效果

“添加”按钮的 Click 事件代码如下：

```
Private Sub Command0_ Click ( )
    Dim bednum As String
    Dim state As String
    Dim price As Single
    Dim depnum As String
    bednum=Me. txtbednum. Value     '将"txtbednum" 文本框中的值赋值给 bednum 变量
    state=Me. txtstate. Value       '将"txtstate" 文本框中的值赋值给 txtstate 变量
    price=Me. txtprice. Value       '将"txtprice" 文本框中的值赋值给 price 变量
    depnum=Me. txtdepnum. Value     '将"txtdepnum" 文本框中的值赋值给 depnum 变量
    Dim conn As ADODB. Connection
    Set conn=New ADODB. Connection
    conn. ConnectionString=CurrentProject. Connection
    conn. Open
```

```
    Dim cmd As ADODB. Command              '声明 cmd 为一个 Command 对象
    Set cmd=New ADODB. Command             '初始化 cmd 对象
    cmd. ActiveConnection=conn             '设置 cmd 对象所使用连接为 connn 对象
    cmd. CommandText="insert into 床位信息（床位号，状态，单价，科室号）values
（'" & bednum & "','" & state & "','" & price & "','" & depnum & "'）"
    '设置 cmd 对象要执行的 SQL 语句
    cmd. Execute                           '执行 cmd 对象的 SQL 语句
    MsgBox"添加床位成功!", 64 + 16, "提示"
    conn. Close
End Sub
```

5. Recordset 对象

在 ADO 数据库访问技术中，Recordset 对象的功能是最常用、最重要的。可以将 Recordset 对象看成是一个临时表，通过该对象可以浏览记录、修改记录、添加新记录或者删除特定记录。

（1）创建 Recordset 对象。

创建 Recordset 对象有两种方法：一种是先声明 Recordset 对象，然后初始化，最后再使用 Recordset 对象的 Open 方法中的查询语句从数据库中查询数据后存放入 Recordset 这张临时表中；另一种是先声明 Recordset 对象，再使用 Command 对象的 Execute 方法返回一个 Recordset 对象，并将其直接赋值给已经声明的 Recordset 对象语句。语句格式如下：

方法一：

```
Dim Recordset 对象名 As ADODB. Recordset
Set Recordset 对象名=New ADODB. Recordset
```

如：

```
Dim rs As ADODB. Recordset
Set rs=New ADODB. Recordset
```

方法二：

```
Dim Recordset 对象名 As ADODB. Recordset
Set Recordset 对象名=Command 对象名 . Execute
```

如：

```
Dim rs As ADODB. Recordset
Set rs=cmd. Execute
```

（2）Recordset 对象常用的方法。

Recordset 对象常用的方法有 Open 方法、Close 方法、Move 方法、AddNew 方法、Delete 方法、Edit 方法、Update 方法、Find 方法、Seek 方法。

1）Open 方法：Recordset 对象使用 Open 方法来获取数据库中的数据。

语句格式如下：

```
Recordset 对象名 . Open Source, ActiveConnection, CursorType, LockType, Options
```

各参数设置说明如下：

A. Open Source：数据的来源，可以是 Command 对象、SQL 语句或一个指定的数据表

名称等。

B. ActiveConnection：该参数用来指定Recordset对象获取数据所使用的连接对象，可以是一个Connection对象或者一串包含数据库连接信息（ConnectionString）的字符串参数。

C. CursorType：该参数指定Recordset对象使用的游标类型，有以下4种取值情况。

a. adOpenForwardOnly游标，为默认取值，是只能向前浏览记录集的游标。

b. adOpenKeyset游标，该类型游标可以在记录集中向前向后移动，但无法查看其他用户对表中的数据所做的更新、删除或添加操作。

c. adOpenDynamic游标，该类型游标可以在记录集中向前向后移动，且允许查看其他用户所做的更新、删除或添加数据的操作。

d. adOpenStatic游标，该游标为记录集产生的一个静态备份，但其他用户所做的新增、删除、更新操作对记录集来说是不可见的。

D. LockType：该参数设置Recordset对象使用何种锁，有以下4种取值情况。

a. adLockReadOnly（只读锁），为默认取值，在该锁状态下，Recordset对象记录集以只读方式启动，无法运行AddNew、Update及Delete等方法。

b. adLockPessimistic（悲观锁），在该锁状态下，当更新Recordset对象记录集中的数据时，系统会暂时锁住其他用户的操作，以保持数据一致性。

c. adLockOptimistic（乐观锁），在该锁状态下，当更新Recordset对象记录集中的数据时，系统并不会锁住其他用户的动作，其他用户可以对数据进行增、删、改的操作。

d. adLockBatchOptimistic（乐观分批锁），在该锁状态下，当正在对Recordset对象记录集更新时，不锁定其他用户，可对指定数据成批更新，该锁为批次更新模式所需。

E. Options：该参数用来标明打开记录集的命令字符串的类型，默认为不指定字符串的类型，由系统自动识别。

如：

```
rs.Open "select * from 床位信息", conn, 2, 2
```

2）Close方法：关闭Recordset对象，以便释放所有关联的系统资源，但并非将它从内存中清除。

3）Move方法：可以使用各种Move方法移动记录，使不同的记录成为当前记录，有5种移动方法。

A. MoveFirst：移动到记录集的第一条记录。

B. MoveLast：移动到记录集的最后一条记录。

C. MoveNext：移动到记录集的下一条记录。

D. MovePrevious：移动到记录集的上一条记录。

E. Move ±N：移动到记录集的前/后N条记录。

4）AddNew方法：在Recordset对象记录集中添加一条新的空白记录，并定位到该记录上。

5）Delete方法：从Recordset对象记录集中删除当前记录。

6）Edit方法：编辑Recordset对象记录集中的当前记录。

7）Update方法：把Recordset对象记录集中当前记录的更新内容保存到数据库中。

8）Find和Seek方法：查找一个符合条件的记录，在Table型的记录集中使用Seek方法，在其他类型的记录集中使用 Find 方法。

（3）Recordset 对象常用的属性。

1）BOF 属性：是否第一条记录。

2）EOF 属性：是否最后一条记录。

【例 8-31】创建床位信息浏览窗体，在窗体上添加 4 个文本框、4 个标签和 4 按钮控件，通过点击按钮，实现浏览床位表中的记录，窗体运行效果如图 8-30 所示。

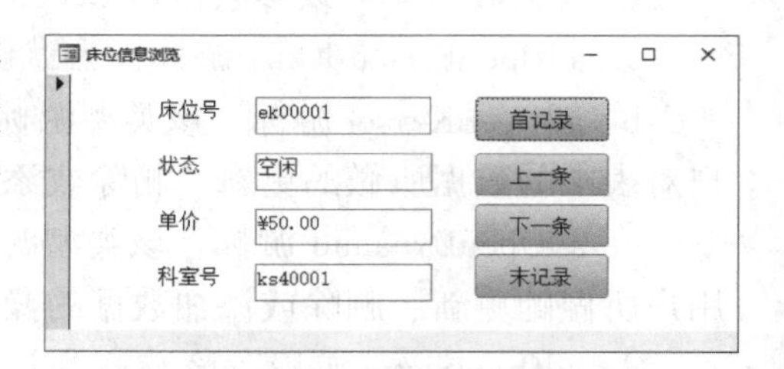

图 8-30　床位信息浏览窗体运行效果

实现窗体功能的代码如下：

声明区域代码：

```
Option Compare Database
Public rs As ADODB. Recordset
Public conn As ADODB. Connection
Public cmd As ADODB. Command
```

窗体的 Load 事件代码：

```
Private Sub Form_ Load ( )
    Set conn = New ADODB. Connection
    conn. ConnectionString = CurrentProject. Connection
    conn. Open
    Set cmd = New ADODB. Command
    cmd. ActiveConnection = conn
    cmd. CommandText = "select * from 床位信息"
    Me. RecordSource = "select * from 床位信息"
    Me. txtbednum. ControlSource = Me. Recordset. Fields ("床位号") . name
    Me. txtstate. ControlSource = Me. Recordset. Fields ("状态") . name
    Me. txtprice. ControlSource = Me. Recordset. Fields ("单价") . name
    Me. txtdepnum. ControlSource = Me. Recordset. Fields ("科室号") . name
End Sub
```

“首记录”按钮代码：

```
Private Sub cmdfirst_ Click ( )
    Recordset. MoveFirst
    Me. Refresh
End Sub
```

“上一条”按钮代码：

```
Private Sub cmdpre_ Click ( )
    If Not Me. Recordset. BOF Then
        Me. Recordset. MovePrevious
        Me. Refresh
```

```
    Else
        MsgBox "已经是第一条记录!"
    End If
End Sub
```

"下一条"按钮代码：

```
Private Sub cmdnext_ Click ( )
    If Not Me. Recordset. EOF Then
        Me. Recordset. MoveNext
        Me. Refresh
    Else
        MsgBox "已经是最后一条记录!"
    End If
End Sub
```

"末记录"按钮代码：

```
Private Sub cmdlast_ Click ( )
    Recordset. MoveLast
    Me. Refresh
End Sub
```

【例 8-32】创建住院病人信息查询窗体，在窗体上添加 2 个列表框、7 个文本框、10 个标签控件，点击"住院科室号"的列表框，在"床位号"列表框中显示对应科室的所有床位号，点击"床位号"的列表框，在右侧相关文本框中显示对应床位的病人信息，窗体运行效果如图 8-31 所示。

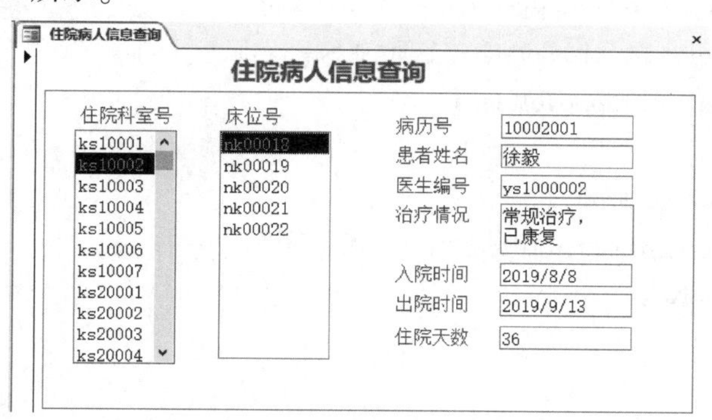

图 8-31　住院病人信息查询窗体运行效果

实现窗体功能的代码如下：

声明区域代码：

```
Option Compare Database
Public rs As ADODB. Recordset
Public conn As ADODB. Connection
Public cmd As ADODB. Command
```

窗体的 Load 事件代码：

```
Private Sub Form_ Load ( )
```

```
        Set conn=New ADODB. Connection
        conn. ConnectionString=CurrentProject. Connection
        conn. Open
        Set rs=New ADODB. Recordset
        rs. Open"select distinct 科室号 from 医生信息", conn, 2, 2
        Me. depnumList. RowSourceType="Value List"
        Do While Not rs. EOF ()
            Me. depnumList. AddItem rs ("科室号")
        rs. MoveNext
        Loop
        conn. Close
End Sub
```

“住院科室号”列表框的 AfterUpdate（更新后）事件代码：

```
Private Sub depnumList_ AfterUpdate ()
Dim depnum As String
        Set conn=New ADODB. Connection
        conn. ConnectionString=CurrentProject. Connection
        conn. Open
        depnum=Me. depnumList. Value
        Set rs=New ADODB. Recordset
        rs. Open "select * from 住院信息  where 住院科室号= '"& depnum &"'", conn, 2, 2
        Me. bednumList. RowSourceType="Value List"
        For i=bednumList. ListCount - 1 To 0 Step -1
            bednumList. RemoveItem i
        Next
        Do While Not rs. EOF ()
            Me. bednumList. AddItem rs ("床位号" )
            rs. MoveNext
        Loop
        conn. Close
End Sub
```

“床位号”列表框的 AfterUpdate（更新后）事件代码：

```
Private Sub bednumList_ AfterUpdate ()
        Dim bednum As String
        Set conn=New ADODB. Connection
        conn. ConnectionString=CurrentProject. Connection
        conn. Open
        bednum=Me. bednumList. Value
        Set rs=New ADODB. Recordset
```

```
    rs. Open "select * from 住院信息  where 床位号= '"& bednum &"'", conn, 2, 2
    If Not rs. EOF ( ) Then
        Me. recordtxt. Value=rs ("病历号" )
        Me. nametxt. Value=rs ("患者姓名" )
        Me. doctxt. Value=rs ("员工编号" )
        Me. treattxt. Value=rs ("治疗情况" )
        Me. indatetxt. Value=rs ("入院时间" )
        Me. outdatetxt. Value=rs ("出院时间" )
        Me. daystxt. Value=rs ("住院天数" )
        conn. Close
    End If
End Sub
```

8.8 VBA 程序调试

在模块中编写程序时难免会遇到错误异常，Access 的 VBE 编程环境提供了程序调试和错误处理的有效方法，熟练掌握调试工具、调试方法和错误处理方法，可以快速、准确地找到问题所在，使得编写程序更加高效。

8.8.1 VBA 程序错误分类

VBA 程序中常见的错误分为 3 类：编译错误、运行时错误和逻辑错误。

1. 编译错误

编译错误是在编译过程中因为不正确的代码产生的，大多是代码的编写违反了 VBA 的语法规则，因此编译错误也称为“语法错误”，是最简单、容易处理的错误。VBA 有自动语法检查功能，当用户在代码编辑窗口中编辑代码时，VBA 会自动进行语法检查，查到错误时，自动弹出提示对话框，提示编译错误，并解释错误和提供帮助。如图 8-32 所示，出错的代码 VBA 用红色文字突出显示，因此编译错误比较容易排除。

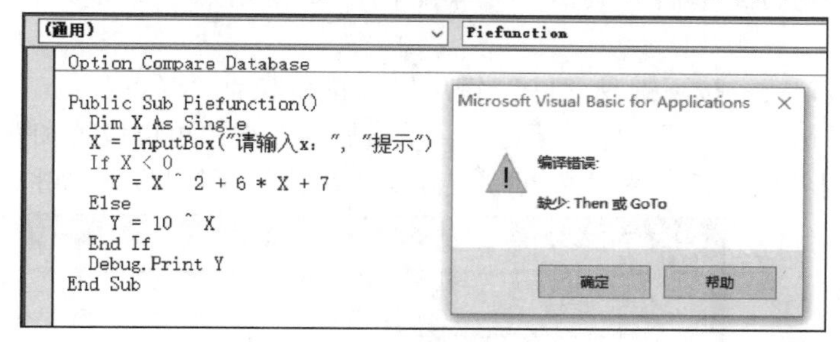

图 8-32　编译错误示意

2. 运行时错误

运行时错误是指程序在运行中，当语句执行一个非法操作时，会发生运行时错误，如数组越界、除数为 0、数据类型不匹配等。当出现这类错误时，系统会在错误的地方停下来，自动弹出一个提示对话框，提示运行时错误，并解释错误原因，如图 8-33 所示。用户可以选择“结束”或者“调试”。若选择“调试”，鼠标光标会停在出错行，并且出现错误的语句用黄色背景显示，用户可以修改程序，然后继续运行程序。

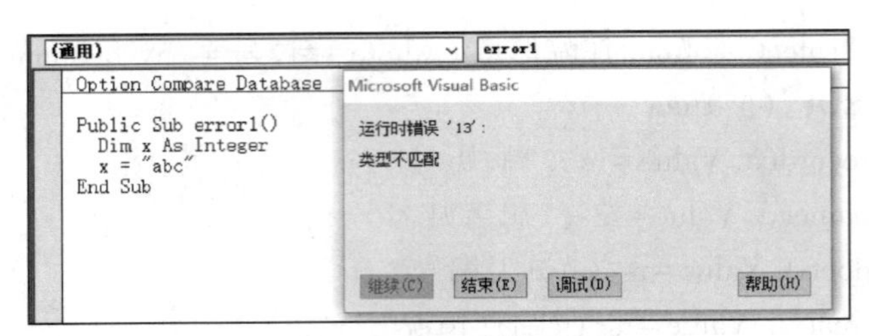

图 8-33　运行时错误示意

3. 逻辑错误

当程序的运行结果和程序员编写程序时想要的结果不一致时，也就是程序不以程序员想要的方式执行，得到的执行结果不正确，就发生了逻辑错误。这类错误大多是由于程序员没有考虑周全和失误导致不恰当的逻辑设计引起的，如无穷循环、比较中的错误等，在出错时没有消息提示。逻辑错误是最难发现和排除的一类错误，可通过在程序中设置断点或借助调试工具发现和改正。

8.8.2　程序调试

VBE 编程环境提供了一套丰富的调试工具和调试方法，能帮助程序员解决方案中发生的错误。熟练掌握好这些调试工具和调试方法的使用，可以快速找到问题所在，从而改正程序中出现的错误。

1. 设置断点

断点是在程序中某一个语句上设置的一个位置点，当程序执行到该位置点时，暂停程序的执行，程序进入中断模式，此时可以在代码窗口中查看程序中变量、属性的值。进入中断模式并不会终止或结束程序的执行，可以在任何时候继续执行程序。在代码中设置断点是常用的一种调试方法。

断点设置和取消有以下 4 种方法：

(1) 选择语句行，单击“调试”工具栏中的“切换断点”按钮，可以设置和取消“断点”。

(2) 选择语句行，单击“调试”菜单中的“切换断点”菜单项，可以设置和取消“断点”。

(3) 选择语句行，按下键盘“F9”键可以设置和取消“断点”。

(4) 选择语句行，鼠标光标移至行首，单击鼠标左键，可以设置和取消“断点”。

在 VBE 编程环境中，设置“断点”的行以“酱色”亮红显示，如图 8-34 所示。

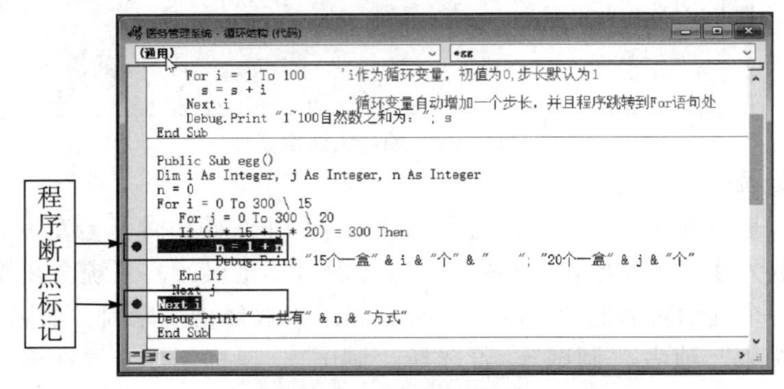

图 8-34　程序断点标记

2. 使用调试工具

VBA 提供了“调试”菜单和“调试”工具栏，二者功能相同，在调试程序时，可选择合适的调试菜单命令或工具对程序进行调试。

默认情况下，“调试”工具栏不显示，可通过单击“视图”菜单，选择“工具栏”选项下的“调试”命令，打开“调试”工具栏；也可以直接在窗口工具栏的空白处，单击鼠标右键，在弹出的快捷菜单中选“调试”命令来打开“调试”工具栏。“调试”工具栏如图 8-35 所示，各按钮功能如下：

（1）“设计模式”切换按钮：打开或关闭设计模式。

（2）“运行子过程/用户窗体”按钮：运行子过程或用户窗体。

（3）“中断”按钮：暂停程序运行，并切换至中断模式进行分析。

（4）“重新设置”按钮：终止程序运行，返回代码编辑状态。

（5）“切换断点”按钮：设置或取消断点。

（6）“逐语句”按钮：单步跟踪操作，每操作一次，程序执行一步。

（7）“逐过程”按钮：在调试程序的过程中，对于调用过程的语句，将调用某过程的操作当作一条语句在本过程内部单步执行，而不跟踪过程内部语句的执行情况。

（8）“跳出”按钮：跳过当前执行的语句行，去执行当前执行语句行的下一行语句。

（9）“本地窗口”按钮：打开“本地窗口”。

（10）“立即窗口”按钮：打开“立即窗口”。

（11）“监视窗口”按钮：打开“监视窗口”。

（12）“快速监视”窗口按钮：在程序中断模式下，选择某个变量或者表达式后，单击该按钮，打开“快速监视”窗口。

（13）调用堆栈：打开“调用堆栈”对话框，该对话框列出了当前活动的过程调用情况。

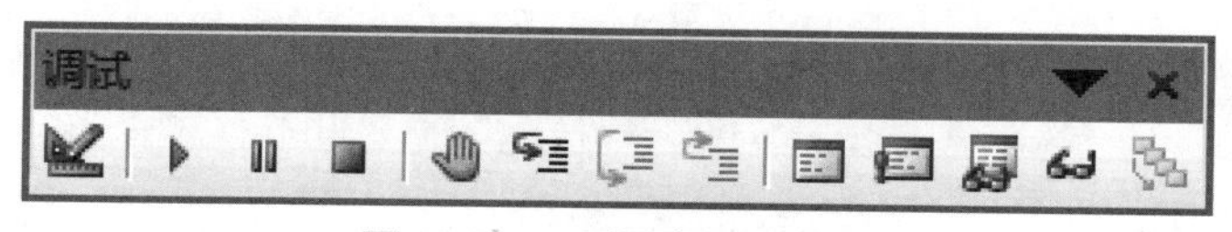

图 8-35　“调试”工具栏

3. 错误处理

当程序在运行过程中发生错误时，系统会挂起程序，并给出相关的提示信息。我们也可以使用 VBA 提供的 On Error 语句来捕获错误，并处理程序运行过程中的错误，而不至于使程序在运行时因弹出错误对话框后而被关闭。

On Error 语句的用法有以下 4 种形式。

（1）On Error Resume Next：当程序出错时跳到下一行继续运行。

（2）On Error Goto 标号：出错时跳到指定的标号。这里标号可以为数字（不为 0 和 -1），也可以为字符串。

（3）On Error Goto 0：强制关闭对错误的捕获，程序出错时将自动中止程序的执行。

（4）On Error Goto -1：运行后，“Resume”和“Resume Next”将失效。其中“Resume”为跳回并重新运行出错的行；“Resume Next”为跳回并运行出错位置的下一行。

【例 8-33】数据类型不一致错误的处理程序。

```
Public Sub ErrTest ( )
    Dim x As Integer, y As String
    x = 1
    y = " abc"
    On Error GoTo MyErr
    MsgBox x + y
    Exit Sub
MyErr:
    MsgBox "数据类型不一致，无法进行运算!"
    Resume Next
End Sub
```

8.9 本章小结

本章首先介绍了 Access 编程工具 VBA 语言及其编程环境、VBA 模块创建，详细介绍了数据类型、常量、变量、数组以及 VBA 的书写规则，以案例为引线，说明学习 VBA 的作用，鼓励学生进行学习。接下来重点讲述了 VBA 的 3 种基本控制结构的程序流程控制语句、辅助控制语句、过程的调用和参数的传递，以案例程序演示了其使用方法。最后详细讲解了面向对象程序设计的基本概念、ADO 数据库访问技术以及 VBA 程序的调试方法。读者通过本章的学习不仅能具备 VBA 的基本编程能力，还能实现相关应用实例的开发。

实验第1部分 上机实验

实验1 表的创建与维护

【实验目的】

（1）熟悉 Access 环境及其设置方法。
（2）掌握数据库的基本操作（创建、打开/关闭/保存、备份等）。
（3）掌握表结构的创建及修改方法。
（4）掌握表中数据的添加方法（输入/导入）。
（5）掌握表的基本编辑操作（复制、重命名、查找/替换、格式设置）。
（6）掌握表的排序和筛选方法。
（7）掌握表中字段属性的设置方法。
（8）掌握表间关系的创建/维护方法。

【实验内容】

1. 创建及维护数据库

（1）在D盘中创建一个名为“表练习 . accdb”的数据库。
（2）设置数据库密码为“123”。
（3）备份数据库，名称为“表练习备份”。

2. 创建表或导入表

（1）在“表练习 . accdb”数据库中创建表“学生”，结构如表9-1所示。

表9-1 “学生”表结构

字段名称	数据类型	字段大小
学号	短文本	10
姓名	短文本	8
性别	短文本	2
出生日期	日期/时间	—
团员	是/否	—
入学成绩	数字	—
地址	短文本	30

（2）添加“学生”数据表的记录，如表9-2所示。

表 9-2 “学生”数据表记录

学号	姓名	性别	出生日期	团员	入学成绩	地址
1999102101	刘伊步	男	1982-12-16	是	514	北京市
1999102102	王戊阳	男	1982-12-16	是	412	广州市
1999102103	赵留星	女	1983-9-18	是	475	深圳市
1999102104	巴洁	女	1983-9-9	是	586	成都市
1999102105	年玖	女	1983-5-1	否	490	长春市
1999102106	张史	男	1982-1-1	否	505	成都市
1999102107	吴二强	男	1982-4-13	是	585	广州市
1999102108	张世尔	男	1982-4-13	是	620	北京市
1999102109	张三玫	女	1983-9-30	否	538	上海市
1999102110	金奇彬	女	1982-4-25	是	508	深圳市

（3）将“成绩. xlsx”和“课程. xlsx”导入数据库。

3. 修改表

（1）设置“学生”数据表、“成绩”数据表和“课程”数据表的主键。

（2）将“学生”表中的“入学成绩”字段的大小更改设置为“整型”。

（3）将“学生”表中的“出生日期”字段的格式设置为“＊＊＊＊年＊＊月＊＊日”格式。

（4）将“学生”表中的“性别”字段默认值设置为“男”。

（5）设置“学生”表中的“学号”的输入掩码，要求为以“1999”开头长度为 10 位数字。（提示：在“输入掩码”属性编辑框内输入“"1999" 999999”。）

4. 编辑表

（1）将“学生”数据表的行高设置为 18 磅，隐藏“地址”字段，冻结“学号”和“姓名”字段两列。

（2）在“学生”数据表中筛选所有 1983 年出生的学生的记录，将姓名“年玖”替换为“张珊”，按“性别”和“出生日期”两个字段升序排列。

5. 创建表间关系

（1）为“学生”“课程”和“成绩”3 张数据表建立表间关系。

（2）设置实施参照完整性。

实验 2　查询的创建与使用

【实验目的】

（1）熟悉查询设计工作环境。

（2）掌握利用查询设计视图创建各类查询的操作方法。

（3）熟悉 SQL 语言中的 SELECT 语句格式及其功能。

【实验内容】

1. 选择查询

（1）在“查询练习1. accdb”中创建一个查询，查找并显示“姓名”“项目名称”和“承担工作”3个字段的内容，将查询命名为“qT1”。

（2）在“查询练习1. accdb”中创建一个查询，查找并显示项目经费在5000元以下（包括5000元）的“项目名称”和“项目来源”2个字段，将查询命名为“qT2”。

（3）在“查询练习2. accdb”中创建一个查询，查找并显示具有研究生学历的教师的“姓名”“性别”“年龄”和“系别”4个字段内容，将查询命名为“qT1”。

（4）在“查询练习2. accdb”中创建一个查询，查找并显示年龄小于等于35岁、职称为副教授或教授的教师的“姓名”“年龄”和“职称”3个字段，将查询命名为“qT2”。

（5）在“查询练习3. accdb”中创建一个查询，查找2005年入学的党员学生的选课成绩，并显示“姓名”“性别”“入校时间”“课程名”和“成绩”5列信息，将查询命名为“qT1”。

2. 特殊查询

（1）在“查询练习1. accdb”中创建一个查询，统计项目来源为“国家社科基金”的经费总和，显示“项目来源”和“经费总和”2列结果，将查询命名为“qT3”。

（2）在“查询练习2. accdb”中创建一个查询，统计所有教师的人数及平均年龄，显示“总人数”和“平均年龄”2列结果，将查询命名为“qT3”。

（3）在“查询练习2. accdb”中创建一个查询，查找并统计在职教师按照职称进行分类的平均年龄，显示“职称”和“平均年龄”2列结果，将查询命名为“qT4”。

（4）在“查询练习3. accdb”中创建一个查询，按输入的分数查找选课成绩小于所输入分数的“学号”“课程编号”和“成绩”3列结果。当运行该查询时，应显示提示信息“请输入要比较的分数:”，将查询命名为“qT2”。

（5）在“查询练习1. accdb”中创建一个查询，统计并显示人员参与项目研究的经费总和，显示结果如图9-1所示，将查询命名为“qT4”。

姓名	北京市社科基金	国家社科基金
李丽	10000	20000
刘思危	15000	50000
孙伟	10000	
王维	10000	30000

图9-1　查询运行效果

（6）在“查询练习4. accdb”中创建一个查询，统计人数在5人以上（不含5人）的院系的人数，字段显示标题为“院系号”和“人数”，将查询命名为“qT1”。（要求：按照学号来统计人数。）

3. 操作查询

（1）在“查询练习1. accdb”中创建一个查询，将所有记录的“经费”字段值增加5000元，将查询命名为“qT4”。

（2）在“查询练习3. accdb”中创建一个查询，统计2门以上（含2门）课程不及格的学生，并将其“姓名”和统计的“不及格门次”放到一个新表中，表名为“不及格情况”，表结构为“姓名”和“不及格门次”，将查询命名为“qT4”。（要求：使用“成绩”字段统计不及格课程的门次；创建此查询后，运行该查询，并查看运行结果。）

（3）在“查询练习4. accdb”中创建一个查询，将前5条记录的学生信息追加到表“tTemp”的对应字段中，将查询命名为“qT2”。

实验 3 窗体

【实验目的】

（1）熟悉窗体设计工作环境。

（2）掌握窗体的基本操作（如创建窗体、添加控件、设置属性）。

（3）掌握窗体的综合操作（如常见窗体的设计）。

（4）掌握宏的基本操作。

【实验内容】

说明：以下操作均在“窗体练习 . accdb”中进行。

1. 创建窗体

（1）以“学生档案”表为数据源创建一个单个项目窗体，显示表的全部字段信息，窗体名为“F1”。

（2）以“课程”表为数据源创建一个分割窗体，显示课程的相关信息，窗体名为“F2”。

（3）以“学生档案”表为数据源创建“多个项目”窗体，显示学生相关信息，窗体名为“F3”。

（4）以“系部”表和“教师”表为数据源，使用窗体向导创建带有子窗体的窗体，主窗体中显示“系部”表中的“系名称”和“专业名称”，子窗体显示“教师”表中的“职工号”和“姓名”字段，子窗体名为“教师子窗体”，布局为数据表，窗体名为“F4”。

2. 创建宏

（1）创建名为“成绩查询”的宏，用于打开已有的“学生成绩”查询。

（2）创建名为“关闭窗体”的宏，用于关闭当前窗体。

3. 设计窗体

以“学生”表为记录源，创建如图 9-2 及图 9-3 所示的窗体，窗体名为“F5”，并根据以下要求对窗体进行设置：

（1）显示字段为“学号”“姓名”“性别”“籍贯”，窗体标题为“学生信息”。

（2）窗体宽度为 10 cm，主体节高为 6 cm，页眉节和页脚节高均为 1 cm。

（3）窗体边框样式为细边框，取消窗体的记录选择器、导航按钮、水平和垂直滚动条。

（4）在窗体页眉节中添加一个标签控件，名称为“L1”，标题为“学生基本信息”。

（5）在窗体主体节中添加一组命令按钮，按钮名称依次为“Cmd1”“Cmd2”“Cmd3”和“Cmd4”，按钮标题依次为上一记录、下一记录、学生成绩查询和关闭窗体，并实现按钮功能。（注：“上一记录”和“下一记录”通过向导来实现，“学生成绩查询”通过运行宏“成绩查询”来实现，“关闭窗体”通过运行宏“关闭窗体”来实现功能。）

（6）在窗体页脚中添加一个文本框控件，名称为“T1”，显示当前系统日期。

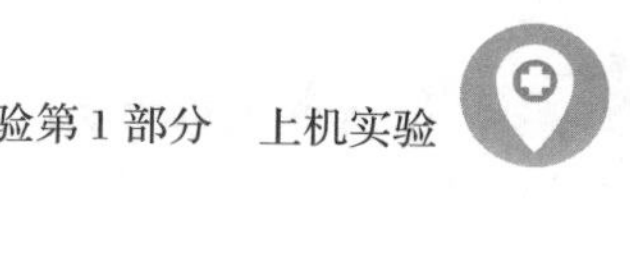

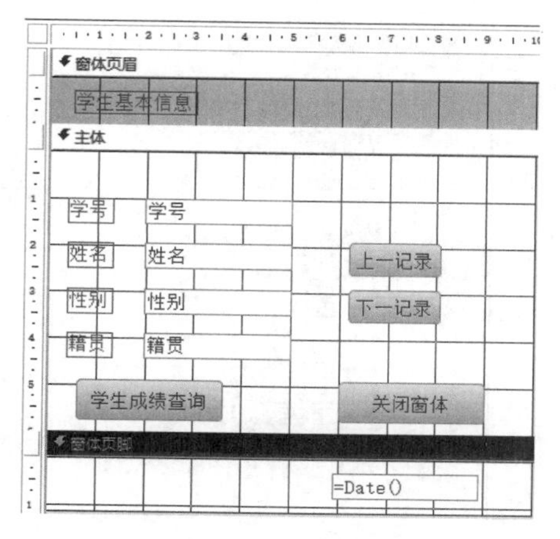

图 9-2　窗体设计视图

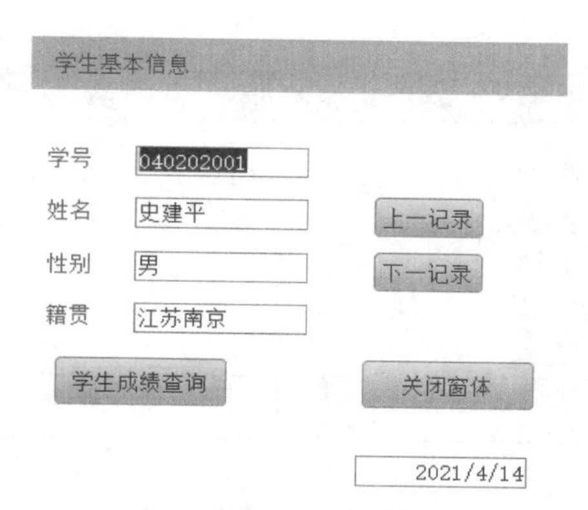

图 9-3　窗体运行效果

实验 4　报表

【实验目的】

（1）熟悉报表设计工作环境。

（2）掌握报表的基本操作（如创建报表、添加控件、设置属性）。

（3）掌握报表的综合操作（如常见报表的设计）。

【实验内容】

说明：均在“报表练习 . accdb”中进行。

1. 创建报表

（1）基于“课程”表，使用“报表”按钮创建一个输出课程全部信息的报表，报表名为“B1”。

（2）基于“学生”表、“课程”表和“选课”表，使用报表向导创建一个输出学生的姓名、性别、课程名称和成绩的报表，布局“递阶”，并按成绩降序排序，报表名为“B2”。

2. 设计报表

以“课程”表和“选课”表为记录源，创建如图 9-4 及图 9-5 所示的报表，窗体名为“B3”，并根据以下要求对报表进行设置：

（1）字段为“课程名称”“学号”“成绩”。

（2）在页面页眉中添加一个名称为“L1”的标签控件，显示内容为“各门课程成绩报表”。

（3）按课程名称进行分组（组内按成绩降序排序，成绩相同按学号升序排序）；该分组页眉名称为“课程名称组页眉”。

（4）设置课程名称分组页脚的名称为“课程名称组页脚”，并在组页脚中添加一个文本控件，名称为“Txt 平均”，用于计算和显示组内各门课程的平均成绩（使用 Round 函数保留 2 位小数），其左侧的标签控件名为“Lab 平均”，显示内容为“平均成绩”。

（5）在页面页脚中添加一个名为“T2”的标签控件，显示页码，页码的格式为“共 N 页，第 N 页”。

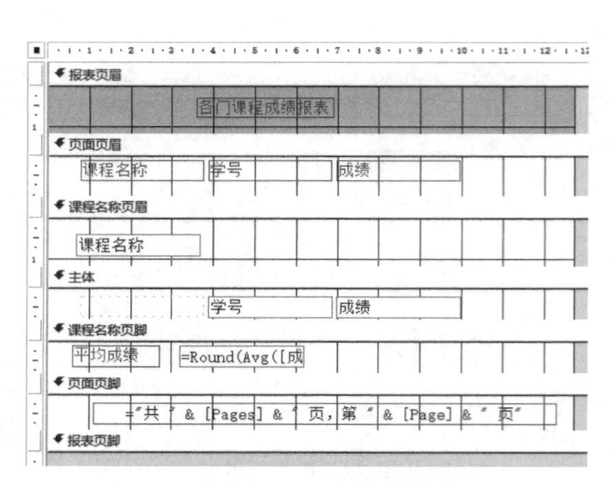

图 9-4　报表设计视图

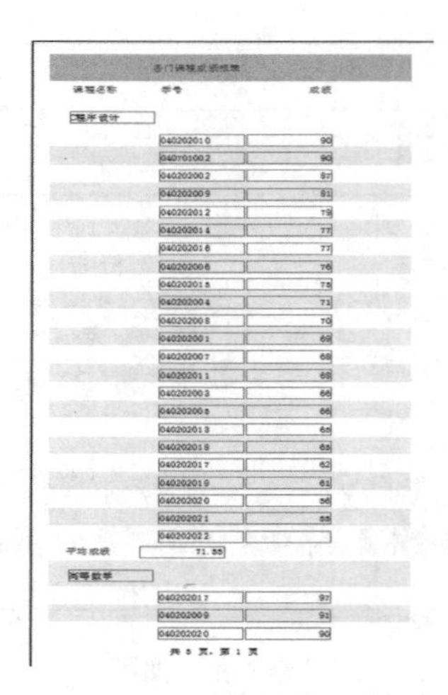

图 9-5　报表预览效果

实验 5　应用系统集成

【实验目的】

（1）熟悉应用系统开发流程。

（2）熟悉应用系统集成的方法。

【实验内容】

1. 医务管理系统的功能

医务管理系统是一个对患者检查、医生诊断等医疗活动进行管理的系统，可以实现患者、医生等基本信息的存储及相关信息的查询，系统功能模块如图 9-6 所示，主要功能有：

（1）数据的录入。系统所用的数据涵盖医疗活动的部分过程，包括病案、床位、科室、医生、患者、检查项目、收费、住院及管理员 9 项信息。

（2）数据的查询。针对用户需求来展示系统中相应的数据。

（3）数据的统计。通过报表的形式来实现系统中已有数据的排序、分组汇总等。

（4）数据的安全。通过在窗体中设置用户登录验证来保障系统中数据的安全。

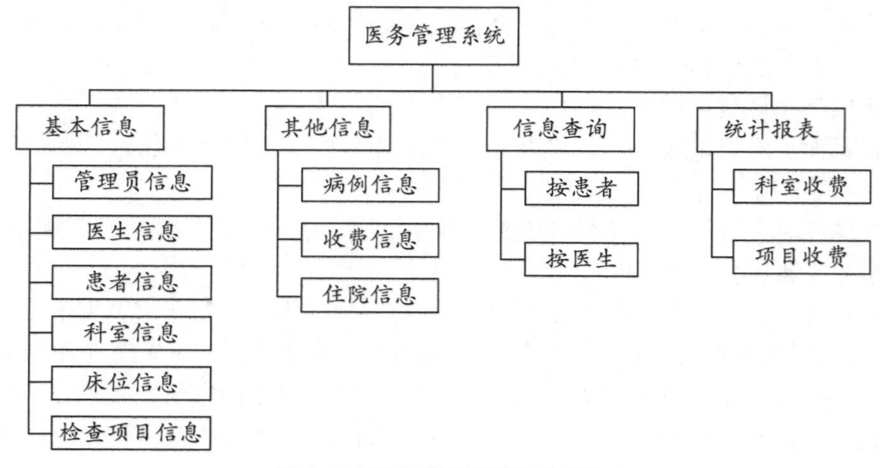

图 9-6　医务管理系统功能模块

2. 医务管理系统的设计

医务管理应用系统由数据表、查询、窗体及报表等 Access 对象组成，设计系统也就是设计所有这些对象。

(1) 数据表的设计。

数据表设计的任务主要是组织应用系统中涉及的所有数据信息，并将其存储到计算机中。根据设计需求，医务管理系统中的数据表有管理员信息表、医生信息表、患者信息表、科室信息表、床位信息表、检查项目信息表、病案信息表、收费信息表和住院信息表。

1) 管理员信息表。用于存储登录系统的用户账号信息，表结构如表 9-3 所示。

表 9-3　管理员信息表

字段名称	数据类型	字段大小	主键	必填字段	其他
员工编号	短文本	10	是	是	—
姓名	短文本	5	—	否	—
账号	短文本	6	—	是	—
密码	短文本	6	—	是	—

2) 医生信息表。用于记录医生的基本信息，表结构如表 9-4 所示。

表 9-4　医生信息表

字段名称	数据类型	字段大小	主键	必填字段	其他
员工编号	短文本	10	是	是	—
医生姓名	短文本	5	—	否	—
性别	短文本	1	—	否	验证规则：In ("男","女") 验证文字：性别只能是男或女！
出生年月	日期/时间	—	—	否	格式：短日期
职称	短文本	5	—	否	—
科室号	短文本	10	—	否	—
是否在岗	是/否	—	—	否	格式：真/假 默认值：0
手机号码	短文本	11	—	否	—
照片	附件	—	—	否	—

3) 患者信息表。用于记录患者的基本信息，表结构如表 9-5 所示。

表 9-5　患者信息表

字段名称	数据类型	字段大小	主键	必填字段	其他
病历号	短文本	8	是	是	—
患者姓名	短文本	5	—	否	—
性别	短文本	1	—	否	验证规则：In ("男","女") 验证文字：性别只能是男或女！

续表9-5

字段名称	数据类型	字段大小	主键	必填字段	其他
出生日期	日期/时间	—	—	否	格式：短日期
民族	短文本	5	—	否	默认值："汉族"
身份证号	短文本	18	—	否	—
婚姻状况	是/否	—	—	否	格式：真/假 默认值：0
电子邮箱	超链接	—	—	否	—
住址	长文本	—	—	否	—
照片	OLE 对象	—	—	否	—
既往病史	长文本	—	—	否	—

4）科室信息表。用于记录医院科室的基本信息，表结构如表 9-6 所示。

表 9-6 科室信息表

字段名称	数据类型	字段大小	主键	必填字段	其他
科室号	短文本	10	是	是	—
科室名称	短文本	10	—	否	—
科主任	短文本	5	—	否	—
联系电话	短文本	20	—	否	输入掩码："0898-" 99999999

5）床位信息表。用于记录科室床位的信息，表结构如表 9-7 所示。

表 9-7 床位信息表

字段名称	数据类型	字段大小	主键	必填字段	其他
床位号	短文本	10	是	是	—
状态	短文本	5	—	否	—
单价	货币	—	—	否	格式：货币 小数位数：2
科室号	短文本	10	—	是	—

6）检查项目信息表。用于记录各项检查项目的基本信息，表结构如表 9-8 所示。

表 9-8 检查项目信息表

字段名称	数据类型	字段大小	主键	必填字段	其他
项目号	短文本	8	是	是	—
项目名	短文本	20	—	否	—
价格	货币	—	—	否	格式：货币 小数位数：2

7）病案信息表。用于记录患者诊疗过程中病案的基本信息，表结构如表 9-9 所示。

表 9-9　病案信息表

字段名称	数据类型	字段大小	主键	必填字段	其他
病历号	短文本	8	是	是	—
住院科室号	短文本	10	—	否	—
入院确诊时间	日期/时间	—	—	否	—
入院诊断	短文本	12	—	否	—
出院诊断	短文本	12	—	否	—
出院科室号	短文本	10	—	否	—
入院时间	日期/时间	—	—	否	—
出院时间	日期/时间	—	—	否	—
出院情况	长文本	—	—	否	—
出院医嘱	长文本	—	—	—	—

8）收费信息表。用于记录患者诊疗过程中所产生的各项收费信息，表结构如表 9-10 所示。

表 9-10　收费信息表

字段名称	数据类型	字段大小	主键	必填字段	其他
病历号	短文本	8	是	是	—
收费项目号	短文本	8	是	否	—
应收金额	货币	—	—	否	格式：货币 小数位数：2
实收金额	货币	—	—	否	格式：货币 小数位数：2
欠费情况	计算	—	—	—	表达式：[实收金额] – [应收金额] 结果类型：货币 格式：货币 小数位数：2

9）住院信息表。用于记录患者住院过程中产生的基本信息，表结构如表 9-11 所示。

表 9-11　住院信息表

字段名称	数据类型	字段大小	主键	必填字段	其他
病历号	短文本	8	是	是	—
患者姓名	短文本	5	—	否	—
床位号	短文本	10	—	否	—
住院科室号	短文本	10	—	否	—

续表9-11

字段名称	数据类型	字段大小	主键	必填字段	其他
员工编号	短文本	10	—	否	—
治疗情况	长文本	—	—	否	—
入院时间	日期/时间	—	—	否	—
出院时间	日期/时间	—	—	否	—
住院天数	计算	—	—	否	表达式：[出院时间] - [入院时间]

10）表间关系（如图 9-7 所示）。

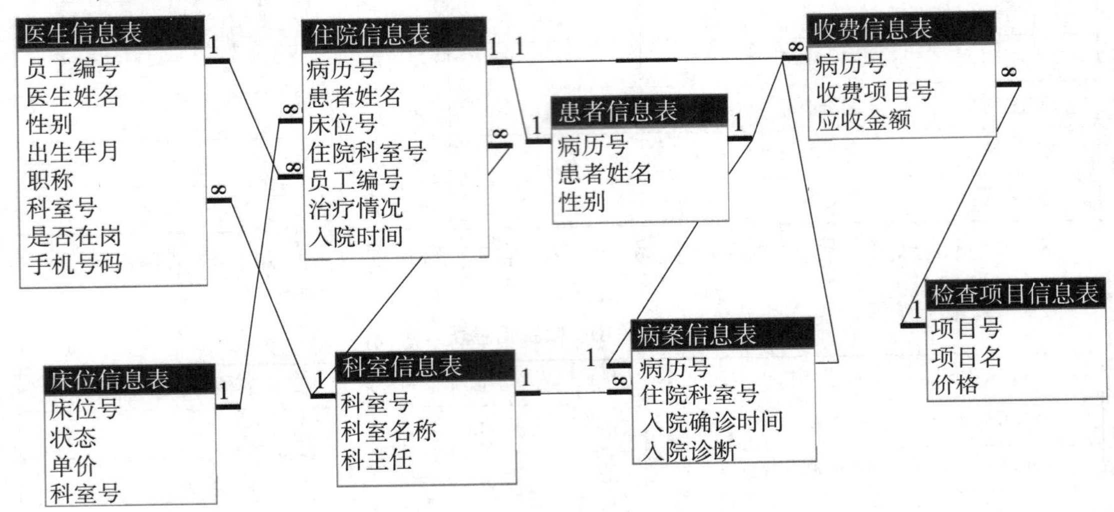

图 9-7 表间关系

（2）查询的设计。

根据数据库设计中的"一事一地"原则，系统中的数据按类别组织成多张数据表。查询设计的目的则是将分布在不同表中的数据集中在一起，以简化设计时的代码编写。根据设计需求，医务管理系统中建立了一个查询为"患者综合信息"，用作后续窗体或报表的数据源。查询创建过程如下：

步骤 1：创建查询。单击"创建"选项卡中"查询设计"按钮。

步骤 2：添加表。将"显示表"中的"医生信息""患者信息""病案信息""收费信息"和"住院信息"5 张表添加到查询中。

步骤 3：添加字段。在查询设计视图中，包括依次添加表中字段："医生信息"表，包括员工编号、医生姓名等；"患者信息"表，包括病历号、患者姓名等；"病案信息"表，包括住院科室号等；"收费信息"表，包括收费项目号、应收金额、实收金额、欠费情况等；"住院信息"表，包括床位号、治疗情况、入院时间、出院时间、住院天数等。

步骤 4：保存查询。将查询命名为"患者综合信息"。

（3）窗体的设计。

窗体设计的目的主要是实现人机交互，提供相应窗口界面，以方便用户对系统中的数据进行增加、删除、修改、查询等操作。根据设计需求，医务管理系统中的窗体有管理员

信息维护窗体、医生信息维护窗体、患者信息维护窗体、科室信息维护窗体、床位信息维护窗体、检查项目信息维护窗体、病案信息维护窗体、收费信息维护窗体、住院信息维护窗体、按病历号查询病人信息窗体和按医生编号查询病人信息窗体。

1）管理员信息维护窗体。用于浏览和修改当前登录系统的用户信息，其设计视图如图9-8所示。窗体创建过程如下：

步骤1：使用窗体向导创建窗体，记录源为表“管理员信息”、字段为所有字段、布局为“纵栏式”、标题为“管理员信息维护”。

步骤2：修改窗体记录源。打开属性窗口，将窗体的“记录源”属性值修改为“SELECT 管理员信息.* FROM 管理员信息 WHERE (((管理员信息.账号) = [tempvars]![user]));”。

步骤3：调整窗体布局格式。打开属性窗口，将窗体的“滚动条”属性值设置为“两者均无”、“记录选择器”和“导航按钮”属性值设置为“否”、“分隔线”属性值设置为“是”。

步骤4：在窗体页脚区域添加命令按钮，在命令按钮向导中设置按钮的各项属性值：类别为“记录操作”、操作为“保存记录”、按钮样式为“文本”、名称为“保存”。

步骤5：使用鼠标拖动调整各个控件的位置和大小。

步骤6：保存窗体，将窗体命名为“管理员信息维护窗体”。

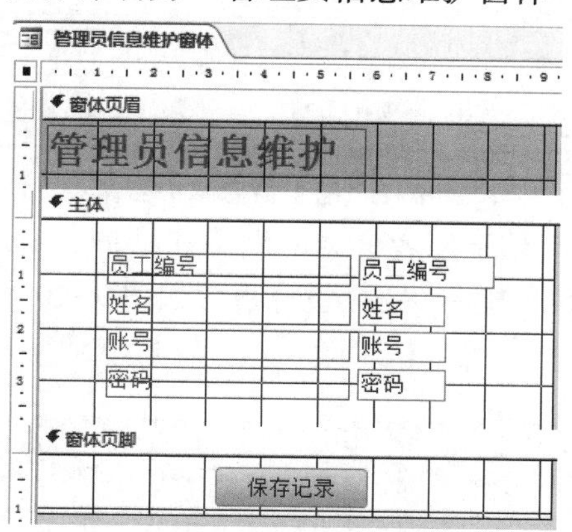

图9-8　管理员信息维护窗体

2）医生信息维护窗体。用于医生信息的浏览和维护，其设计视图如图9-9所示。窗体创建过程如下：

步骤1：使用窗体向导创建窗体，记录源为表“医生信息”、字段为所有字段、布局为“纵栏式”、标题为“医生信息维护”。

步骤2：使用鼠标拖动调整窗体及各个控件的位置和大小。

步骤3：调整窗体布局格式。打开属性窗口，将窗体的“滚动条”属性值设置为“两者均无”、“记录选择器”和“导航按钮”属性值设置为“否”、“分隔线”属性值设置为“是”。

步骤4：在窗体页脚区域添加控件。

A. 添加2个标签控件，“标题”属性值分别设置为“记录导航”和“记录操作”。

B. 添加2个矩形控件，“背景色”属性值分别设置为“浅红色”和“浅绿色”。

C. 添加 5 个命令按钮，使用命令按钮向导设置属性值，类别均为“记录导航”，按钮样式均为“图片”，操作分别为“转至第一项记录”“转至前一项记录”“转至后一项记录”“转至最后一项记录”和“查找记录”。

D. 添加 3 个命令按钮，使用命令按钮向导设置属性值，类别均为“记录操作”，按钮样式均为“文字”，操作分别为“添加记录”“删除记录”和“保存记录”。

步骤 5：保存窗体，将窗体命名为“医生信息维护窗体”。

图 9-9　医生信息维护窗体

3）患者信息维护窗体。用于患者信息的浏览和维护，窗体创建过程与医生信息维护窗体创建过程类似，这里不再赘述。窗体设计视图如图 9-10 所示。

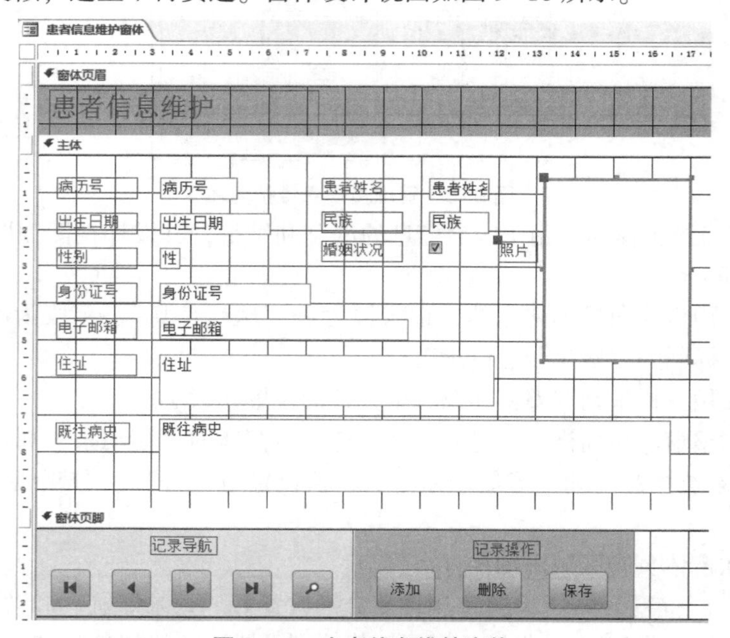

图 9-10　患者信息维护窗体

4）科室信息维护窗体。用于医院科室信息的浏览和维护，窗体创建过程与医生信息维护窗体创建过程类似，这里不再赘述。窗体设计视图如图 9-11 所示。

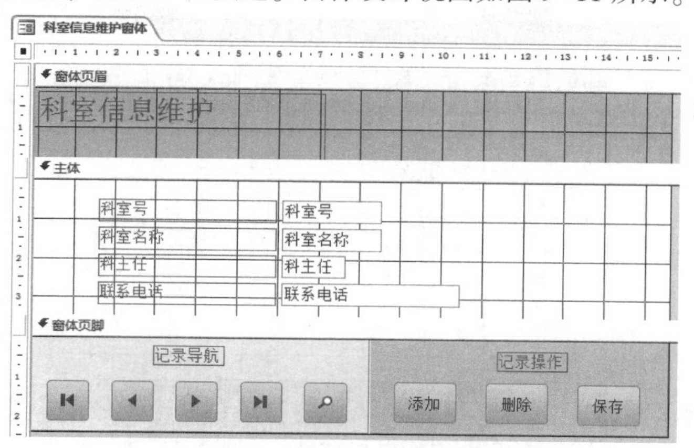

图 9-11　科室信息维护窗体

5）床位信息维护窗体。用于医院科室中床位信息的浏览和维护，窗体创建过程与医生信息维护窗体创建过程类似，这里不再赘述。窗体设计视图如图 9-12 所示。

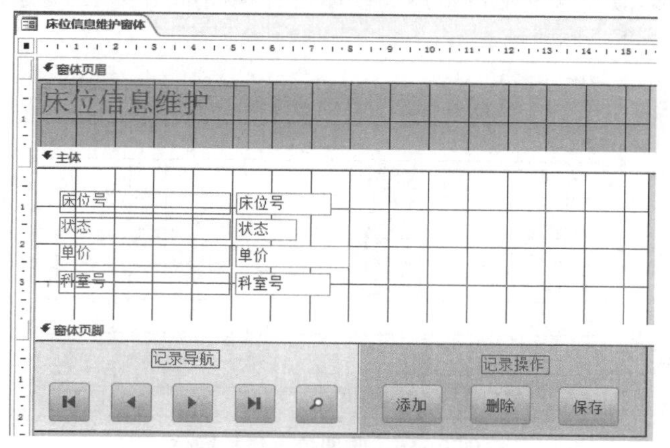

图 9-12　床位信息维护窗体

6）检查项目信息维护窗体。用于各项检查项目信息的浏览和维护，窗体创建过程与医生信息维护窗体创建过程类似，这里不再赘述。窗体设计视图如图 9-13 所示。

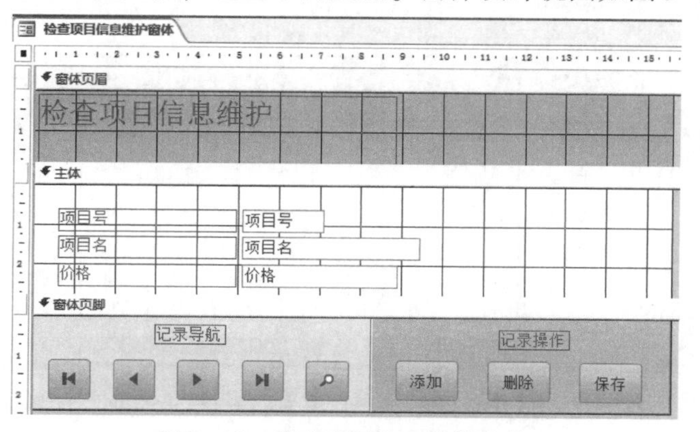

图 9-13　检查项目信息维护窗体

7）病案信息维护窗体。用于患者病案信息的浏览和维护，窗体创建过程与医生信息维护窗体创建过程类似，这里不再赘述。窗体设计视图如图 9-14 所示。

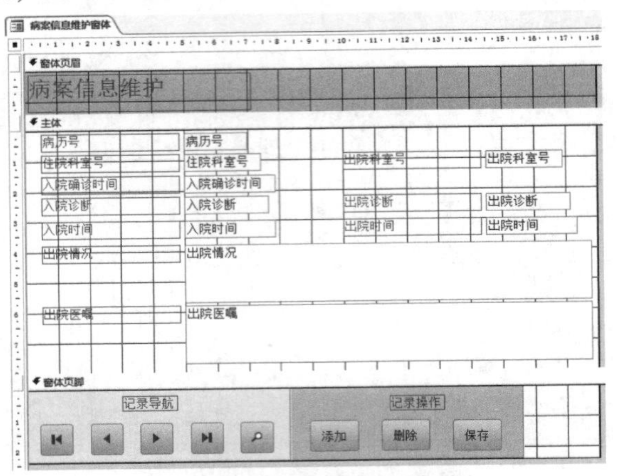

图 9-14　病案信息维护窗体

8）收费信息维护窗体。用于各项收费信息的浏览和维护，窗体创建过程与医生信息维护窗体创建过程类似，这里不再赘述。窗体设计视图如图 9-15 所示。

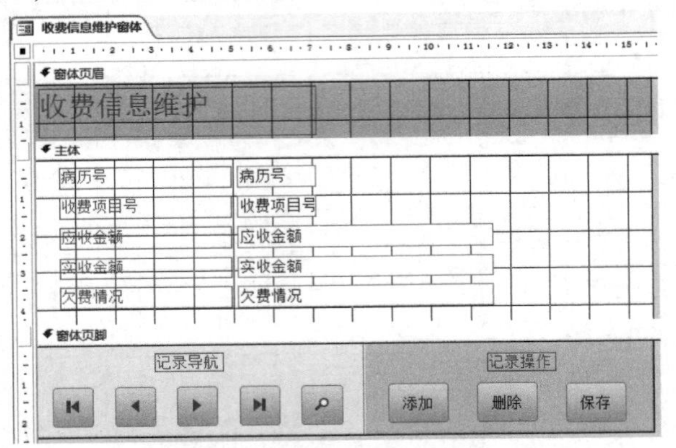

图 9-15　收费信息维护窗体

9）住院信息维护窗体。用于患者住院信息的浏览和维护，窗体创建过程与医生信息维护窗体创建过程类似，这里不再赘述。窗体设计视图如图 9-16 所示。

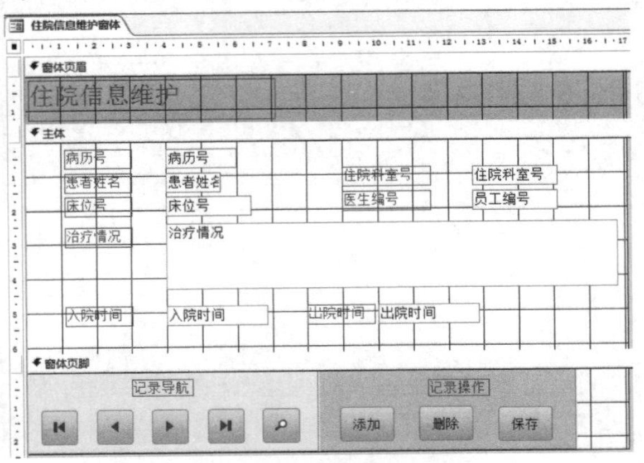

图 9-16　住院信息维护窗体

10）按病历号查询病人信息窗体。可实现患者信息的快速查询。在窗体中选择（或直接输入）某个病历号后，再单击“查询”按钮，即可查看患者的相关信息，窗体运行效果如图 9-17 所示。

根据病历号查看病人信息

请输入病历号或从列表中选择病历号　10001001　查询

患者姓名　杨怡
医生姓名　张力
治疗情况　常规治疗，已康复
入院时间　2019/7/18
出院时间　2019/8/19
住院天数　32

图 9-17　按病历号查询病人信息窗体

窗体创建过程如下：

步骤 1：创建空白窗体。单击“创建”选项卡中“窗体设计”按钮。

步骤 2：在窗体主体区域中添加控件。

A. 添加 1 个标签控件，标签控件“标题”属性值设置为“根据病历号查看病人信息”。

B. 添加 1 个组合框控件，组合框控件的“行来源”属性值设置为“SELECT [患者信息].[病历号] FROM 患者信息 ORDER BY [病历号]；”、“名称”属性值设置为“blh”，其自带的标签控件“标题”属性值设置为“请输入病历号或从列表中选择病历号”。

C. 添加 6 个文本框控件，文本框控件名称及其自带的标签标题见表 9-12。

表 9-12　文本框控件属性值

控件类型	名称	标签类型	标题
文本框 1	nametxt	自带的标签	患者姓名
文本框 2	doctxt	自带的标签	医生姓名
文本框 3	treattxt	自带的标签	治疗情况
文本框 4	indatetxt	自带的标签	入院时间
文本框 5	outdatetxt	自带的标签	出院时间
文本框 6	daystxt	自带的标签	住院天数

D. 添加 1 个命令按钮控件，命令按钮控件的“标题”属性值设置为“查询”，其“单击”事件的代码设置如下：

```
Private Sub 查询_Click()
  nametxt.Value = DLookup("患者姓名", "患者综合信息", "病历号='" & blh.Value & "'")
  doctxt.Value = DLookup("医生姓名", "患者综合信息", "病历号='" & blh.Value & "'")
  treattxt.Value = DLookup("治疗情况", "患者综合信息", "病历号='" & blh.Value & "'")
```

```
  indatetxt. Value = DLookup ( "入院时间", "患者综合信息","病历号 ='" & blh.
Value & "'" )
  outdatetxt. Value = DLookup ( "出院时间", "患者综合信息", "病历号 ='" & blh.
Value & "'" )
  daystxt. Value = DLookup ( "住院天数", "患者综合信息", "病历号 ='" & blh.
Value & "'" )
End Sub
```

步骤 3：保存窗体，将窗体命名为“按病历号查询窗体”。

11）按医生编号查询病人信息窗体。可实现患者信息的快速查询。在窗体列表 1 中选择某个医生编号，再单击列表 2 中的患者病历号，即可查看患者的相关信息，窗体运行效果如图 9-18 所示。

根据医生编号查看病人信息

请选择医生 请选择患者 信息如下：

ys1000001 ys1000002 ys2000003 ys2000004 ys2000005 ys2000006 ys2000007 ys2000008 ys2000009 ys3000001 ys3000002 ys3000003 ys4000001 ys4000002 ys4000005

10001001 10001002 10001003 10001004 10001005

医生姓名 张力
病历号 10001001
患者姓名 杨怡
治疗情况 常规治疗，已康复
入院时间 2019/7/18
出院时间 2019/8/19
住院天数 32

图 9-18 按医生编号查询病人信息窗体

窗体创建过程如下：

步骤 1：创建空白窗体。单击“创建”选项卡中“窗体设计”按钮。

步骤 2：在窗体主体区域中添加控件。

A. 添加 2 个标签控件，标签控件“标题”属性值分别设置为“根据医生编号查看病人信息”和“信息如下：”。

B. 添加 6 个文本框控件，文本框控件名称及其自带的标签标题见表 9-12。

C. 添加 1 个列表框控件，列表框控件“行来源”属性值设置为“SELECT DISTINCT 患者综合信息. 员工编号 FROM 患者综合信息;”、“名称”属性值设置为“docnumList”，其自带的标签控件“标题”属性值设置为“请选择医生”，列表框控件“更新后”事件的代码设置如下：

```
Private Sub docnumList_ AfterUpdate ( )
  Dim docnum As String
  docnum = docnumList.  Value
  blnumList. RowSource = "  select distinct 病历号 from 患者综合信息   where 员工编号 = '" &
docnum & "'"
End Sub
```

D. 添加1个列表框控件，列表框控件“名称”属性值设置为“blnumList”，其自带的标签控件“标题”属性值设置为“请选择患者”，列表框控件“更新后”事件的代码设置如下：

```
Private Sub blnumList_ AfterUpdate ( )
    recordtxt. Value = DLookup ( "病历号", "患者综合信息", "病历号 ='" & blnumList.
Value & "'" )
    nametxt. Value = DLookup ( "患者姓名", "患者综合信息", "病历号 ='" & blnumList.
Value & "'" )
    doctxt. Value = DLookup ( "医生姓名", "患者综合信息", "病历号 ='" & blnumList.
Value & "'" )
    treattxt. Value = DLookup ( "治疗情况", "患者综合信息", "病历号 ='" & blnumList.
Value & "'" )
    indatetxt. Value = DLookup ( "入院时间", "患者综合信息", "病历号 ='" & blnumList.
Value & "'" )
    outdatetxt. Value = DLookup ( "出院时间", "患者综合信息", "病历号 ='" & blnumList.
Value & "'" )
    daystxt. Value = DLookup ( "住院天数", "患者综合信息", "病历号 ='" & blnumList.
Value & "'" )
End Sub
```

步骤3：保存窗体，将窗体命名为“按医生编号查询窗体”。

（4）报表的设计。

报表设计的目的主要是满足用户的数据统计及打印输出等需求。根据设计需求，医务管理系统中的报表有科室收费报表和项目收费报表。

1）科室收费报表。用于显示所有科室应收金额和实收金额的汇总情况，如图9-19所示。报表创建过程如下：

步骤1：使用报表向导创建报表，记录源为查询“患者综合信息”，字段为“住院科室号”“应收金额”和“实收金额”，根据“应收金额”和“实收金额”汇总，仅显示汇总，标题为“各科室收费情况汇总表”。

步骤2：删除不需要的控件。

步骤3：调整报表中各个控件的位置和大小，保存报表。

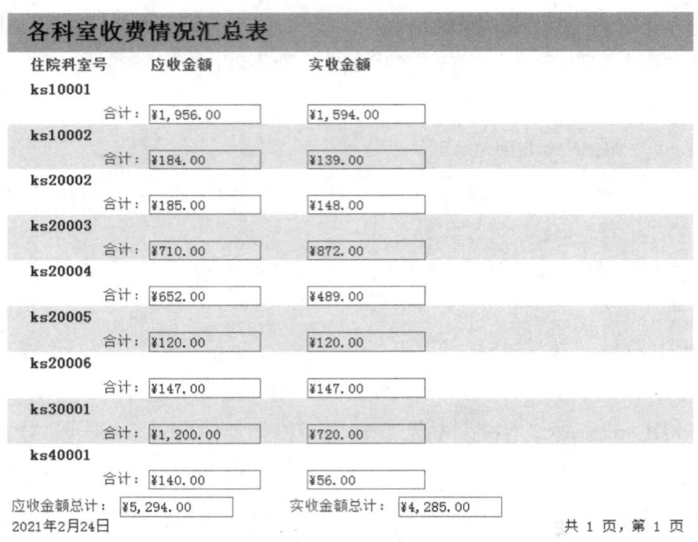

各科室收费情况汇总表

住院科室号		应收金额	实收金额
ks10001			
	合计：	¥1,956.00	¥1,594.00
ks10002			
	合计：	¥184.00	¥139.00
ks20002			
	合计：	¥185.00	¥148.00
ks20003			
	合计：	¥710.00	¥872.00
ks20004			
	合计：	¥652.00	¥489.00
ks20005			
	合计：	¥120.00	¥120.00
ks20006			
	合计：	¥147.00	¥147.00
ks30001			
	合计：	¥1,200.00	¥720.00
ks40001			
	合计：	¥140.00	¥56.00

应收金额总计：¥5,294.00　　实收金额总计：¥4,285.00

2021年2月24日　　共 1 页，第 1 页

图 9-19　科室收费报表

2）项目收费报表。用于显示所有项目应收金额和实收金额的汇总情况，如图 9-20 所示，其创建过程与科室收费报表创建过程相似，这里不再赘述。

各项目收费情况汇总表

收费项目号		应收金额	实收金额
10			
	合计：	¥1,956.00	¥1,594.00
30			
	合计：	¥184.00	¥139.00
31			
	合计：	¥185.00	¥148.00
33			
	合计：	¥710.00	¥872.00
43			
	合计：	¥652.00	¥489.00
33			
	合计：	¥120.00	¥120.00
33			
	合计：	¥147.00	¥147.00
34			
	合计：	¥1,200.00	¥720.00
30			
	合计：	¥140.00	¥56.00

应收金额总计：¥5,294.00　　实收金额总计：¥4,285.00

2021年2月24日　　共 1 页，第 1 页

图 9-20　项目收费报表

3. 应用系统集成

根据系统功能的需求，前面已设计并创建了相应的表、查询、窗体和报表等对象，目前这些对象基本都是独立的，接下来需要通过应用系统集成操作来将系统中所有的对象集成为一个整体，方便用户访问数据库中的数据，同时起到保护数据的作用。

（1）登录窗体。

应用系统中通常会设置一个安全入口验证，只有填写正确的用户名及密码后，才能进入系统操作，这样可以在一定程度上保证数据库中数据的安全。登录窗体正是医务管理系统的入口，其运行效果如图 9-21（b）所示。

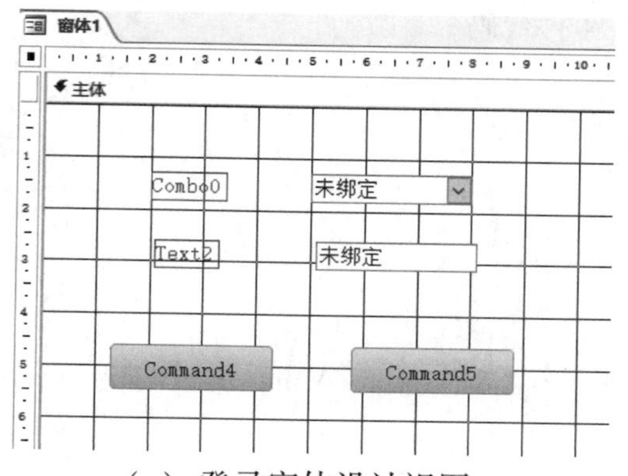

（a）登录窗体设计视图

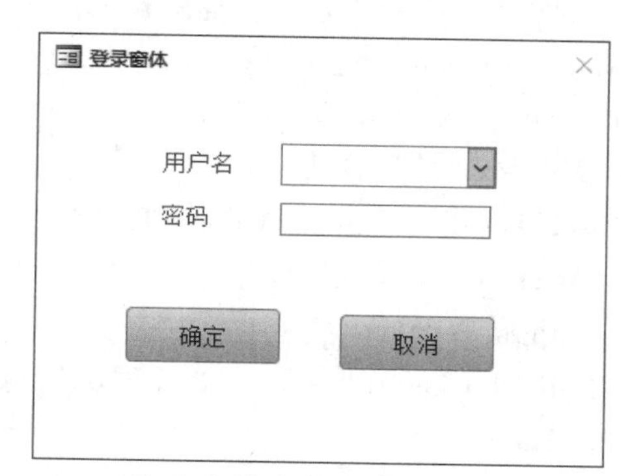

（b）登录窗体窗体视图

图 9-21　登录窗体

登录窗体的创建过程如下：

步骤1：创建窗体。依次单击“创建”“窗体设计”，创建一个空白窗体。

步骤2：添加控件。在窗体中添加1个组合框控件、1个文本框控件和2个命令按钮控件，如图9-21（a）所示。

步骤3：调整控件位置和大小。利用“排列”选项卡中的工具，大致调整窗体及各个控件的位置和大小。

步骤4：设置窗体及各个控件的属性值，如表9-13所示。

表 9-13　窗体及控件的属性值

<table>
<tr><th>对象类型</th><th>属性名称</th><th>值</th><th>属性名称</th><th>值</th></tr>
<tr><td rowspan="4">窗体</td><td>标题</td><td>登录窗体</td><td>记录选择器</td><td>否</td></tr>
<tr><td>弹出方式</td><td>是</td><td>滚动条</td><td>两者均无</td></tr>
<tr><td>自动居中</td><td>是</td><td>关闭按钮</td><td>否</td></tr>
<tr><td>导航按钮</td><td>否</td><td>最大最小化按钮</td><td>否</td></tr>
<tr><td>标签
（组合框自带）</td><td>名称</td><td>yhm</td><td>标题</td><td>用户名</td></tr>
<tr><td rowspan="2">组合框</td><td>名称</td><td>txtuser</td><td>行来源类型</td><td>表/查询</td></tr>
<tr><td>行来源</td><td colspan="3">SELECT 管理员信息. 账号 FROM 管理员信息 ORDER BY 管理员信息. 账号;</td></tr>
<tr><td>标签
（文本框自带）</td><td>名称</td><td>mm</td><td>标题</td><td>密码</td></tr>
<tr><td>文本框</td><td>名称</td><td>txtpws</td><td>输入掩码</td><td>密码</td></tr>
<tr><td>命令按钮</td><td>名称</td><td>cmdlogin</td><td>标题</td><td>确定</td></tr>
<tr><td>命令按钮</td><td>名称</td><td>cmdclose</td><td>标题</td><td>取消</td></tr>
</table>

步骤 5：设置“确定”命令按钮的“单击”事件代码。

```
Private Sub cmdlogin_ Click ()
  If IsNull (txtuser. Value) Then
    MsgBox "请选择用户!"
  ElseIf IsNull (txtpws. Value) Then
    MsgBox "请输入密码!"
    txtpws. SetFocus
  ElseIf DLookup ("密码", "管理员信息", "账号='" & txtuser. Value & "'") = txtpws.
Value Then
    TempVars. Add "user", txtuser. Value
    DoCmd. OpenForm "主界面窗体"
    DoCmd. Close acForm, "登录窗体"
  Else
    MsgBox "密码输入错误!"
    txtpws. SetFocus
  End If
End Sub
```

步骤 6：设置“取消”命令按钮的“单击”事件代码。

```
Private Sub cmdclose_ Click ()
    DoCmd. Quit acQuitSaveAll
End Sub
```

（2）主界面窗体。

主界面窗体是用户正常登录系统后进行各种操作的主要界面，所有窗体和报表都将在此窗体中显示。主窗体运行初始界面如图 9-22 所示。

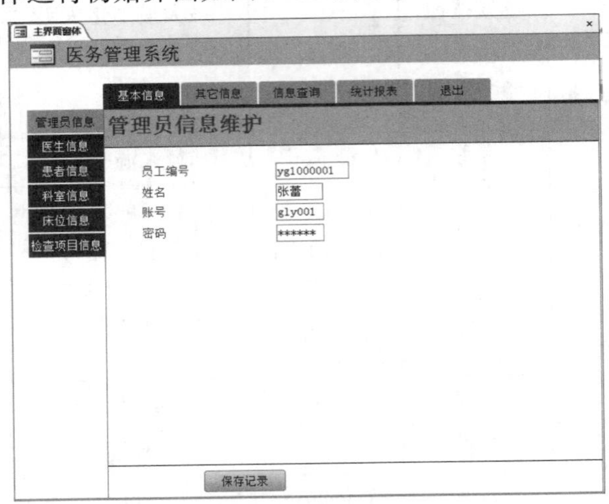

图 9-22　医务管理系统运行主界面

主界面窗体的创建过程如下：

步骤 1：创建窗体。依次单击“创建”“导航”，选择“水平标签和垂直标签，左侧”

选项，创建一个空白导航窗体，如图9-23所示。

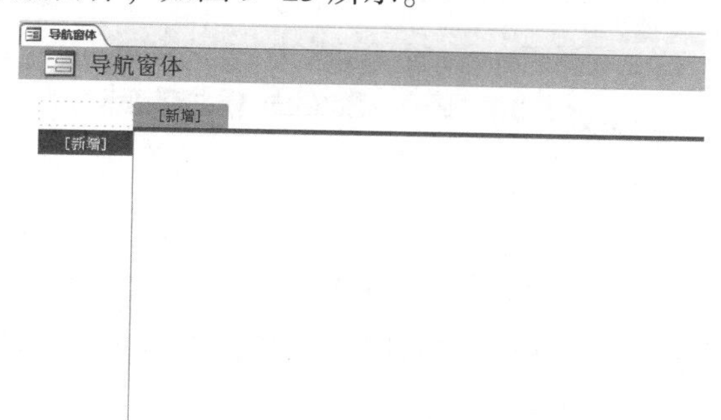

图9-23　空白导航窗体

步骤2：添加导航按钮。

A. 单击图9-23上方导航按钮，输入标题“基本信息”（输入完成后按回车键，此时窗体上方会自动增加第二个导航按钮，以下类似）；单击左侧导航按钮，依次输入标题“管理员信息”“医生信息”“患者信息”“科室信息”“床位信息”“检查项目信息”，如图9-24所示。

B. 单击图9-24上方第二个导航按钮，输入标题“其它信息”；单击左侧导航按钮，依次输入标题“病案信息”“收费信息”和“住院信息”，如图9-25所示。

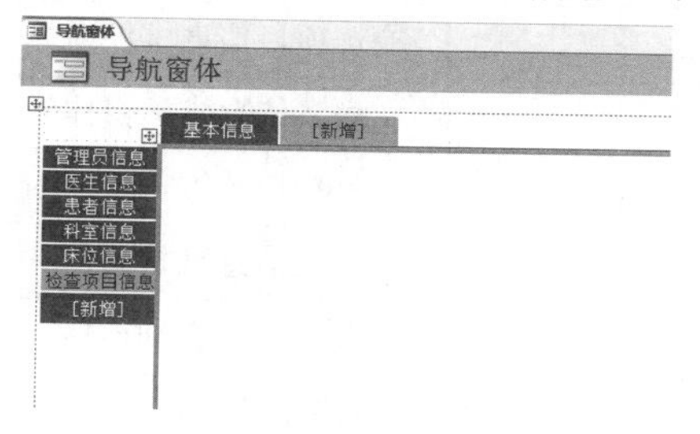

图9-24　“基本信息”导航

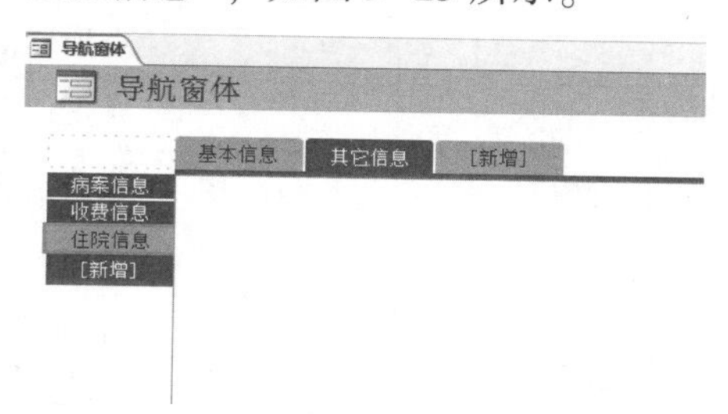

图9-25　“其他信息”导航

C. 用同样的方法，完成第三个导航按钮，如图9-26所示。

D. 用同样的方法，完成第四个导航按钮，如图9-27所示。

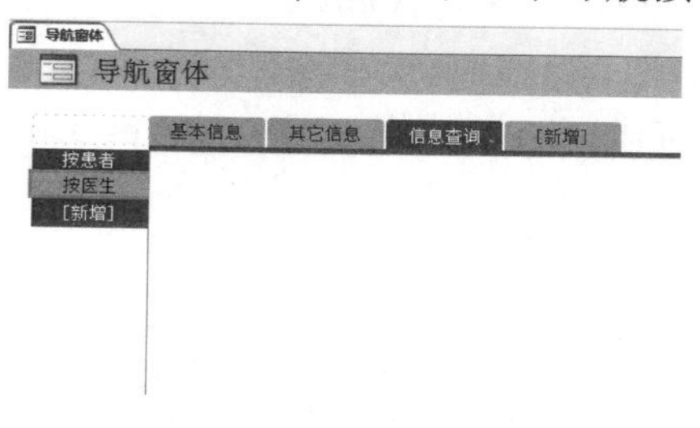

图9-26　“信息查询”导航

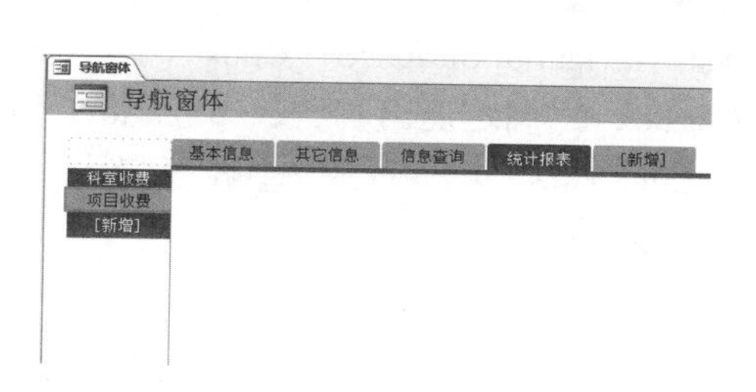

图9-27　“统计报表”导航

E. 用同样的方法，完成第五个导航按钮，如图 9-28 所示。

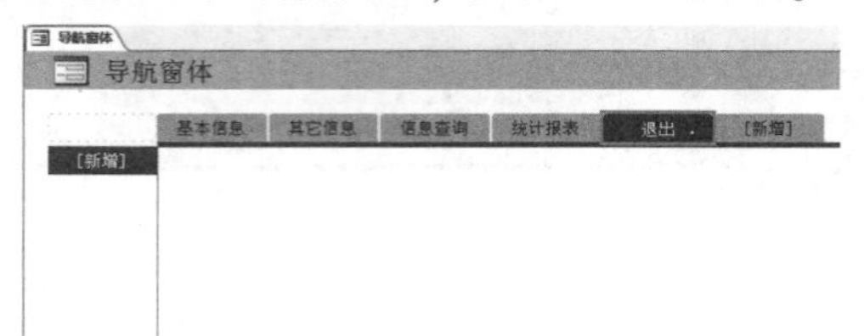

图 9-28　“退出”导航

步骤 3：设置导航按钮的“导航目标名称”属性，指向前面创建的窗体或报表，具体如表 9-14 所示。

表 9-14　导航按钮属性值

上方导航按钮标题	左机侧导航按钮标题	导航目标名称
基本信息	管理员信息	管理员信息维护窗体
	医生信息	医生信息维护窗体
	患者信息	患者信息维护窗体
	科室信息	科室信息维护窗体
	床位信息	床位信息维护窗体
	检查项目信息	检查项目信息维护窗体
其它信息	病案信息	病案信息维护窗体
	收费信息	收费信息维护窗体
	住院信息	住院信息维护窗体
信息查询	按患者	按病历号查询窗体
	按医生	按医生编号查询窗体
统计报表	科室收费	各科室收费情况汇总表
	项目收费	各项目收费情况汇总表

步骤 4：设置主界面中“退出”导航按钮的“单击”事件代码。

```
Private Sub NavigationButton55_ Click ()
    If MsgBox ("确定退出吗?", vbYesNo + [vbInformation], "提示") = vbYes Then
      DoCmd. Close acForm, " 主界面窗体"
      DoCmd. Quit
    End If
End Sub
```

(3) 设置启动窗体。

设置启动窗体可以让用户在打开数据库后自动进入系统操作界面，如图 9-29 所示。

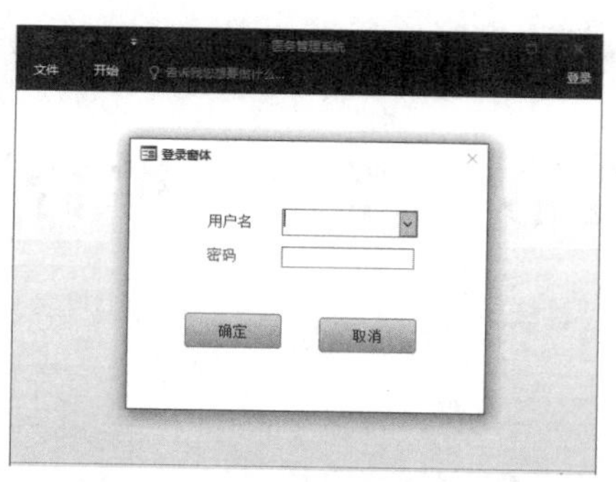

图 9-29　数据库运行初始界面

启动窗体的设置步骤如下：

步骤1：依次单击“文件”“选项”选项，将会出现“Access 选项”对话框。在对话框左侧列表中选择“当前数据库”选项，打开如图 9-30 所示的对话框。

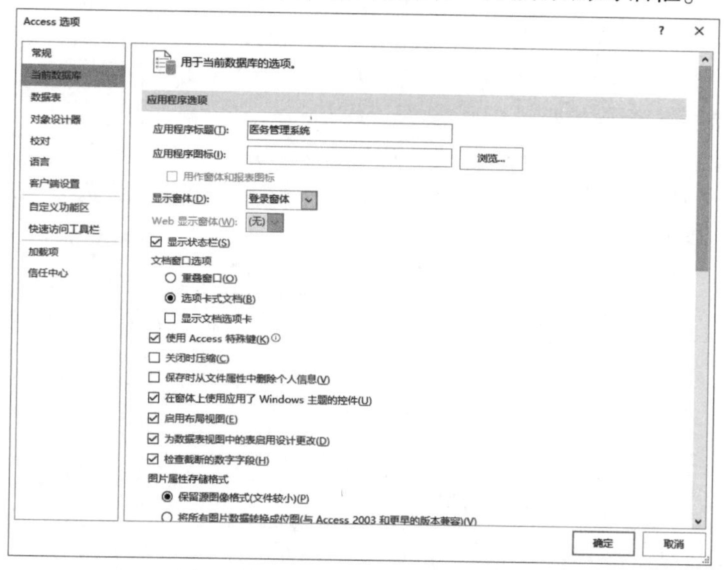

图 9-30　“Access 选项”对话框

步骤2：在“应用程序标题”文本框中输入“医务管理系统”，“显示窗体”列表框中选择“登录窗体”选项。

步骤3：取消勾选“显示导航窗格”“允许全部窗体”和“允许默认快捷菜单”等复选框，隐藏导航窗格及部分菜单，使得用户只能通过应用系统提供的窗体来进行操作，进而在一定程度上提高数据库的安全性。

步骤4：再次打开数据库，即可得到如图 9-29 所示的运行效果。

实验第 2 部分　综合测试

一、表操作题

第一套

（1）在医务管理系统数据库中创建患者信息表，其结构信息如表 10-1 所示。

（2）将“性别”字段的验证规则设置为“只能输入男或女”，验证文本设置为“性别只能是男或女!”。

（3）将“出生日期”字段的格式设置为“短日期”。

（4）将“民族”字段的默认值设为“汉族”。

（5）将“婚否”字段的默认值设置为“真值”。

（6）在患者信息表中输入两条记录，内容如表 10-2 所示。

（7）设置“杨怡”“张建光”记录的照片字段数据分别为“10001001. jpg”和“10001002. jpg”文件。

表 10-1　患者信息表结构

字段名称	数据类型	字段大小	是否主键
病历号	短文本	6	是
姓名	短文本	5	
性别	短文本	1	
出生日期	日期/时间		
民族	短文本	5	
婚否	是/否		
电子邮箱	超链接		
照片	OLE 对象		

表 10-2　患者信息表中记录

病历号	姓名	性别	出生日期	民族	婚否	电子邮箱	照片
100101	杨怡	男	1956/3/4	汉族	TRUE	yangyi@ 126. com	
100102	张建光	男	1958/5/6	汉族	TRUE		

第二套

（1）在图书管理数据库中创建借阅信息表，其结构信息如表 10-3 所示。

（2）将借阅信息表中“借阅天数”设置值为：[借阅时间] - [归还时间]。

（3）将“图书信息 . xlsx”和“读者信息 . xlsx”导入图书管理数据库。

（4）将图书信息表按“出版日期”字段升序排列。

（5）将读者信息表中姓名“王丽丽”替换为“王小丽”。

（6）在读者信息表中添加一个新字段，字段名称为“联系电话”，设置数据类型为“短文本”，输入掩码要求前 5 位为“0898-”，后 8 位为数字。

（7）完成上述操作后，建立读者信息表、图书信息表和借阅信息表的表间关系，并设置实施参照完整性。

表 10-3　借阅信息表结构

字段名称	数据类型	字段大小	是否主键
借书证号	短文本	8	是
图书编号	短文本	10	
借阅时间	日期/时间		
归还时间	日期/时间		
借阅天数	计算		

第三套

（1）在体检管理数据库中创建体检记录表，其结构信息如表 10-4 所示。

（2）在体检记录表中输入记录，内容如表 10-5 所示。

（3）将“既往病史”字段隐藏起来。

（4）将“体检编号”和“姓名”字段两列进行冻结。

（5）筛选所有年龄小于 40 岁的记录。

（6）设置“年龄”字段的验证规则为 1 到 200 之间的值，验证文本为“输入值超出范围”。

（7）设置“体检编号”字段的输入掩码为 4 位数字。

表 10-4　体检记录表结构

字段名称	数据类型	字段大小	是否主键
体检编号	短文本	8	是
姓名	短文本	5	
性别	短文本	1	
体检时间	日期/时间		
年龄	短文本	5	
联系电话	短文本	18	
既往病史	长文本		

表 10-5　体检记录表中记录

体检编号	姓名	性别	体检时间	年龄	联系电话	既往病史
1001	李阳	男	2022/4/20	56	1324589789	高血压、糖尿病
1002	杨丽	女	2022/7/8	28	1302356879	无

第四套

（1）在 D 盘 Access 文件夹中创建一个名为员工信息的数据库。

（2）建立员工数据表，表结构如表 10-6 所示。

（3）添加员工数据表的记录，内容如表 10–7 所示。

（4）将“出生日期”字段的格式设置为“＊＊＊＊年＊＊月＊＊日”格式。

（5）将“性别”字段默认值设置为“男”。

（6）设置“工号”字段的输入掩码要求为以“1”开头，长度为 6 位数字。

（7）将员工数据表的行高设置为 18 磅。

表 10–6　员工表结构

字段名称	数据类型	字段大小
工号	短文本	6
姓名	短文本	8
性别	短文本	2
出生日期	日期/时间	
婚否	是/否	
联系电话	短文本	

表 10–7　员工表中记录

工号	姓名	性别	出生日期	婚否	联系电话
100101	刘伊步	男	1982–12–16	是	13723456514
100105	王戊阳	男	1982–12–16	是	13845678412
100112	赵留星	女	1983–9–18	是	13887654475
100116	巴洁	女	1983–9–9	是	13956789586
100201	年玖	女	1983–5–1	否	15209876490

第五套

（1）在教学数据库中建立学生数据表，表结构如表 10–8 所示。

（2）将“成绩 . xlsx”导入教学数据库。

（3）在教学数据库中建立课程数据表，表结构如表 10–9 所示。

（4）添加课程数据表的记录，如表 10–10 所示。

（5）设置学生数据表、成绩数据表和课程数据表的主键。

（6）将成绩数据表中的“成绩”字段格式设置为“标准”格式。

（7）建立教学数据库中的学生数据表、课程数据表和成绩数据表的表间关系，并设置实施参照完整性。

表 10–8　学生表结构

字段名称	数据类型	字段大小
学号	短文本	6
姓名	短文本	8
性别	短文本	2
出生日期	日期/时间	
入学成绩	数字	
家庭住址	短文本	30

表 10-9　课程表结构

字段名称	数据类型	字段大小
编号	短文本	6
课程	短文本	20

表 10-10　课程表中记录

编号	课程
112	数学
301	计算机应用基础
302	数据应用基础

二、查询操作题

第一套

在数据库文件“samp2-1. accdb”中，已经设计好表对象“tCourse”“tScore”和“tStud”，请按以下要求完成操作。

（1）创建一个查询，查找团员记录，并显示“姓名”“年龄”和“入校时间”三列信息，所建查询命名为“qT1”。

（2）创建一个查询，当运行该查询的时候，显示提示信息“请输入要比较的分数：”，输入分数后，该查询查找学生选课成绩的平均分小于输入值的信息，并显示“学号”和“平均分”两列信息，所建查询命名为“qT2”。

（3）创建一个交叉表查询，统计并显示各班每门课程的平均成绩，统计结果如图 10-1 所示（要求直接用查询设计视图建立交叉表查询，不允许用其他查询作数据源），所建查询命名为“qT3”。

班级编号	高等数学	计算机原理	专业英语
19991021	68	72.7	80.6
20001022	72.7	73.2	75.4
20011023	74.4	76.4	73.5
20041021			72.4
20051021			71
20061021			67.2

图 10-1　查询效果

（4）创建一个查询，运行该查询后生成一张新表“tNew”，表结构包括“学号”“姓名”“课程名”和“成绩”字段，成绩要求为不及格的所有学生，并按成绩降序排序，所建查询命名为“qT4”。要求运行查询并查看运行结果。

第二套

在数据库文件“samp2-2. accdb”中，已经设计好表对象“tTeacher”，请按以下要求完成操作。

（1）创建一个查询，查找并显示职称为“副教授”的教师“编号”“姓名”和“学历”字段内容，将查询命名为“qT1”。

（2）创建一个查询，计算并输出教师最大年龄与最小年龄的差值，显示标题为“max-min_ age”，将查询命名为“qT2”。

（3）创建一个查询，查找并统计在职教师按照职称进行分类的最小年龄，然后显示标题为“职称”和“最小年龄”两个字段的内容，将查询命名为“qT3”。

（4）创建一个查询，查找并显示年龄小于 36、职称为“副教授”或“讲师”的教师的“姓名”“年龄”和“职称”字段，将查询命名为“qT4”。

第三套

在数据库文件“samp2-3. accdb”中，已经设计好表对象“tStud”“tCourse”“tScore”和“tTemp”，请按以下要求完成操作。

（1）创建一个查询，统计各院系各性别的学生人数，所建查询命名为“qT1”。注意：直接用查询设计视图建立交叉表查询，不允许用其他查询作数据源。

（2）创建一个查询，查找年龄小于 20 岁的学生的信息，输出其姓名、院系、入校时间和年龄，所建查询命名为“qT2”。

（3）创建一个查询，查找还没有选课的学生的姓名，所建查询命名为“qT3”。

（4）创建一个查询，将按年龄降序排列的前 25%的学生的信息追加到“tTemp”的对应字段中，所建查询命名为“qT4”。

第四套

在数据库文件“samp2-4. accdb”中，已经设计好表对象“tAttend”“tEmployee”和“tWork”，请按以下要求完成操作。

（1）创建一个查询，查找并显示“姓名”“职称”“项目名称”和“承担工作”4 个字段的内容，将查询命名为“qT1”。

（2）创建一个查询，查找并显示项目经费在 20000 元以下的“项目名称”“项目来源”和“项目经费”3 个字段的内容，将查询命名为“qT2”。

（3）创建一个查询，设计一个名为“单位奖励”的计算字段，计算公式为“单位奖励=经费 * 5%”，并显示“tWork”表的所有字段内容和“单位奖励”字段内容，将查询命名为“qT3”。

（4）创建一个查询，将所有记录的“经费”字段值增加 5000 元，将查询命名为“qT4”。

第五套

在数据库文件“samp2-5. accdb”中，已经设计好表对象“tCourse”“tScore”和“tStud”，请按以下要求完成操作。

（1）创建一个查询，统计各院系不同性别学生的人数，将查询命名为“qT1”。

（2）创建一个查询，输出学生的“姓名”和“平均成绩”信息，所建查询命名为“qT2”。

（3）创建一个查询，运行查询时提示“请输入学生姓名”并把学生所修课程名称和成绩查询出来，所建查询命名为“qT3”。

（4）创建追加查询，按年龄降序排列学生的学号、姓名和年龄的信息并生成新表“tTemp2”，所建查询命名为“qT4”。

三、综合应用题

第一套

在数据库文件“samp3-1. accdb”中，现有表对象“tEmp”、窗体对象“fEmp”、报表对象“rEmp”和宏对象“mEmp”，请按以下要求补充设计。

（1）将报表“rEmp”的报表页眉区内名为“bTitle”标签控件的标题文本在标签区域居中显示，同时将其放在距上边 0. 5 厘米、距左侧 5 厘米处。

（2）设计报表“rEmp”的主题节区内“tSex”文本框控件依据报表数据源的“性别”字段值来显示信息：性别为 1，显示“男”；性别为 2，显示“女”。

（3）将“fEmp”窗体上名为“bTlitle”的标签文本颜色改为红色。同时，将窗体按钮“btnP”的单击事件属性设置为宏“mEmp”，以完成单击按钮打开报表的操作。

第二套

在数据库文件“samp3-2. accdb”中，现有表对象“tTeacher”、窗体对象“fTest”、

报表对象“rTeacher”和宏对象“m1”，请按照以下要求补充设计。

（1）将报表对象“rTeacher”的报表主体节区中名为“性别”的文本框显示内容设置为“性别”字段值，并将文本框名称修改为“tSex”。

（2）在报表对象“rTeacher”的报表页脚节区位置添加一个计算控件，计算并显示教师的平均年龄，计算控件放置在距上边 0.3 厘米、距左侧 3.6 厘米的位置，命名为“tAvg”。

（3）设置窗体对象“fTest”上名为“btest”的命令按钮的单击事件属性为给定的宏对象“m1”。

第三套

在数据库文件“samp3-3. accdb”中，现有窗体对象“fStaff”，请按照以下要求补充设计。

（1）在窗体的窗体页眉节区添加一个标签控件，其名称为“bTitle”，标题为“员工信息输出”。

（2）在主体节区添加一个选项组控件，将其命名为“opt”，选项组标签显示内容为“性别”，名称为“bopt”。

（3）在选项组内放置两个单选按钮控件，选项按钮分别命名为“opt1”和“opt2”，选项按钮标签显示内容分别为“男”和“女”，名称分别为“bopt1”和“bopt2”。

（4）在窗体页脚节区添加两个命令按钮，分别命名为“bOk”和“bQuit”，按钮标题分别为“确定”和“退出”。

（5）将窗体标题设置为“员工信息输出”。

第四套

在数据库文件“samp3-4. accdb”中，现有窗体对象“fEmp”（已给出窗体对象“fEmp”上两个按钮的单击事件代码），请按照以下要求补充设计。

（1）将窗体“fEmp”上名称为“tSS”的文本框控件改为组合框控件，控件名称不变，标签标题不变。设置组合框控件的相关属性，以实现从下拉列表中选择输入性别值“男”和“女”。

（2）将窗体对象“fEmp”上名称为“tPa”的文本框控件设置为计算控件。要求依据“党员否”字段值为“True”，显示“党员”2 个字；如果“党员否”字段值为“False”，显示“非党员”3 个字。

第五套

在数据库文件“samp3-5. accdb”中，现有表对象“tEmp”、窗体对象“fEmp”、报表对象“rEmp”和宏对象“mEmp”，请按照以下要求补充设计。

（1）将表对象“tEmp”中“简历”字段的数据类型改为“备注型”，同时在表对象“tEmp”的表结构里调换“所属部门”和“聘用时间”两个字段的位置。

（2）设计报表对象“rEmp”的主体节区内“tOpt”复选框控件依据报表数据源的“性别”字段和“年龄”字段的值来显示状态信息：性别为“男”且年龄小于 20 时显示为选中的打钩状态，否则显示为未被选中的空白状态。

（3）将“fEmp”窗体上名为“bTitle”的标签文本颜色改为红色显示。同时，将窗体按钮“btnP”的单击事件属性设置为宏“mEmp”，以完成按钮单击打开报表的操作。

习题篇

习题

第 1 章　数据库理论基础

一、单选题

1. 关于信息和数据的描述正确的是（　　）。

   A. 数据是信息的符号表示　　B. 数据是信息的载体

   C. 数据是信息的内涵　　D. 以上都不正确

2. 数据库系统中对数据库进行管理的核心软件是（　　）。

   A. DBMS　　B. DB　　C. OS　　D. DBS

3. 关系型数据库管理系统的关系是指（　　）。

   A. 各条记录中的数据彼此有一定的关系

   B. 一个数据库文件与另一个数据库文件之间有一定的关系

   C. 数据模型符合满足一定条件的二维表格式

   D. 数据库中各个字段之间彼此有一定的关系

4. 数据库是（　　）。

   A. 一个软件

   B. 一些数据的集合

   C. 辅助存储器上的一个文件

   D. 以一定的组织结构保存在计算机存储设备中的数据的集合

5. 不是数据库系统特点的是（　　）。

   A. 较高的数据独立性　　B. 最低的冗余度

   C. 数据多样性　　D. 较好的数据完整性

6. 在数据库系统中，负责监控数据库系统的运行情况，及时处理运行过程中出现的问题，这类职责的人员统称为（　　）。

   A. 数据库管理员　　B. 数据库设计员

   C. 系统分析员　　D. 应用程序员

7. 以下哪一个不是数据模型的组成要素？（　　）

   A. 数据　　B. 数据结构　　C. 数据操作　　D. 完整性约束

8. 关于关系的描述错误的是？（　　）

   A. 关系中的每个属性是不可分解的

   B. 在关系中元组的顺序无关紧要

   C. 任意的一个二维表都是一个关系

   D. 在关系中属性的顺序是无关紧要的

9. 关系数据库管理系统应能实现的专门关系运算包括（　　）。
A. 排序、索引、统计　　B. 选择、投影、连接
C. 关联、更新、排序　　D. 显示、打印、制表

10. 在数据库设计中，用 E-R 图来描述信息结构但不涉及信息在计算机中的表示，它是数据库设计的（　　）。
A. 需求分析阶段　　B. 概念设计阶段
C. 逻辑设计阶段　　D. 物理设计阶段

11. 在一个关系中，不能有相同的（　　）。
A. 数据项　　B. 属性　　C. 分量　　D. 域

12. 一组具有相同数据类型的值的集合称为（　　）。
A. 关系　　B. 属性　　C. 分量　　D. 域

13. 用二维表来表示实体及实体之间联系的数据模型称为（　　）。
A. 实体-联系模型　　B. 层次模型
C. 关系模型　　D. 网状模型

14. Access 是（　　）数据库管理系统。
A. 层次　　B. 网状　　C. 关系型　　D. 树状

15. 在同一学校中，人事部门的教师表和财务部门的工资表的关系是（　　）。
A. 一对一　　B. 一对多　　C. 多对一　　D. 多对多

16. 学生（学号，姓名，年龄），老师（教师号，姓名，专业），如果一个老师可以教多个学生，一个学生可以被多个老师教，那么学生与老师的关系是（　　）。
A. 1∶1　　B. N∶N　　C. N∶M　　D. 1∶N

17. 在教师表中，如果要找出姓“李”教师的记录，所采用的关系运算是（　　）。
A. 投影　　B. 选择　　C. 连接　　D. 层次

18. 从学生关系中查询学生的姓名和年龄所进行的查询操作属于（　　）。
A. 选择　　B. 投影　　C. 联结　　D. 自然联结

19. E-R 图中的主要元素是（　　）。
A. 结点、记录和文件　　B. 实体、联系和属性
C. 记录、文件和表　　D. 记录、表、属性

20. 数据库系统的数据管理方式中，下列说法中不正确的是（　　）。
A. 数据库减少了数据冗余
B. 数据库中的数据可以共享
C. 数据库避免了一切数据的重复
D. 数据库具有较高的数据独立性

二、填空题

1. 数据库管理系统的缩写是__________。
2. 数据管理技术的发展主要经历了______、______和______3 个阶段。
3. 常见的数据模型有 3 种，即______、______和______。
4. 两个实体集之间的联系方式有______、______和______。
5. 概念数据模型设计的描述最常用的工具是______。

三、判断题

1. 数据处理是将信息转化为数据的过程。(　　)
2. 用树形结构来表示实体之间联系的模型称为层次模型。(　　)
3. 表示二维表的“列”的关系模型术语是记录。(　　)
4. 人工管理阶段程序之间存在大量重复数据，数据冗余大。(　　)
5. 在 E-R 图中，联系使用直线描述。(　　)

第 2 章　Access 2016 系统概述

一、单选题

1. Access 的主要功能是（　　）。
   A. 修改数据、查询数据和统计分析
   B. 管理数据、存储数据、打印数据
   C. 建立数据库、维护数据库和使用、交换数据库数据
   D. 进行数据库管理程序设计
2. Access 是一个（　　）。
   A. 数据库文件系统　　B. 数据库系统
   C. 数据库应用系统　　D. 数据库管理系统
3. Access 适合开发（　　）数据库应用系统。
   A. 小型　　B. 中型　　C. 中小型　　D. 大型
4. 在 Access 数据库的各个对象中，只有（　　）是实际存入数据的对象。
   A. 表　　B. 查询　　C. 窗体　　D. 报表
5. Access 数据库中哪个数据库对象是其他对象的基础（　　）。
   A. 报表　　B. 查询　　C. 表　　D. 模块
6. 在 Access 2016 中，用于和用户进行交互的数据库对象是（　　）。
   A. 查询　　B. 窗体　　C. 宏　　D. 表
7. 在 Access 关系型数据库系统中，数据库的基本操作单位是（　　）。
   A. 字节　　B. 字段　　C. 记录　　D. 表
8. 表是 Access 数据库的核心与基础，它存放着数据库中的（　　）。
   A. 全部数据结构　　B. 全部对象信息
   C. 全部数据信息　　D. 部分数据信息
9. 建立数据库的目的是将来能从数据库中提取自己需要的信息，在数据库中保存数据需要使用数据库中的（　　）对象。
   A. 模块　　B. 查询　　C. 表　　D. 报表
10. 在 Access 中，建立数据库文件可以选择“文件”下拉菜单中的（　　）命令。
    A. 新建　　B. 打开　　C. 保存　　D. 另存为
11. Access 中表和数据库的关系是（　　）。
    A. 一个数据库可以包含多个表
    B. 一个表可以包含多个数据库
    C. 数据库中任何时候都不能没有表

D. 一个数据库只能包含一个表

12. 创建 Access 数据库对象的操作中，最基本的是创建（　　）对象，这个对象是其他数据库对象的基础。
    A. 查询　　B. 基本表
    C. 报表　　D. 基本表之间的关系
13. 利用 Access 2016 创建的数据库文件，其默认的扩展名为（　　）。
    A. .mdf　　B. .dbf　　C. .mdb　　D. .accdb
14. Access 在同一时间可打开（　　）个数据库。
    A. 1　　B. 2　　C. 3　　D. 4
15. 以下不是 Access 2016 数据库对象的是（　　）。
    A. 查询　　B. 窗体　　C. 宏　　D. 工作簿
16. 在 Access 2016 中，建立数据库文件可以选择“文件”选项卡中的（　　）命令。
    A. 新建　　B. 创建　　C. creat　　D. new
17. 数据库是（　　）组织起来的相关数据的集合。
    A. 按一定的结构和规则　　B. 按人为的喜好
    C. 按时间的先后顺序　　D. 杂乱无章的随意
18. Access 数据库依赖于（　　）操作系统。
    A. DOS　　B. WINDOWS　　C. UNIX　　D. UCDOS
19. 不是 Access 关系数据库中的对象的是（　　）。
    A. 查询　　B. Word 文档　　C. 数据访问页　　D. 窗体
20. 若使打开的数据库文件能为网上其他用户共享，但其只能浏览数据，要选择打开数据库文件的打开方式为（　　）。
    A. 以只读方式打开　　B. 以独占只读方式打开
    C. 打开　　D. 以独占方式打开

二、填空题

1. 在 Access 中使用的对象有数据基本表、________、报表、窗体、宏、模块。
2. 若使打开的数据库文件能为网上其他多个用户共享，但其只能浏览数据，要选择打开数据库文件的方式为________。
3. 创建 Access 数据库对象的操作中，最基本的是创建________对象，这个对象是其他数据库对象的基础。
4. Access 在同一时间可打开________个数据库。
5. 在 Access 中，建立数据库文件可以选择“文件”选项卡中的________命令。

三、判断题

1. Access 系统窗口与其数据库窗口没有区别。（　　）
2. 在 Access 系统窗口中不能同时打开 2 个数据库。（　　）
3. 在 Access 数据库中包含 6 个对象。（　　）
4. 从文件选项卡中选择“打开”命令可以打开一个数据库文件。（　　）
5. 在 Access 中，数据库中的数据存储在表和查询中。（　　）

第 3 章　表的创建与维护

一、单选题

1. 在设计 Access 数据库中的表之前，应先将数据进行分类，分类的原则是（　　）。
   A. 每个表应只包含一个主题的信息
   B. 表中不应该包含重复信息
   C. 信息不应该在表之间复制
   D. A、B 和 C 都是
2. 在 Access 中，不能将当前数据库中的数据库对象导入到（　　）中。
   A. Excel　　B. 查询
   C. 数另一个数据库　　D. Word
3. 数据表中的“列标题的名称”叫作（　　）。
   A. 栏目名　　B. 字段名　　C. 记录　　D. 数据名
4. 数据表中的“行”叫作（　　）。
   A. 视图　　B. 字段　　C. 记录　　D. 数据
5. Access 数据库中数据表的一个记录、一个字段分别对应着二维表的（　　）。
   A. 一个横行、一个纵列　　B. 一个纵列、一个横行
   C. 若干行、若干列　　D. 若干列、若干行
6. Access 能处理的数据包括（　　）。
   A. 数字　　B. 文字
   C. 图片、动画、音频　　D. 以上均可以
7. 如果要在表中建立“简历”字段，其数据类型最好采用（　　）型。
   A. 长文本　　B. 数字
   C. 日期/时间　　D. 是/否
8. 数据表的字段的数据类型中，没有（　　）类型。
   A. 长文本　　B. 日期/时间
   C. 数字　　D. 索引
9. “TRUE/FALSE”数据类型为（　　）。
   A. 短文本　　B. 是/否
   C. 计算　　D. 数字
10. 定义字段的默认值的作用是指（　　）。
    A. 在未输入数据之前，系统自动提供数值
    B. 不允许字段的值超出某个范围
    C. 不得使字段为空
    D. 系统自动把小写字母转换为大写字母
11. 在“学生”表中，要使“年龄”字段的取值范围设在 18 ～ 25 之间，则在“验证规则”属性框中输入的表达式为（　　）。
    A. >=18 AND <=25　　B. >=18 OR =<25
    C. >=25 AND <=18　　D. >=18 & =<25

12. 若要求属于日期/时间型的出生年月字段只能输入 1989 年 1 月 1 日以后（包括 1989 年 1 月 1 日）的日期，则在该字段的“验证规则”文本框中，应该输入（　　）。
A. <=#1989-1-1#　　B. >=1989-1-1
C. <=1989-1-1　　D. >=#1989-1-1#
13. 如果在创建表中建立字段“性别”，并要求用汉字表示，其数据类型应当是（　　）。
A. 短文本　B. 数字　C. 是/否　D. 计算
14. 如果在一个表中的某个字段可以对应另一个表中的多个字段，这样的关系是（　　）关系。
A. 一对多　B. 多对一　C. 多对多　D. 一对一
15. 建立表间关系时，如果相关字段双方都是主关键字，则这两个表之间的联系是（　　）。
A. 1：1　B. 1：n　C. n：m　D. n：1
16. 在 Access 中，表的字段数据类型中不包括（　　）。
A. 短文本型　B. 超链接型　C. 计算型　D. 货币型
17. 定义表结构时，不用定义（　　）。
A. 字段名　B. 数据库名　C. 字段类型　D. 字段长度
18. 有关字段属性，以下叙述错误的是（　　）。
A. 字段大小可用于设置短文本、数字等类型字段的最大容量
B. 可对任意类型的字段设置默认值属性
C. 验证规则属性是用于限制此字段输入值的表达式
D. 不同的字段类型，其字段属性有所不同
19. 若要在“出生日期”字段设置“1982 年以前出生的学生”验证规则，应在该字段验证规则处输入（　　）。
A. <#1982-01-01#　　B. <1982 年以前出生的学生
C. >#1982-01-01#　　D. 1982 年以前出生的学生
20. 关于建立表之间的关系的叙述不正确的是（　　）。
A. 一个关系需要两个字段或多个字段来确定
B. 已经建立的关系可以修改和删除
C. 可以在某两个同时打开的表之间建立或修改关系
D. 关闭数据表之后要切换到数据库窗口建立关系

二、填空题

1. 某数据库的表中要添加一张图片，则该字段设置的数据类型应该是________。
2. 如果一个字段在多数情况下取一个固定的值，可以将这个值设置成字段的________。
3. 若在两个表之间的关系连线上标记了 1：1或 1：∞，表示启动了________。
4. 数据表中的“行”叫作__________。
5. 如果一个表中的某个字段可以对应另一个表中的多个字段，则两表间的关系是__________关系。

三、判断题

1. 每个字段所包含的内容应该与表的主题相关。(　　)
2. 字段名可以包含字母、汉字、数字。(　　)
3. 可以直接输入字段名，最长可以到 256 个字符（128 个汉字)。(　　)
4. 向货币字段输入数据，系统自动将其设置为 4 位小数。(　　)
5. 主键的值，对于每个记录必须是唯一的。(　　)

第 4 章　查询

一、单选题

1. 若要查询成绩为 70 ～ 80 分（包括 70 分但不包括 80 分）的学生的信息，查询条件设置正确的是（　　）。

   A. >69 or <80　　B. Between 70 with 80

   C. >=70 and <80　　D. IN（70，90）

2. 若用“患者信息”表中的“出生日期”字段计算每个人的年龄（取整数），正确的计算表达式为（　　）。

   A. Year（Date（））-Year（[出生日期]）

   B. （Date（）-[出生日期]）/365

   C. Date（）-[出生日期]/365

   D. Month（[出生日期]）/12

3. 以下关于运算符优先级比较，正确的是（　　）。

   A. 算术运算符>关系运算符>逻辑运算符

   B. 算术运算符>逻辑运算符>关系运算符

   C. 逻辑运算符>关系运算符>连接运算符

   D. 关系运算符>逻辑运算符>连接运算符

4. 在查询设计视图中，如果要使表中所有记录的“价格”字段的值增加 10%，应使用（　　）表达式。

   A. [价格] +10%　　B. [价格] * 10/100

   C. [价格] *（1+10/100）　　D. [价格] *（1+10%）

5. 如果用户希望在运行查询时通过自己输入的值来查找记录，则最好使用的查询是（　　）。

   A. 选择查询　　B. 交叉表查询　　C. 参数查询　　D. 操作查询

6. 如果需要基于选择的一组数据生成新表，或者要将两个表合并成一个新表，那么可以使用（　　）。

   A. 追加查询　　B. 更新查询　　C. 删除查询　　D. 生成表查询

7. 用于从表中检索数据或进行计算的查询称为（　　）。

   A. 选择查询　　B. 操作查询　　C. 参数查询　　D. 特定查询

8. “条件”行中所指定的所有条件是组合在一起的，在“条件”行中为不同字段指定的条件使用（　　）运算符组合在一起。

   A. AND　　B. OR　　C. NOT　　D. +

9. 查询条件（　　）返回交易发生在任何一年的 12 月的记录。
   A. DatePart（"m"，[销售日期]）= 12
   B. DatePart（"q"，[销售日期]）= 12
   C. 12
   D. Date（）+ 12
10. 交叉表查询向导中，"确定为每个列和行的交叉点计算出什么数字"，计算出最大值的函数是（　　）。
   A. Min　　B. Count　　C. Max　　D. Last
11. 根据出生日期计算并输出年龄最大与最小的差值，显示标题为"m_ age"，正确的表达式是（　　）。
   A. m_ age：Max（Year（[出生日期]））-Min（Year（[出生日期]））
   B. m_ age：Max（Year（Now（））-Year（[出生日期]））-Min（Year（Now（））-Year（[出生日期]））
   C. m_ age：Max（[出生日期]）-Min（[出生日期]）
   D. Max（Year（Now（））-Year（[出生日期]））-Min（Year（Now（））-Year（[出生日期]））
12. 查询条件包含多个特定值之一，例如，查询返回值为 20、25 或 30，条件表达式正确的是（　　）。
   A. In（20，25，30）　　B. 20/25/30
   C. NOT（20，25，30）　　D. ON（20，25，30）
13. 假如每个患者的病历号是唯一的，使用表达式作为输出字段计算患者总人数，表达式正确的是（　　）。
   A. 患者总人数=Count（[病历号]）
   B. 患者总人数；Count（[病历号]）
   C. 患者总人数：Sum（[病历号]）
   D. 患者总人数：Count（[病历号]）
14. 参数查询，在"条件"行中输入时，（　　）中的内容即为查询运行时出现在"输入参数值"对话框中的提示文本。
   A. （）　　B. ｛｝　　C. [ ]　　D. < >
15. 参数查询，在"条件"行输入：Between [请输入最小住院天数] And [请输入最多住院天数]，相同条件也可以输入（　　）。
   A. >= [请输入最小住院天数] And <= [请输入最多住院天数]
   B. > [请输入最小住院天数] And < [请输入最多住院天数]
   C. <= [请输入最小住院天数] And >= [请输入最多住院天数]
   D. >= [请输入最小住院天数] Or <= [请输入最多住院天数]
16. 删除查询将永久删除指定表中的记录，并且（　　）。
   A. 逻辑删除　　B. 可以恢复
   C. 可以撤销　　D. 无法恢复
17. 在查询设计视图中，通过设置（　　）行，可以让某个字段只用于设定条件，而不出现在查询结果中。

A. 排序　　B. 字段　　C. 条件　　D. 显式

18. 用于获得字符串 A 最左边 3 个字符的函数是（　　）。

A. left（A，3）　　B. Left（A，1，3）

C. right（A，3）　　D. right（A，0，3）

19. SQL 数据查询，用于排序的选项包括（　　）。

A. ASC　　B. ASC 和 DESC

C. DESC　　D. ORDER BY

20. SQL 具有（　　）功能。

A. 数据定义

B. 数据定义和数据控制

C. 数据定义、数据操纵和数据控制

D. 数据操纵和数据控制

二、填空题

1. 在 Access 2016 中，查询有数据表视图、________视图和 SQL 视图。
2. ________查询利用对话框来提示用户输入查询数据，然后根据所输入的数据来检索记录。
3. __________查询实际上是一种对数据字段进行汇总计算的方法，计算的结果显示在一个行列交叉的表中。
4. 操作查询共有 4 种类型：________查询是利用一个或多个表中的数据建立一张新表。
5. 在查询设计器中表示返回单价（包含）50 和（包含）100 之间的记录，应在单价的“条件”行输入________。

三、判断题

1. 查询是 Access 数据库的一个重要对象，可以使用查询筛选数据、执行数据计算和汇总数据。(　　)
2. 创建查询后，保存的是查询从查询数据源中抽取的数据，并创建固定的记录集合。(　　)
3. 查询的数据表视图看起来很像表，但它们是有本质区别的。在查询数据表中无法加入或删除列，而且不能修改查询字段的字段名。(　　)
4. 交叉表查询实际上是一种对数据字段进行汇总计算的方法，这类查询将表中的字段进行分类，一类放在交叉表的左侧，一类放在交叉表的上部，然后在行与列的交叉处显示表中某个字段的统计值。(　　)
5. 仅可使用表作为某个选择查询的数据源。(　　)

第 5 章　窗体

一、单选题

1. 可用于进行 Access 数据库各种操作的用户界面是（　　）。

A. 窗体　　B. 报表　　C. 查询　　D. 以上都可以

2. 可以将数据源的记录以单项和数据表两种方式显示在同一个窗体上的窗体是（　　）。
   A. 数据表窗体　B. 分割窗体　C. 纵栏式窗体　D. 表格式窗体
3. 既可以显示窗体的运行状态，又可以修改窗体控件的视图是（　　）。
   A. 窗体视图　B. 设计视图　C. 布局视图　D. 数据表视图
4. 要改变窗体的数据源，应该修改窗体的（　　）属性。
   A. 记录源　B. 标题　C. 控件来源　D. 名称
5. 窗体属性中的导航按钮属性设置为“否”，则窗体运行时不显示（　　）。
   A. 水平滚动条　B. 记录选择器
   C. 窗体底部的记录操作栏　D. 分割线
6. 为窗体指定数据来源后，在窗体设计窗口中，可以从（　　）取出数据源的字段。
   A. 查找代码　B. Tab 键次序
   C. 属性表　D. 添加现有字段
7. 计算控件的控件源必须是以（　　）开头的计算表达式。
   A. =　B. <　C. (　)　D. >
8. 若要隐藏控件，应将（　　）属性设为“否”。
   A. 何时显示　B. 锁定　C. 可用　D. 可见
9. 窗体中控件的“上边距”属性，表示控件的（　　）。
   A. 上边界与容器下边界的距离
   B. 上边界与容器上边界的距离
   C. 下边界与容器下边界的距离
   D. 下边界与容器上边界的距离
10. 用于显示标题、说明性文字的控件是（　　）。
    A. 文本框　B. 标签　C. 组合框　D. 列表框
11. 要改变标签控件的显示内容，应该修改的属性是（　　）。
    A. 名称　B. 数据来源　C. 行来源　D. 标题
12. 既可以用来显示或编辑数据，也可以用来接收计算结果或用户输入的控件是（　　）。
    A. 文本框　B. 标签　C. 组合框　D. 列表框
13. 若要求在文本框中输入文本时达到"*"号的显示效果，应设置的属性是（　　）。
    A. 默认值　B. 标题　C. 密码　D. 输入掩码
14. 要改变窗体中文本框控件的数据源，应设置的属性是（　　）。
    A. 记录源　B. 控件来源　C. 筛选查询　D. 默认值
15. 同时具备列表框和文本框的功能，既可以选择列表项，又可以输入文字的控件是（　　）。
    A. 复选框　B. 选项组　C. 命令按钮　D. 组合框
16. 用于完成各种操作，一般通过事件触发执行的控件是（　　）。
    A. 命令按钮　B. 标签　C. 列表框　D. 组合框

17. 要实现单击某个命令按钮的功能，应设置其属性表中（　　）选项卡的“单击”属性。
    A. 格式　B. 事件　C. 方法　D. 其他
18. 当窗体中的内容需要多页显示时，可以使用（　　）控件来进行分页。
    A. 组合框　B. 选项卡　C. 选项组　D. 子窗体/子报表
19. 如果要在文本框内输入数据，按 Enter 键后光标立即移至下一个指定的文本框，应该设置（　　）。
    A. 自动 Tab 键　B. 更新后　C. Tab 键索引　D. 制表位
20. 用于打开窗体的宏命令是（　　）。
    A. OpenForm　B. Requery　C. OpenReport　D. OpenQuery

二、填空题

1. 窗体中必须存在的节是＿＿＿＿＿＿。
2. 窗体中的＿＿＿＿＿＿节，用于显示对每条记录都一样的信息，编辑时出现在设计视图的顶部位置，打印时出现在首页的顶部。
3. 表格式窗体同一时刻能显示＿＿＿条记录。
4. 窗体中的窗体称为子窗体，包含子窗体的基本窗体称为＿＿＿＿＿＿。
5. 主窗体和子窗体通常用于显示多个表或查询中的数据，这些表或查询中的数据一般具有＿＿＿＿＿＿的关系。

三、判断题

1. 表、查询、SELECT 语句都可以作为窗体的记录源。（　　）
2. 可以将窗体用作切换面板，打开数据库中的其他窗体和报表。（　　）
3. 在窗体的数据表视图中，不能修改记录。（　　）
4. 创建新窗体时，如果“窗体”按钮为灰色（不可用），则表示用户还未选择数据源。（　　）
5. 在窗体中，标签控件的“标题”属性是指标签的名字。（　　）

第 6 章　报表

一、单选题

1. 若要在报表每一页底部都输出信息，需要设置的是（　　）。
    A. 页面页脚　B. 报表页脚　C. 页面页眉　D. 报表页眉
2. 在报表设计时，如果只在报表最后一页的主体内容之后输出规定的内容，则需要设置的是（　　）。
    A. 报表页眉　B. 报表页脚　C. 页面页眉　D. 页面页脚
3. 如果要在整个报表的最后输出信息，需要设置（　　）。
    A. 页面页脚　B. 报表页脚　C. 页面页眉　D. 报表页眉
4. Access 报表对象的数据源可以是（　　）。
    A. 表、查询和 SQL 命令　B. 表和查询
    C. 表、查询和窗体　D. 表、查询和报表

5. 在关于报表数据源设置的叙述中，以下正确的是（　　）。
A. 可以是任意对象　　B. 只能是表对象
C. 只能是查询对象　　D. 可以是表对象或查询对象

6. 可作为报表记录源的是（　　）。
A. 表　　B. 查询　　C. Select 语句　　D. 以上都可以

7. 下列关于报表的叙述中，正确的是（　　）。
A. 报表只能输入数据　　B. 报表只能输出数据
C. 报表可以输入和输出数据　　D. 报表不能输入和输出数据

8. 在报表设计过程中，不适合添加的控件是（　　）。
A. 标签控件　　B. 图形控件
C. 文本框控件　　D. 选项组控件

9. 如设置报表上某个文本框控件来源属性为“=7 mod 4”，则打印预览视图中，该文本框显示的信息为（　　）。
A. 未绑定　　B. 3　　C. 7 mod 4　　D. 出错

10. 确定一个控件在窗体或报表上的位置的属性是（　　）。
A. Width 或 Height　　B. Width 和 Height
C. Top 或 Left　　D. Top 和 Left

11. 在报表设计的工具栏中，用于修饰版面以达到更好显示效果的控件是（　　）。
A. 直线和矩形　　B. 直线和圆形
C. 直线和多边形　　D. 矩形和圆形

12. 要实现报表的分组统计，其操作区域是（　　）。
A. 报表页眉或报表页脚区域　　B. 页面页眉或页面页脚区域
C. 主体区域　　D. 组页眉或组页脚区域

13. 在一份报表中设计内容只出现一次的区域是（　　）。
A. 页面页眉　　B. 报表页眉
C. 主体　　D. 页面页脚

14. 要实现报表按某字段分组统计输出，需要设置的是（　　）。
A. 报表页脚　　B. 该字段的组页脚
C. 主体　　D. 页面页脚

15. 在基于“学生表”的报表中按“班级”分组，并设置一个文本框控件，控件来源属性设置为“=count（*）”，关于该文本框说法中，正确的是（　　）。
A. 文本框如果位于页面页眉，则输出本页记录总数
B. 文本框如果位于班级页眉，则输出本班记录总数
C. 文本框如果位于页面页脚，则输出本班记录总数
D. 文本框如果位于报表页脚，则输出本页记录总数

16. 在使用报表设计器设计报表时，如果要统计报表中某个字段的全部数据，应将计算表达式放在（　　）。
A. 组页眉/组页脚　　B. 页面页眉/页面页脚
C. 报表页眉/报表页脚　　D. 主体

17. 在报表中，要计算“数学”字段的最高分，应将控件的“控件来源”属性设置为（　　）。

A. =Max（[数学]）　　B. Max（数学）

C. =Max [数学]　　D. =Max（数学）

18. 报表的一个文本框“控件来源”属性为“IIf（([Page] Mod2=1),”页”&[Page],”“）”，下列说法中，正确的是（　　）。

A. 显示奇数页码　　B. 显示偶数页码

C. 显示当前页码　　D. 显示全部页码

19. 在报表中要显示格式为“共 N 页，第 N 页”的页码，正确的页码格式设置是（　　）。

A. ="共"&Pages+"页，第"+Page+"页"

B. =共"+[Pages]+"页，第"+[Page]+"页"

C. ="共"&"Pages&"页，第"&Pagc&"页"

D. ="共"&[Pages]&"页，第"&[Pages]&"页"

20. 要在报表中输出时间，设计报表时要添加一个控件，且需要将该控件的“控件来源”属性设置为时间表达式，最合适的控件是（　　）。

A. 标签　　B. 文本框　　C. 列表框　　D. 组合框

二、填空题

1. 目前比较流行的报表有 4 种，它们是纵栏式报表、表格式报表、________和标签报表。
2. 完整报表设计通常由报表页眉、报表页脚、页面页眉、页面页脚、________、组页眉和组页脚 7 个部分组成。
3. 报表的数据源可以是________。
4. 报表和窗体这两种对象有着本质的区别：______只能查看数据，而______可以改变数据源中的数据。
5. 报表标题一般放在________中。

三、判断题

1. 报表页眉的内容只在报表的首页尾部打印输出。（　　）
2. 报表数据输出不可缺少的内容是主体的内容。（　　）
3. 在 Access 2016 中报表中有 3 种视图，分别报表视图、设计视图、布局视图。（　　）
4. 报表可以对数据源中的数据进行编辑修改。（　　）
5. 要计算报表中所有学生的平均分，应把计算平均分的文本框设置在报表页眉（节）中。（　　）

第 7 章　宏

一、单选题

1. Access 中将一个或多个操作构成集合，每个操作能实现特定的功能，则称该操作集合为（　　）。

A. 窗体　　B. 报表　　C. 查询　　D. 宏

2. 下列关于宏和宏组的叙述中，错误的是（　　）。
   A. 宏组是由若干个宏构成的
   B. Access 中的宏是包含操作序列的一个宏
   C. 宏组中的各个宏之间要有一定的联系
   D. 保存宏组时，指定的名字设为宏组的名字
3. 要在一个窗体的某个按钮的单击事件上添加动作，可以创建的宏是（　　）。
   A. 只能是独立宏　　B. 只能是嵌入宏
   C. 独立宏或数据宏　　D. 独立宏或嵌入宏
4. 下列运行宏的方法，错误的是（　　）。
   A. 单击宏名运行宏
   B. 双击宏名运行宏
   C. 在宏设计器中单击“运行”菜单运行宏
   D. 单击“工具栏”上的运行按钮
5. 打开窗体时，触发事件的顺序是（　　）。
   A. 打开→加载→调整大小→激活→成为当前
   B. 加载→成为当前，打开→调整大小，激活
   C. 打开→激活→加载，调整大小→成为当前
   D. 加载→打开→调整大小→成为当前→激活
6. 如果加载一个窗体，最先触发的事件是（　　）。
   A. Load 事件　　B. Open 事件　　C. Click 事件　　D. DbClick 事件
7. 调用宏组中宏的格式是（　　）。
   A. 宏组名. 宏名　　B. 宏组名！宏名
   C. 宏组名->宏名　　D. 宏组名@宏名
8. 执行函数过程的宏操作命令是（　　）。
   A. BunCommand　　B. RunMacro　　C. RunCode　　D. Runsql
9. 宏命令 OpenReport 的功能是（　　）。
   A. 打开窗体　　B. 打开报表　　C. 打开查询　　D. 打开表
10. 下列叙述中，错误的是（　　）。
   A. 宏能够一次完成多个操作
   B. 可以将多个宏组成一个宏组
   C. 可以用编程的方法来实现宏
   D. 宏命令一般由动作名和操作参数组成
11. 以下关于宏的叙述中，错误的是（　　）。
   A. 可以在宏中调用另外的宏
   B. 宏和 VBA 均有错误处理功能
   C. 宏支持嵌套的 If...Then 结构
   D. 可以在宏组中建立宏组
12. 下列操作中，适合使用宏的是（　　）。
   A. 修改数据表结构

B. 创建自定义过程

C. 打开或关闭报表对象

D. 处理报表中错误

13. 宏操作、宏和子宏的组成关系是（　　）。

A. 子宏→宏操作→宏　　B. 宏操作→子宏→宏

C. 宏操作→宏→子宏　　D. 宏→宏操作→子宏

14. 宏组 M1 中有 Macrol 和 Macro2 两个子宏，下列叙述中，错误的是（　　）。

A. 如果调用 M1 则顺序执行 Macrol 和 Macro2 两个子宏

B. 创建宏组 M1 的目的是方便对两个子宏的管理

C. 可以用 RunMacro 宏操作调用 Macrol 或 Macro2

D. 调用 M1 中 Macro1 宏的正确形式是 M1. Macrol

15. 要在一个窗体的某个按钮的单击事件上添加动作，可以创建的宏是（　　）。

A. 只能是独立宏

B. 只能是嵌入宏

C. 可以是独立宏，也可以是数据宏

D. 可以是独立宏，也可以是嵌入宏

16. 下列关于自动宏的叙述中，正确的是（　　）。

A. 打开数据库时不需要执行自动宏，需同时按住 Alt 键

B. 若设置了自动宏，则打开数据库时必须执行自动宏

C. 打开数据库时不需要执行自动宏，需同时按住 Shift 键

D. 打开数据库时只有满足事先设定的条件才执行自动宏

17. 若要执行指定的宏，应使用的宏操作是（　　）。

A. RunDataMacro　　B. RunMacro

C. RunApp　　D. RunCode

18. 宏命令 OpenForm 的功能是（　　）。

A. 打开窗体　　B. 打开报表

C. 打开查询　　D. 打开表

19. 若要将指定的记录成为打开窗体的数据集的当前记录，应该使用的宏操作是（　　）。

A. GoToControl　　B. GoToRecord

C. FindRecord　　D. ApplyFilter

20. 在一个宏操作序列中，如果需要提前退出该宏，应该使用的宏操作是（　　）。

A. CloseWindow　　B. StopAllMacro

C. QuitAccess　　D. StopMacro

二、填空题

1. ________是共同存储在一个宏对象名称下的一个或多个宏命令的集合。

2. 在宏的设计区，包含 4 个参数列，分别为宏名、________、操作和注释，默认只有操作和注释 2 个参数列。

3. 宏设计视图窗口的下半部称为________区，用来定义各个操作所需的参数。

4. 在宏组中的宏按照________格式调用，如果仍然像运行宏一样运行宏组，则只执行宏组中第一个宏名中的操作命令。
5. ________宏操作既可以打印指定的报表、打开指定报表的设计视图或者在打印预览窗口中显示报表的打印结果，也可以限制需要在报表中打印的记录。

三、判断题

1. Maximize 宏操作可以将活动窗口最大化，使其充满整个窗口。(　　)
2. 宏是一个或多个操作命令组成的集合，每个操作都实现特定的功能，调用时只需运行对象名称即能顺次执行各个操作。(　　)
3. Close 宏操作可以退出 Access 系统。(　　)
4. 用于打开窗体的宏命令是 OpenForm。(　　)
5. 使用 Docmd 对象的 Run 方法，从 VBA 代码过程中可以直接运行宏。(　　)

第 8 章　模块与 VBA 程序设计

一、单选题

1. 模块是用 Access 提供的（　　）语言编写的程序段。
   A. VBA　　B. SQL　　C. C++　　D. JAVA
2. 窗体模块和报表模块都属于（　　）。
   A. 标准模块　　B. 类模块　　C. 系统模块　　D. 公共模块
3. VBA 提供了多种数据类型，用于存放姓名通常采用哪种数据类型（　　）。
   A. Byte　　B. Integer　　C. String　　D. Single
4. 使用 VBA 的逻辑值进行算术运算时，True 值被处理为（　　）。
   A. −1　　B. 0　　C. 1　　D. 任意值
5. VBA 中定义符号常量可以用（　　）关键字。
   A. Const　　B. Dim　　C. Public　　D. Static
6. 变量名最长不能超过（　　）个字符。
   A. 128　　B. 64　　C. 255　　D. 256
7. 下列变量名中符合 VBA 命名规则的是（　　）。
   A. 3name　　B. score_ ch　　C. Public　　D. score. ch
8. 在 VBA 中，如果没有显式声明或用符号来定义变量的数据类型，变量的默认数据类型为（　　）。
   A. Boolean　　B. Int　　C. String　　D. Variant
9. 定义了二维数组 A（3 to 6，5)，则该数组的元素个数为（　　）。
   A. 25　　B. 36　　C. 20　　D. 24
10. 可以使用 InputBox 函数产生“输入对话框”，执行如下语句：
    str1 = InputBox（"请输入医生姓名:"，"输入字符串对话框"，"doctor"）
    当用户输入字符串" 张三"，按“确定”按钮后，变量 str1 的内容是（　　）。
    A. 请输入医生姓名:　　B. 输入字符串对话框
    C. doctor　　D. 张三
11. 在进行中间结果输出时，使用“Debug. Print”语句显示指定变量结果的窗口是（　　）。
    A. 立即窗口　　B. 监视窗口　　C. 本地窗口　　D. 属性窗口

12. 以下不是选择结构的语句的是（　　）。

A. If　Then　End If　　B. While　Wend

C. If　Then　Else End If　　D. Select　Case　End Select

13. 已知程序段：

```
s=0
For i=1 to 10 step 2
s= s + 1
i= i * 2
Next i
```

当循环结束后，变量 i，s 的值分别为（　　）。

A. 10，6　　B. 11，4　　C. 22，3　　D. 16，5

14. 若变量 i 的初始值为 2，则下列循环语句中循环体的执行次数为（　　）。

```
Do While i < 18
  i=i + 3
Loop
```

A. 3 次　　B. 4 次　　C. 5 次　　D. 6 次

15. 在有参函数设计时，要想实现某个参数的“双向”传递，就应当说明该形参为“传址”调用形式。其设置选项为（　　）。

A. ByVal　　B. ByRef　　C. Optional　　D. ParamArray

16. Sub 过程与 Function 过程最根本的区别是（　　）。

A. Sub 过程的过程名不能返回值，而 Function 过程能通过过程名返回值

B. Sub 过程可以使用 Call 语句或直接使用过程名调用，而 Function 过程不可以

C. 两种过程参数的传递方式不同

D. Function 过程可以有参数，Sub 过程不可以

17. 能被“对象所识别的动作”和“对象可执行的活动”分别称为对象的（　　）。

A. 方法和事件　　B. 事件和方法

C. 事件和属性　　D. 过程和方法

18. 下列不属于类模块对象基本特征的是（　　）。

A. 事件　　B. 属性　　C. 方法　　D. 函数

19. 在 VBA 中要打开名为“医生基本信息浏览”窗体，应使用的语句是（　　）。

A. DoCmd. OpenWindow "医生基本信息浏览"

B. OpenWindow "医生基本信息浏览"

C. DoCmd. OpenForm "医生基本信息浏览"

D. OpenForm "医生基本信息浏览"

20. 在 VBA 中，用于实现语句无条件转移的是（　　）语句。

A. Goto　　B. If　　C. Switch　　D. If...Else...

二、填空题

1. 模块分为________和________两种类型。
2. 在 VBA 中，字符串类的类型标识符是________，整数型的类型标识符是________，日期时间型的类型标识符是________。
3. 根据变量作用域的不同，可以将变量分为________、________和________三类。
4. 在 VBA 中，语句的执行方式根据流程控制的不同可分为________、________和________3 种基本控制结构。
5. ADO 数据库访问技术的 3 个核心对象分别是________、________和________。

三、判断题

1. VBA 必须寄生于已有的应用程序。(　　)
2. 一个模块只能含有一个过程。(　　)
3. 在 VBA 中，允许多条程序语句行合写在一行上。(　　)
4. 在 VBA 中，以 Function 关键字定义可以返回运行结果的过程被称为函数过程。(　　)
5. 在 VBA 中，事件和方法是同一个概念的两种说法。(　　)

习题答案

第 1 章　数据库理论基础

一、单选题

1	2	3	4	5	6	7	8	9	10
B	A	C	D	C	A	A	C	B	B
11	12	13	14	15	16	17	18	19	20
B	D	C	C	A	C	B	B	B	C

二、填空题

1. DBMS　2. 人工管理　文件管理　数据库管理　3. 层次模型　网状模型　关系模型　4. 1∶1　　1∶n　　n∶m　5. E-R 图

三、判断题

1. 对　2. 错　3. 错　4. 对　5. 错

第 2 章　Access 2016 系统概述

一、单选题

1	2	3	4	5	6	7	8	9	10
C	D	C	A	C	B	C	C	C	A
11	12	13	14	15	16	17	18	19	20
A	B	D	A	D	A	A	B	B	A

二、填空题

1. 查询　2. 以只读方式打开　3. 基本表　4. 1　5. 新建

三、判断题

1. 错　2. 错　3. 对　4. 对　5. 错

第 3 章　表的创建与维护

一、单选题

1	2	3	4	5	6	7	8	9	10
D	B	B	C	A	D	D	D	B	A
11	12	13	14	15	16	17	18	19	20
A	D	A	A	A	C	B	B	A	C

二、填空题

1. OLE 对象数据类型　2. 默认值　3. 实施参照完整性　4. 记录　5. 一对多

三、判断题

1. 错　2. 对　3. 对　4. 对　5. 对

第4章　查询

一、单选题

1	2	3	4	5	6	7	8	9	10
C	A	A	C	C	D	A	A	A	C
11	12	13	14	15	16	17	18	19	20
B	A	D	C	A	D	D	A	B	C

二、填空题

1. 设计　2. 参数　3. 交叉表　4. 生成表　5. >=50 and <=100 或 Between 50 and 100

三、判断题

1. 对　2. 错　3. 对　4. 对　5. 错

第5章　窗体

一、单选题

1	2	3	4	5	6	7	8	9	10
A	B	C	A	C	D	A	D	B	B
11	12	13	14	15	16	17	18	19	20
D	A	C	B	D	A	B	B	C	A

二、填空题

1. 主体　2. 窗体页眉　3. 多　4. 主窗体　5. 一对多

三、判断题

1. 对　2. 对　3. 错　4. 对　5. 错

第6章　报表

一、单选题

1	2	3	4	5	6	7	8	9	10
A	B	B	A	D	D	B	D	B	D
11	12	13	14	15	16	17	18	19	20
A	D	B	B	B	C	A	A	D	B

二、填空题

1. 图表型报表　2. 主体　3. 表或查询　4. 报表　窗体　5. 报表页眉

三、判断题

1. 错　2. 对　3. 对　4. 错　5. 错

第 7 章　宏

一、单选题

1	2	3	4	5	6	7	8	9	10
D	C	D	A	A	B	A	C	B	C
11	12	13	14	15	16	17	18	19	20
B	C	B	C	D	C	B	A	B	D

二、填空题

1. 宏组　2. 条件　3. 操作参数　4. 宏组名. 宏名　5. OpenReport

三、判断题

1. 对　2. 对　3. 错　4. 对　5. 错

第 8 章　模块与 VBA 程序设计

一、单选题

1	2	3	4	5	6	7	8	9	10
A	B	C	A	A	C	B	D	D	D
11	12	13	14	15	16	17	18	19	20
A	B	C	D	B	A	B	D	A	A

二、填空题

1. 标准模块　类模块　2. String　Integer　Date　3. 全局变量　模块变量　局部变量　4. 顺序结构　选择结构　循环结构　5. Connection　Command　Recordset

三、判断题

1. 对　2. 错　3. 对　4. 对　5. 错